TÉLÉGRAPHIE ÉLECTRIQUE

Paris. — Imprimerie de L. MARTINET, rue Mignon, 9.

TÉLÉGRAPHIE

ÉLECTRIQUE

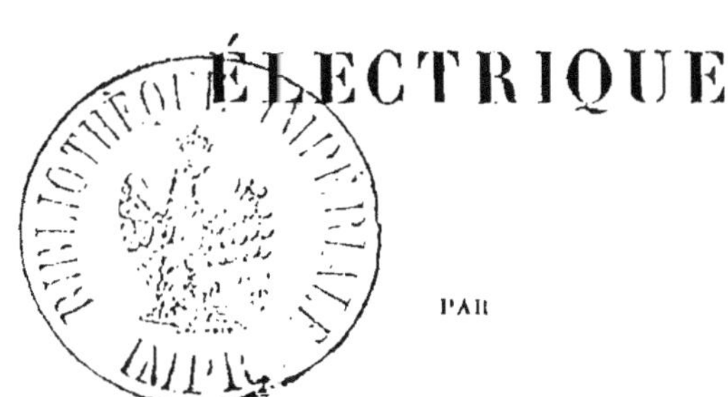

PAR

J. GAVARRET

Professeur de physique à la Faculté de médecine de Paris.

PARIS

VICTOR MASSON ET FILS

PLACE DE L'ÉCOLE-DE-MÉDECINE

M DCCC LXI

1860

TÉLÉGRAPHIE ÉLECTRIQUE

Vers la fin de la première moitié du xviiiᵉ siècle, la découverte de la bouteille de Leyde permit aux physiciens de réaliser de nombreuses et brillantes expériences; les effets de la décharge électrique furent mieux étudiés. La connaissance plus approfondie des propriétés de l'électricité inspira naturellement la pensée d'employer cet agent à la transmission des signaux à grande distance. — En 1749, Franklin (1) exécuta, aux portes de Philadelphie, une expérience publique qui frappa ses compatriotes d'étonnement : il fit passer la décharge d'une bouteille de Leyde d'un bord à l'autre du Skuylkill, et alluma de l'esprit-de-vin sur ses deux rives en même temps. En rapportant cette expérience très simple, le physicien américain fait mention d'une circonstance qui lui donne une véritable importance : un *seul* fil métallique était tendu en travers de la rivière, la terre et l'eau du Skuylkill complétaient le circuit. — Vers la même époque, dans ses recherches sur la vitesse de propagation

(1) *OEuvres de Franklin*, traduction de Barbé-Dubourg. Paris, 1773, t. Iᵉʳ, p. 36.

de l'électricité, Watson faisait des expériences analogues.
— Pendant son séjour en France, Aldini obtint des effets
du même genre avec une pile voltaïque; il démontra (1)
l'existence d'un courant intense dans les fils polaires,
lorsque leurs extrémités libres, séparées par un intervalle
de 50, 100 et même 200 mètres, plongeaient dans la
mer, dans une rivière ou seulement dans la terre humide.
— En faisant entrer la terre pour moitié dans le circuit
d'un condensateur et d'une pile, Franklin, Watson et
Aldini démontraient la possibilité d'un mode de propagation de l'électricité étudié de nos jours avec beaucoup
de soin, et dont l'adoption a puissamment contribué aux
progrès de la télégraphie électrique.

Nous ne dirons rien des divers essais qui furent tentés
dans la seconde moitié du XVIIIe siècle pour utiliser l'électricité statique comme agent télégraphique; nous n'au-
rions rien à ajouter à l'histoire si complète qu'en a tracée
M. l'abbé Moigno (2). Cependant nous ne résistons pas au
plaisir de citer textuellement un passage peu connu et
fort curieux d'une lettre de Diderot à Mlle Voland :

« Paris, 12 juillet 1762.

« Voilà donc une de mes lettres perdues ; et qui sait ce
» qu'il y a dans cette lettre, en quelles mains elle est tom-
» bée et l'usage qu'on en fera? Comus ne perfection-

(1) *Essai théorique et expérimental sur le galvanisme.* Paris, 1804,
p. 205.
(2) *Traité de télégraphie électrique*, 2e édition. Paris, 1852.

» nera-t-il pas son secret? Ce Comus est un charlatan du
» rempart qui tourne l'esprit à tous nos physiciens. Son
» secret consiste à établir de la correspondance d'une
» chambre à une autre entre deux personnes, *sans le*
» *concours sensible d'aucun agent intermédiaire.* Si cet
» homme-là étendait un jour la correspondance d'une
» ville à une autre, d'un endroit à quelques centaines de
» lieues de cet endroit, la jolie chose! Il ne s'agirait plus
» que d'avoir chacun sa boîte; ces boîtes seraient comme
» deux imprimeries où tout ce qui s'imprimerait dans
» l'une, subitement s'imprimerait dans l'autre (1). »

Ce Comus, dont le véritable nom est Ledru, a inséré
dans le *Journal de physique* la relation d'un grand nombre d'expériences d'électricité, dont quelques-unes sont
assez intéressantes. Nous n'avons trouvé, dans ses diverses
publications, aucune indication relative au fait mentionné
par Diderot ; mais, quand on songe que Comus était
uniquement occupé d'expériences d'électricité capables
d'exciter la curiosité publique, on demeure convaincu que
cette correspondance établie entre deux personnes, *sans*
le concours sensible d'aucun agent intermédiaire, était
réellement entretenue au moyen de décharges électriques
transmises d'une chambre à l'autre par des conducteurs
métalliques isolés et cachés dans les murs de séparation.
D'ailleurs, on devine sans peine pourquoi Comus n'a
jamais initié le public au secret de ce télégraphe électrique réalisé pour de petites distances.

(1) *Mémoires, correspondance et ouvrages inédits de Diderot.*
Paris, 1830, t. II, p. 102.

A côté de la lettre de Diderot vient naturellement se placer un document curieux publié par M. Gerspach (1). — En 1802, le sieur Jean Alexandre proposait au gouvernement français un nouveau moyen de communication qu'il appelait *télégraphe intime*. Il disait pouvoir transmettre instantanément une dépêche à une distance de cinq ou six lieues, au moyen de deux cadrans sur lesquels étaient gravées toutes les lettres de l'alphabet. La transmission devait s'opérer de nuit comme de jour, par les temps de brouillard et de pluie comme par les temps secs ; le passage d'une rivière n'était pas un obstacle de nature à gêner l'opération. — Dans un rapport adressé au ministre de l'intérieur, le préfet de la Vienne comparait le cadran d'Alexandre à celui qu'il avait vu lui-même chez Comus, et rendait compte des résultats très satisfaisants d'une série d'expériences exécutées sous ses yeux et sur une distance de 15 mètres. — Dans le courant de la même année, Alexandre opéra, avec le même succès et dans les mêmes conditions, en présence du préfet d'Indre-et-Loire et des principales autorités de la ville de Tours. — Alexandre est mort sans faire connaître son secret ; mais, en rapprochant les relations de ses expériences du rapport adressé à ce sujet par Delambre au premier consul, on demeure convaincu que le *télégraphe intime* marchait à l'aide de l'électricité, et l'on ne peut s'empêcher d'être frappé des analogies qui existent entre ce système de communication et les appareils à cadran de la télégraphie électrique.

(1) *Annales télégraphiques*, 1859, t. II, p. 188.

L'étude des propriétés du courant voltaïque imprima une nouvelle impulsion aux tentatives de télégraphie électrique ; les physiciens, désormais en possession d'un agent plus facile à produire et à diriger, sentirent qu'ils devaient demander à l'électricité dynamique une solution que l'électricité statique ne pouvait leur donner. — Dès 1810 et 1811, Coxe et Sœmmering proposèrent, chacun de son côté, un projet de télégraphe électrique fondé sur les propriétés électrolytiques des courants.

En 1820, OErsted découvrit l'action du courant électrique sur l'aiguille aimantée. La même année, Ampère s'exprimait ainsi dans un mémoire contenant un résumé de ses belles recherches sur les phénomènes électro-dynamiques (1).

« On pourrait, au moyen d'autant de fils conducteurs
» et d'aiguilles aimantées qu'il y a de lettres, établir à
» l'aide d'une pile placée loin de ces aiguilles, et qu'on
» ferait communiquer alternativement par ses deux extré-
» mités à celles de chaque conducteur, former une sorte
» de *télégraphe* propre à écrire tous les détails qu'on
» voudrait transmettre, à travers quelques obstacles que
» ce soit, à la personne chargée d'observer les lettres pla-
» cées sur les aiguilles. En établissant sur la pile un cla-
» vier dont les touches porteraient les mêmes lettres et
» établiraient la communication par leur abaissement, ce
» moyen de correspondance pourrait avoir lieu avec faci-
» lité, et n'exigerait que le temps nécessaire pour toucher
» d'un côté et lire de l'autre chaque lettre. »

(1) *Annales de physique et de chimie*, 2ᵉ série, 1820, t. XV, p. 73.

Dans ce passage, le principe de la télégraphie électrique est clairement et nettement énoncé ; mais l'appareil proposé par Ampère était trop compliqué pour passer dans la pratique. D'ailleurs, avec leur intensité rapidement décroissante, les piles alors connues ne pouvaient pas suffire aux besoins d'une correspondance télégraphique suivie. Avant de songer sérieusement à établir de longues lignes télégraphiques, il fallait attendre que la science fût en possession de piles à courants constants. Aussi de longues années s'écoulèrent avant que le télégraphe anglais à aiguilles réalisât d'une manière complète la proposition du physicien français.

Cependant, en 1834, MM. Gauss et Weber utilisèrent l'idée d'Ampère pour établir un véritable télégraphe électrique entre l'observatoire et le cabinet de physique de l'université de Gœttingue. Un courant voltaïque transmis par un fil métallique agissait sur un barreau aimanté dont les oscillations lentes, observées avec une lunette, fournissaient à ces deux savants les signaux nécessaires pour une correspondance prompte et facile. C'est en réalité à MM. Gauss et Weber que revient l'honneur d'avoir démontré expérimentalement, *mais seulement pour de petites distances*, la possibilité de la télégraphie électrique.

En 1837, M. Alexander, d'Édimbourg, reprit de son côté la proposition d'Ampère, et la réalisa sur une petite échelle, en lui faisant subir une modification ingénieuse. La transmission du courant était toujours établie par autant de fils métalliques qu'il y avait de lettres et de signes à reproduire, mais un conducteur *unique* ramenait l'électricité au pôle négatif de la pile. Trente et un fils étaient nécessaires pour entretenir la correspondance; il est facile de comprendre pourquoi cet appareil n'a jamais été établi sur de longues lignes.

Nous voilà enfin parvenus à l'époque où le grand problème de la correspondance électrique va être pratiquement résolu. Des travaux importants surgissent de toutes parts : MM. Steinheil, Wheatstone, Morse, Amyot, Masson, Bréguet, Cooke, Bain, etc., etc., font connaître leurs procédés; toutes les difficultés d'application sont surmontées, et la télégraphie électrique, définitivement constituée, ne tarde pas à remplacer partout, avec d'immenses avantages, les anciens moyens de transmission des dépêches à grande distance. Nous avons vu comment l'idée de la télégraphie électrique s'était introduite dans la science et quelles modifications successives elle avait éprouvées; nous avons dit comment MM. Gauss et Weber avaient les premiers résolu le problème pour de petites distances; nous ne devons pas quitter ce sujet sans dire quelques mots des hommes qui se disputent l'honneur d'avoir inventé les appareils qui ont permis d'employer ce merveilleux mode de communication pour les grandes distances.

En juillet 1837 (1), M. Steinheil établit à Munich un télégraphe électrique dont les stations extrêmes étaient séparées par une distance de 13 kilomètres. Le courant produit par une machine magnéto-électrique agissait sur un système de deux aiguilles aimantées indépendantes et

(1) *Comptes rendus de l'Acad. des sciences*, 1838, t. VII, p. 590.

placées à la suite l'une de l'autre entre les spires d'un multiplicateur. Deux petites cloches, dont les sons différaient à peu près d'une sixte, étaient fixées, du même côté du multiplicateur, l'une en face du pôle austral de la première aiguille, l'autre en face du pôle boréal de la deuxième aiguille. Suivant le sens du courant, c'était la première ou la seconde cloche qui, frappée par l'extrémité de l'aiguille correspondante, rendait un son. Il obtenait ainsi des groupes de sons représentant les diverses lettres de l'alphabet. — Dans une autre disposition, les mêmes extrémités des deux aiguilles étaient armées de deux petits encriers chargés d'encre grasse. Au lieu de sons, il obtenait ainsi deux rangées parallèles de points imprimés sur une bande de papier mise en mouvement par un mécanisme d'horlogerie. Les lettres de l'alphabet étaient représentées par des groupes déterminés de points. — Quand la note de M. Steinheil fut communiquée à l'Académie des sciences de Paris, dans la séance du 10 septembre 1838, ses appareils fonctionnaient régulièrement depuis plus d'une année. Nous dirons plus tard comment déjà, à cette époque, M. Steinheil avait remplacé le *fil de retour* par la terre.

M. Wheatstone prit sa première patente en Angleterre, le 12 juin 1837. M. Quetelet, dans la séance du 10 février 1838, fit à l'Académie de Bruxelles une communication qui fournit des détails intéressants sur cet essai de télégraphie électrique. Sa note commence par cette phrase :

« Voici quelques renseignements sur le procédé que » M. Wheatstone se propose de suivre, et qui a déjà été

» mis à l'épreuve en présence d'un grand nombre de spec-
» tateurs, sur une distance de vingt milles anglais. »

Ce premier télégraphe de M. Wheatstone se composait de *cinq* fils conducteurs et de *cinq* aiguilles dont les mouvements combinés deux à deux ou trois à trois, produisaient environ trente signaux différents. Au fond, cet appareil est la réalisation de la disposition proposée par Ampère, mais très heureusement modifiée et très simplifiée ; cependant il était encore trop compliqué pour passer dans la pratique. Le télégraphe à aiguilles devait subir des modifications bien importantes avant d'atteindre le degré de simplicité qui l'a rendu applicable sur les longues lignes. Il résulte de cette première patente que, déjà à cette époque, M. Wheatstone avait imaginé une sonnerie à ressort d'horlogerie marchant sous l'influence d'un électro-aimant, pour appeler l'attention du correspondant.

Dans la séance du 10 septembre 1838 (1), M. Morse fit marcher son appareil devant l'Académie des sciences de Paris. — Dans sa note, il dit l'avoir inventé en octobre 1832, pendant une traversée d'Europe en Amérique. Il fournit, en outre, une lettre de M. W. Peel qui assure avoir vu cet appareil au commencement de septembre 1837. Ce télégraphe *imprimant* était muni d'un carillon d'alarme ; il avait déjà fourni d'excellents résultats en Amérique sur une ligne de *dix* milles anglais ; les expériences avaient été faites sous les yeux d'une commission de l'Institut de Franklin de Philadelphie, et d'un comité

(1) *Comptes rendus de l'Acad. des sciences*, 1858, t. VII, p. 595.

nommé par le congrès des États-Unis. Nous ne voulons pas discuter ici la question controversable de savoir si l'invention de M. Morse remonte réellement à 1832, mais il nous paraît établi d'une manière incontestable que, dans le courant de l'été de 1837, à l'époque où M. Steinheil établissait à Munich son télégraphe électrique, et où M. Wheatstone proposait l'emploi de *cinq* aiguilles aimantées et de *cinq* fils conducteurs, le physicien américain construisait de son côté l'appareil télégraphique aujourd'hui définitivement adopté sur toutes les grandes lignes d'Europe et d'Amérique.

La télégraphie électrique comprend trois opérations distinctes : la transmission de l'agent électrique entre les deux postes en correspondance, la production de signaux au point de départ, la reproduction, soit passagère, soit permanente, de ces signaux au point d'arrivée de la dépêche. Chacune de ces opérations exige un appareil spécial ; tout télégraphe électrique se compose donc de trois parties établies et maintenues dans un état de solidarité complète.

L'appareil de transmission, ou *circuit* électro-dynamique, se compose d'un système de conducteurs isolés qui relient les deux postes en correspondance, d'instruments destinés à constater le passage ou à régler l'intensité du courant, et d'un électromoteur de force suffisante pour surmonter les résistances de la ligne. Les courants voltaïques sont généralement employés dans la télégraphie ; dans certaines circonstances, les courants induits sont plus convenables et donnent de meilleurs effets.

L'appareil de production des signaux, ou *manipulateur*, varie beaucoup dans sa forme et dans son mécanisme. — Quand le courant voltaïque est directement employé pour la correspondance, ou quand il sert simplement à développer les courants induits qui circulent sur le fil de la ligne, le manipulateur est, ou un *interrupteur*, ou un *commutateur* placé dans le circuit de la pile. — Dans le cas où la correspondance est établie au moyen de courants induits fournis par un appareil magnéto-électrique, le *manipulateur* est un organe destiné à produire les déplacements relatifs des diverses pièces de la machine.

L'appareil de reproduction des signaux prend le nom de *récepteur*. On peut dire d'une manière générale, que le récepteur est constitué par un système d'électro-aimants traversés par le courant de la ligne, et qui mettent en mouvement des organes destinés à reproduire les signaux ; quelquefois il est plus simple et se réduit à un galvanomètre. D'ailleurs, chaque système télégraphique a son récepteur spécial dont la forme et le mécanisme dépendent du mode adopté pour la reproduction de la dépêche. Les signaux peuvent être reproduits par le nombre et le sens des déviations de l'aiguille d'un galvanomètre traversé par le courant, ou par une aiguille qui se meut sur un cadran et s'arrête en face de la lettre à transmettre; la correspondance s'établit avec plus de sûreté, quand les signaux sont imprimés sur des bandes de papier.

Ces quelques mots suffisent pour montrer que l'étude du *manipulateur* et du *récepteur* est inséparable de celle des divers systèmes de télégraphie électrique.—D'ailleurs, pour que la correspondance puisse s'établir alternativement dans les deux sens, chaque poste télégraphique doit avoir son électromoteur, son manipulateur et son récepteur.

Dans tout le cours de notre travail sur la télégraphie électrique, nous avons dû supposer que le lecteur était assez familiarisé avec les principes généraux de l'électricité dynamique pour que nous fussions dispensé d'insister d'une manière spéciale sur la théorie des piles hydro-électriques, sur les propriétés électro-magnétiques des courants voltaïques et sur les sources des courants d'induction. Mais ces notions élémentaires cessent d'être suffisantes dès qu'on veut embrasser dans son ensemble le problème si intéressant de la communication à grande distance ; il nous a paru nécessaire de consacrer une note étendue (1) à l'exposition synthétique des lois générales des courants voltaïques. C'est qu'en effet la télégraphie électrique est encore loin d'avoir atteint son plus haut degré de perfection. A mesure que les lignes se multiplient et s'étendent, de nouvelles difficultés surgissent ; tous les bons esprits sont convaincus qu'une étude approfondie du mode de propagation de l'électricité peut seule fournir les éléments des progrès futurs de cette belle application des sciences physiques.

(1) Voyez la note A.

CHAPITRE PREMIER.

LIGNE TÉLÉGRAPHIQUE.

Avant d'aborder l'histoire des systèmes de télégraphie électrique, nous devons nous occuper de l'étude du circuit électro-dynamique qui relie les postes d'une même ligne. — Les fils conducteurs du courant sont tantôt tendus en plein air sur des poteaux de bois plantés le long des routes ordinaires ou des voies ferrées, tantôt recouverts d'une enveloppe isolante qui permet de les placer dans des conduits souterrains, et même de les immerger dans les eaux des grands fleuves, des lacs et des mers.

Lignes aériennes.

Les communications des premiers télégraphes électriques furent établies avec des fils de cuivre de *deux* millimètres de diamètre. Malgré la grande conductibilité de ce métal, on fut bientôt obligé de renoncer à son emploi. L'expérience a montré que les fils de cuivre ne conservent pas longtemps leur élasticité, ne peuvent pas supporter de fortes charges, deviennent cassants sous l'influence des variations brusques de température. Le cuivre a généralement été remplacé par le fer. En France, les postes télégraphiques sont reliés par des fils de fer *recuits* de *quatre* millimètres de diamètre.

Pour préserver les fils de fer contre l'action de l'air, on les recouvre, avant de les poser, d'une couche très mince de zinc. Une pellicule d'oxyde de zinc se produit très rapidement à la surface de ces fils *galvanisés*, forme un vernis imperméable et protége les parties profondes. — Dans le but de rendre l'isolement des fils aériens plus complet, on avait proposé de les enduire d'une ou plusieurs couches de peinture. On a renoncé à cette pratique, parce qu'aux points de suspension des conducteurs, les frottements occasionnés par les agitations continuelles des fils détruisent promptement tous les enduits. A ce sujet, nous ferons observer que si les couches de peinture ne peuvent empêcher les pertes de courant qui se produisent aux points d'appui, elles n'en resteraient pas moins efficaces contre les dérangements connus sous le nom de mélange des fils et contre les déperditions considérables d'électricité occasionnées par le contact de la surface des conducteurs et d'une atmosphère humide.

Le long des routes et des voies ferrées, les fils sont soutenus par des poteaux de bois dont la longueur varie, suivant les exigences des localités et le nombre des fils de la ligne, entre 6 et 10 mètres. Ces poteaux sont ordinairement des brins de pin ou de sapin enfoncés dans le sol à une profondeur qui varie entre 1^{m},50 et 2 mètres. Afin qu'ils puissent résister à l'action des vents et à toutes les causes accidentelles qui mettent leur solidité à l'épreuve, leur diamètre au sommet doit être de 8 centimètres pour les supports de 6 mètres, et de 10 centimètres pour ceux de 8 à 10 mètres. On les préserve de l'action destructive de l'air humide en les enduisant d'une double couche de peinture et en les injectant, par la méthode du docteur Boucherie, d'une dissolution d'*une* partie de sulfate de cuivre en poids dans *cent* parties d'eau.

En France, l'espacement *minimum* des fils des lignes télégraphiques est fixé à 25 ou 30 centimètres. L'élévation du fil inférieur au-dessus du sol ne doit pas tomber au-dessous de 3^m,50 ; pour la traversée des routes, on emploie des poteaux plus élevés, et la distance *minimum* du fil inférieur au sol doit être de 5 mètres. — Le long des routes, la distance des poteaux est de 75, 80 et même 100 mètres, quand ils sont plantés en ligne droite. Dans les courbes, chaque fil exerce sur les poteaux une pression latérale qui tend à les renverser ; il devient nécessaire de les rapprocher d'autant plus, que les fils de la ligne sont plus nombreux et que le rayon de la courbe est plus court. Toutes les questions relatives à la stabilité et à la disposition des poteaux ont été traitées avec beaucoup de soin dans deux mémoires sur la construction des lignes aériennes, dont l'un est dû à M. Trottin (1), et l'autre à M. Blerzy (2).

Quelquefois on franchit les vallées par des portées de 400 à 500 mètres. Dans ce cas, on emploie des fils de fer *non recuits* de 3 millimètres de diamètre, qui ont le double avantage d'avoir un poids moindre et de mieux résister à l'allongement.

(1) *Annales télégraphiques*, 1855, p. 169, et 1856, p. 1.
(2) *Ibid.*, 1859, t. II, p. 346.

Dans l'intérieur des villes, les fils sont supportés, suivant les cas, tantôt par des consoles ou des planchettes de bois fixées aux murailles des bâtiments, tantôt par des potelets qui dépassent d'une longueur variable le faîtage des toitures. Mais, pour les grandes villes, l'usage tend à s'établir de remplacer les fils aériens par des lignes souterraines, dont nous donnerons plus tard la description. Nous parlerons en même temps des dispositions adoptées pour le trajet des tunnels.

Malgré leur faible conductibilité, les poteaux suspenseurs constitueraient autant de points de dérivation du courant s'ils étaient en contact immédiat avec les fils télégraphiques. Par les temps humides, et surtout pendant ou après les grandes pluies, le courant éprouverait, par cette voie, des déperditions assez considérables pour rendre la correspondance très difficile et même impos-

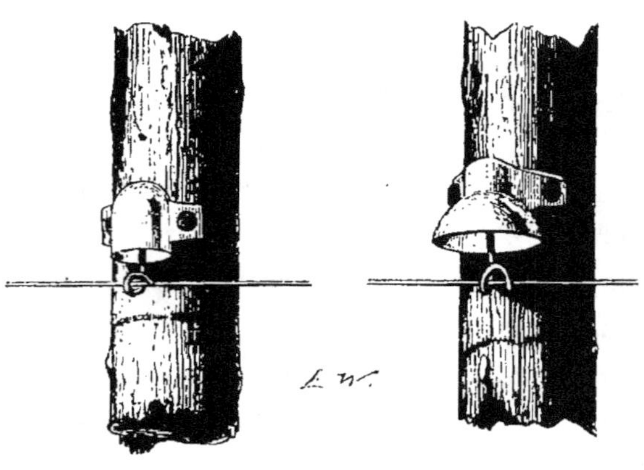

Fig. 1.   Fig. 2.

sible. Pour parer à ces inconvénients et obtenir un isolement suffisant du circuit, on attache aux poteaux de petits supports de porcelaine de forme très variable, qui servent à accrocher les fils, et sont disposés de manière que, par les temps pluvieux, il ne puisse pas se déposer sur les conducteurs des couches d'eau capables de les faire communiquer avec les poteaux.

Les figures 1 et 2 représentent les deux modèles de supports en cloche généralement employés en France. La cloche de porcelaine est munie de deux oreilles ou prolongements latéraux. Chaque oreille est percée d'un trou ; deux vis de fer galvanisé passent dans ces trous et fixent solidement l'appareil au poteau suspenseur. Une tige de fer galvanisé, recourbée en crochet pour donner passage au fil de la ligne, est scellée dans le fond de la cloche.

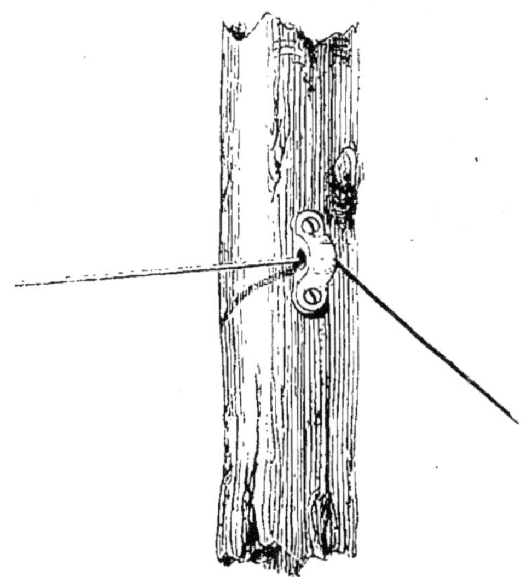

Fig. 3.

Quand la ligne change brusquement de direction, on

emploie un support de porcelaine en anneau (fig. 3). Le support doit être disposé de manière que la traction du fil tende à l'appliquer contre le poteau.

Les poulies d'arrêt (fig. 4) sont aussi de porcelaine ; on les fixe au poteau au moyen d'une grosse vis de fer galvanisé. Le fil est enroulé plusieurs fois dans la gorge

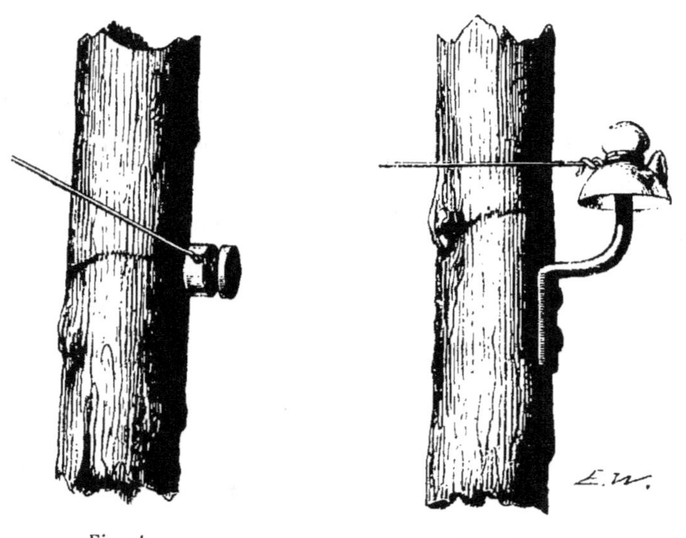

Fig. 4.   Fig. 5.

de la poulie, et son bout libre est tordu autour de la partie tendue. — La figure 5 représente un autre modèle de poulie d'arrêt en forme de cloche, fixée au poteau au moyen d'une tige de fer galvanisé.

De kilomètre en kilomètre, on dispose sur la ligne des appareils destinés à tendre les fils (fig. 6). Ces *tendeurs* se composent de deux treuils de fer galvanisé T, T', et d'un support rectangulaire de porcelaine S, percé d'une fente verticale. Le treuil T est muni d'une queue de fer qui passe dans la fente du support S et s'engage dans la queue

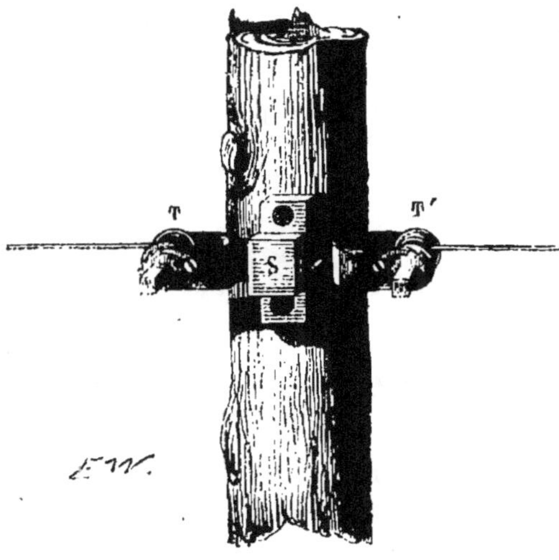

Fig. 6.

du treuil T', à laquelle elle est fixée au moyen d'une cla-

Fig. 7.

vette de fer. De chaque côté, le fil de la ligne s'engage

dans un trou dont le treuil est percé. La communication s'établit à travers la tige de fer qui réunit les deux treuils. — Quand le fil ne doit être tendu que d'un côté, le tendeur se compose d'un simple treuil (fig. 7) fixé, au moyen d'une charnière, à une poulie d'arrêt de porcelaine.

Lignes souterraines.

Avec les fils tendus en plein air, il s'opère tout le long de la ligne une déperdition d'électricité variable avec l'état hygrométrique de l'atmosphère. Ces fils sont en outre exposés à être rompus par la malveillance, par les variations brusques de température, par les coups de vent, etc., etc. Dans le but de remédier à ces inconvénients, on a essayé d'entourer les fils télégraphiques d'une enveloppe isolante, et de les distribuer dans des conduits souterrains. — A cet effet, on a employé des fils recouverts de gutta-percha, placés tantôt entre deux couches de sable, tantôt dans des tuyaux de terre ou de bois. Des regards ménagés de distance en distance permettaient de constater l'état des conducteurs en cas de dérangement. — Dans ces conditions, la gutta-percha s'altère assez rapidement, et, au bout de deux ou trois ans, les pertes d'électricité sont assez considérables pour gêner la correspondance et même la rendre impossible. Ce système, primitivement adopté en Prusse, n'a pas donné de bons résultats. Aujourd'hui, la communication souterraine est généralement abandonnée pour les très grandes lignes, mais il y a une tendance très prononcée à la substituer à la communication aérienne pour le trajet des grandes villes.

En 1855, l'administration centrale de Paris fut reliée aux Tuileries, au Louvre, à la Bourse, à la préfecture de police et à l'hôtel de ville par une ligne souterraine. On employa des fils de fer galvanisés de 4 millimètres de diamètre, disposés par blocs de dix, six et quatre, noyés dans des masses de bitume placées elles-mêmes au fond de tranchées de 1^m,30 de profondeur moyenne. Dans chaque bloc, les fils furent séparés les uns des autres et des surfaces de la masse de bitume par un intervalle de 27 millimètres. Dans ces conditions, l'isolement des conducteurs est suffisant; depuis cinq ans qu'elle est construite, cette ligne, dépourvue de regards, fonctionne très régulièrement et n'a encore exigé aucune réparation. — La même année, une ligne souterraine de 1150 mètres de longueur, et composée de 22 fils distribués en quatre blocs, a été construite à Bordeaux d'après les mêmes principes; elle fait aujourd'hui un très bon service, sans qu'on ait eu besoin d'y toucher.

En 1856, une nouvelle ligne souterraine fut construite à Paris pour relier le Ministère de l'intérieur au Palais de l'industrie et aux chemins de fer de Rouen, du Nord et de l'Est. Les fils furent toujours noyés dans des masses de bitume, mais quelques changements furent apportés aux dispositions précédemment adoptées. On employa des fils de 3 millimètres de diamètre; on porta le nombre des fils conducteurs dans un même bloc à 15, 20 et même 28, disposés tantôt en trois, tantôt en quatre rangées horizontales. Enfin les fils ne furent plus tenus qu'à 17 mil-

limètres les uns des autres et à 20 millimètres de la surface du bitume. D'ailleurs, des regards furent ménagés
sur le trajet de cette ligne, dont les fils les plus longs ont
14 kilomètres. — Dans ces conditions, les résultats n'ont
été qu'à demi-satisfaisants. Dans l'intérieur des blocs,
certains fils communiquaient les uns avec les autres, et
quelques-uns des fils plus extérieurs donnaient lieu à des
pertes. En 1858, des réparations furent faites à cette
ligne, qui, bien que défectueuse en quelques points,
marche cependant avec assez de régularité pour suffire
aux besoins du service.

Lorsque ces lignes souterraines restent longtemps
exposées à des fuites de gaz, le bitume se ramollit et
s'altère; les terrains calcaires exercent une influence
analogue. M. Saigey (1), à qui nous empruntons ces détails, pense que pour faire de bonnes lignes souterraines
avec le bitume, il serait nécessaire de satisfaire aux conditions suivantes :

1° Ne pas trop multiplier le nombre des fils contenus
dans un même bloc.

2° Séparer les fils les uns des autres et de la surface du
bloc par un intervalle *minimum* de 27 millimètres.

3° Entourer les fils d'une enveloppe de coton pour
mieux les isoler les uns des autres et du sol.

4° Dans les terrains calcaires, rejeter les matériaux
extraits de la fouille, et emprunter des terres fraiches pour
établir le lit des blocs et remblayer.

5° Exiger que, dans le voisinage des lignes télégra-

____

(1) *Annales télégraphiques*, 1859, t. II, p. 5.

phiques, les conduites de gaz soient entourées d'un tuyau de poterie, de sorte qu'en cas de fuite, les infiltrations dans la terre ne se fassent qu'à une distance convenable.

A ces conditions, ajoute M. Saigey, on obtiendrait de bonnes lignes souterraines, en utilisant les précieuses qualités du mastic de bitume.

On a établi aussi à Paris des lignes souterraines avec des câbles composés de 5 fils de cuivre protégés extérieurement par un tube de plomb. — Dans le premier essai, fait en 1858, chaque fil, de $1^{mm},25$ de diamètre, fut recouvert de deux couches de gutta-percha ayant chacune $0^{mm},65$ d'épaisseur, et enveloppé d'un ruban de coton goudronné. Les cinq fils, tordus en spirale, furent entourés d'un double ruban de coton goudronné et introduits dans un tube de plomb de $1^{mm},25$ d'épaisseur et de 12 millimètres de diamètre. Le câble ainsi protégé fut déposé au fond d'une tranchée, sur un lit de sable ou de terre tamisée, et recouvert de terre fine. — Cette ligne, qui relie le Ministère de l'intérieur à la gare Montparnasse, à l'Observatoire, au Sénat, aux chemins de fer d'Orléans et de Lyon, n'a pas donné des résultats très satisfaisants. Des pertes notables se sont déclarées et ont paralysé plusieurs fils; mais il ne s'est établi aucune communication entre les divers conducteurs d'un même câble. — Quelques améliorations de détail ont été apportées à la construction de ces câbles. On a remplacé le fil unique par une cordelette composée de quatre torons enroulés en spirale et ayant chacun un demi-millimètre de diamètre; en cas de rupture, il y a lieu d'espérer que les quatre brins ne rompront pas et que la communication restera établie. On a aussi augmenté l'épaisseur des deux couches de gutta-percha, de façon que chaque fil recouvert a 5 millimètres de diamètre.

Nous empruntons à M. Saigey (1) les détails suivants sur une nouvelle ligne souterraine avec câble, établie à Dijon dans le courant de 1859. Chacun des fils est formé de quatre brins de cuivre rouge, de $0^{mm},50$ de diamètre, tordus ensemble. Puis il est recouvert de deux couches successives de gutta-percha de façon à atteindre 5 millimètres de diamètre, et entouré d'un guipage de coton goudronné. Ces fils sont ensuite tordus en spirale ; le câble est garni d'un ruban goudronné, et enfin d'un guipage noir et non goudronné. Avant de recevoir le goudron, les rubans et les enveloppes de coton sont injectés au sulfate de cuivre. — Ces câbles, dépourvus de tube métallique, sont encastrés dans des blocs de ciment qui agissent moins comme substance isolante que comme moyen de protection.

Dans les tunnels, l'air est habituellement très humide. Pour s'opposer aux déperditions d'électricité, on employait autrefois des fils recouverts de gutta-percha. Mais, dans ces conditions, la gutta-percha se détériorait très rapidement, et en très peu de temps l'isolement cessait d'être suffisant. Aujourd'hui, on établit la communication sous les tunnels au moyen de câbles déposés et retenus par des brides de tôle sur des linteaux de hêtre injectés et fixés contre la voûte à $2^{m},50$ de hauteur, au moyen de clous galvanisés. A l'entrée et à la sortie des tunnels, le câble

______

(1) *Loc. cit.*, p. 20.

s'épanouit, et chaque fil recouvert de ses enveloppes particulières vient s'attacher à un support-cloche d'arrêt fixé à un potelet.

Lignes sous-marines.

Dans l'Inde, en 1839, le docteur O'Shaughnessy établit une communication électrique d'une rive à l'autre de l'Hovgly, au moyen d'un fil métallique isolé et immergé dans le fleuve. En 1840, M. Wheatstone proposa d'établir une communication de même nature entre les rives opposées des grands détroits. Dix ans s'écoulèrent avant la réalisation de ce beau projet. Le 28 août 1850, M. Jacques Brett posa la première ligne sous-marine, et relia télégraphiquement Douvres au cap Grinez au moyen d'un fil de cuivre recouvert d'une simple enveloppe de gutta-percha. Ce premier câble n'avait pas assez de solidité pour résister aux agitations de la mer, et fut rompu au bout de quelques jours. Mais la possibilité de la transmission du courant à travers les mers était expérimentalement démontrée ; pour assurer la correspondance, il ne s'agissait plus que de modifier la construction du câble et de le protéger contre les causes extérieures de destruction. Le 26 octobre 1851, une communication électrique définitive fut établie entre Douvres, et Calais, au moyen d'un câble déposé au fond de la mer. Depuis cette époque, les lignes sous-marines se sont beaucoup multipliées : l'Angleterre communique avec l'Irlande et plusieurs points du continent ; l'Europe est reliée à l'Afrique par une ligne télégraphique sous-marine composée de trois câbles, dont l'un s'étend de la Spezzia à la Corse, le second de la Corse à la Sardaigne, le troisième de la Sardaigne à Bône ; de nombreuses communications de même nature existent à travers les mers du Nord, des Indes et de l'Amérique. Pendant l'expédition de Crimée, un câble de 640 kilomètres de longueur faisait communiquer Balaklava et Varna à travers la mer Noire. En juillet et août 1858, l'Europe fut reliée télégraphiquement au nouveau monde ; un câble de 4000 kilomètres de longueur fut établi entre l'Irlande et Terre-Neuve par des profondeurs de 5000 mètres. Un instant on put croire que cette gigantesque opération avait complétement réussi ; malheureusement les espérances conçues ne tardèrent pas à s'évanouir. Nous aurons à examiner plus tard la question de savoir si le mode de propagation de l'électricité dans des câbles qui font l'office de condensateurs n'oppose pas des obstacles insurmontables à l'établissement d'une correspondance directe entre des contrées séparées par des distances aussi considérables.

L'établissement d'une ligne sous-marine est toujours une opération difficile et très pénible, dont l'insuccès occasionne nécessairement une perte considérable de capitaux. Des hommes d'un très grand mérite se sont beaucoup occupés de la question du meilleur mode d'immersion à adopter. Nous n'avons pas ici à entrer dans cette intéressante discussion ; nous devons nous contenter de donner quelques détails sur la composition des câbles sous-marins.

Dans le principe, on employait exclusivement pour

conducteurs des fils de cuivre de 1^{mm},50 à 2 millimètres de diamètre ; depuis quelque temps on leur préfère généralement des cordelettes de 2 millimètres de diamètre, composées de trois, quatre, cinq et même sept fils très fins enroulés en spirale. Lorsque le conducteur supporte accidentellement des tractions capables de rompre les cordelettes, il y a chance pour qu'au moins un de ses fils composants reste intact et maintienne la communication électrique ; sous ce rapport, cette nouvelle disposition est bonne. Fil ou cordelette, chaque conducteur doit être recouvert d'une enveloppe isolante de gutta-percha de 3 à 4 millimètres d'épaisseur. La gutta-percha doit être appliquée en deux ou trois couches distinctes pour mieux assurer l'isolement ; il est probable, en effet, que les gerçures de l'enveloppe isolante, si elles viennent à se produire accidentellement, n'occuperont pas des points exactement correspondants sur les couches superposées. Les conducteurs sont ensuite entourés d'une couche de filin goudronné d'épaisseur variable. Le tout est enfin recouvert d'une enveloppe protectrice entièrement métallique, composée de fils de fer galvanisés enroulés en hélice. Malgré leur grande force de résistance, ces câbles sont assez souples pour qu'on puisse les manier facilement, les lover sur le pont d'un navire et les enrouler sur des tambours. Déposés au fond des mers, ils suivent les accidents de configuration du sol, et ne tardent pas à se recouvrir de couches de sable et de coquillages qui protégent leur enveloppe métallique contre l'action de l'eau.

La figure 8 représente le gros câble sous-marin tendu en 1851 entre Douvres et Calais. On voit au centre les

quatre fils de cuivre recouverts de gutta-percha qui servent
à la correspondance électrique ; ils sont entourés de toutes
parts d'une couche épaisse de filin goudronné. L'enve-

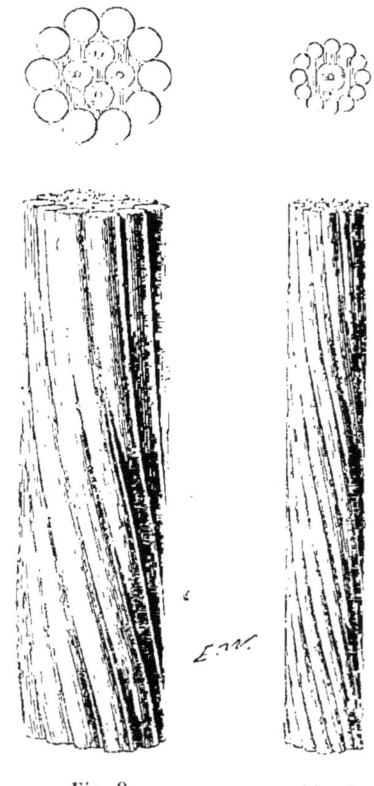

Fig. 8.   Fig. 9.

loppe métallique protectrice se compose de *dix* très gros
fils de fer *galvanisés*. Ce câble a 44 kilomètres de longueur ;
il pèse 4420 kilogrammes par kilomètre.

La figure 9 représente un câble beaucoup plus long et
beaucoup plus léger, qui établit la communication entre
l'Angleterre et l'Irlande. Il ne contient qu'un fil conduc-

teur placé au centre; son enveloppe protectrice se
compose de *douze* fils de fer *galvanisés* moins gros que
ceux du câble de Calais. Sa longueur totale est de
113 kilomètres, et son poids de 631 kilogrammes par kilomètre.

On a établi des câbles sous-marins qui contiennent trois,
quatre, cinq et même jusqu'à six conducteurs, dans le but
de rendre la correspondance électrique plus rapide. Ces
câbles à fils multiples présentent de grands inconvénients :
leur volume et leur poids les rendent très peu maniables,
et compliquent beaucoup l'opération déjà si pénible et si
délicate de la pose; il arrive souvent que, pendant la pose
de ces câbles, les conducteurs intérieurs se déplacent,
quelques-uns se rapprochent trop de l'armature extérieure, et sont, par cela même, mis hors de service; ajoutons enfin que le passage du courant dans l'un des fils
développe dans les fils voisins des courants d'induction
qui gênent la transmission. On admet aujourd'hui que,
dans la télégraphie sous-marine, on ne doit employer que
des câbles à un fil, sauf à relier les deux points extrêmes
par deux ou plusieurs câbles indépendants, si l'activité de
la correspondance l'exige.

Dans les mers peu profondes, les câbles sont exposés
aux atteintes des ancres. Ces accidents se sont présentés
quelquefois dans la Manche, et si des câbles ont résisté
grâce à la puissance de leurs armatures métalliques, on a
néanmoins eu à déplorer quelques ruptures. Pendant les
grandes tempêtes, les violentes agitations de la surface se
communiquent quelquefois à une assez grande profondeur pour atteindre les câbles et déterminer leur frotte-

ment contre des crêtes de rochers. Dans ces circon-stances, les armatures métalliques s'usent rapidement, et les enveloppes organiques, mises à nu, cèdent à leur tour : les tempêtes du mois de janvier 1857 furent assez vio-lentes pour déterminer la rupture de tous les câbles qui reliaient l'Angleterre au continent. En présence de ces faits, tout le monde s'accorde à reconnaître que, dans le voisinage des côtes, par les profondeurs qui ne dé-passent pas 400 mètres, et plus généralement dans tous les parages où les navires peuvent laisser traîner leurs ancres sur le fond de la mer, il y a grand avantage et même nécessité absolue à envelopper les cables sous-marins d'épaisses armatures métalliques.

Dans les mers profondes, le but principal et presque exclusif de l'armature métallique extérieure est de s'op-poser à la rupture du câble pendant l'opération de la pose. Une fois parvenu au fond, le câble, appuyé sur le sol à l'abri de l'atteinte des corps extérieurs, des agita-tions superficielles produites par les plus violentes tem-pêtes, n'est plus exposé à des causes accidentelles de rup-ture. — Ajoutons enfin que l'enveloppe de gutta-percha, en raison de son inaltérabilité dans l'eau de la mer, suffit à elle seule pour assurer l'isolement du fil conducteur. D'un autre côté, les armatures métalliques épaisses ont de graves inconvénients; en rendant le câble moins souple et moins maniable, en augmentant considérablement son poids, elles ajoutent de nouvelles et très grandes diffi-cultés à celles dont l'opération de la pose est toujours inévitablement entourée. Telles sont les principales rai-sons qui ont décidé les ingénieurs à diminuer considérablement l'épaisseur des armatures des câbles destinés à la traversée des mers profondes.

Le poids spécifique du cylindre intérieur du câble, fil de cuivre, gutta-percha et filin goudronné, est très peu supérieur à celui de l'eau de mer. Lorsque le câble est immergé, le poids de la partie flottante dépend donc presque exclusivement du poids de son armature extérieure. Mais, toutes choses égales d'ailleurs, pendant l'opération de la pose, la traction est proportionnelle au poids du câble, et, par suite, diminue à peu près proportionnellement à la section des fils de l'armature. D'un autre côté, le nombre de millimètres carrés sur lesquels la charge est répartie diminuant proportionnellement à la section des fils, il en résulte que la résistance à la rupture n'est pas très notablement influencée par l'épaisseur de l'armature, et que, sous ce dernier rapport, tous les câbles, lourds ou légers, sont sensiblement dans les mêmes conditions. Mais les câbles légers sont plus souples, plus maniables, causent moins d'encombrement sur les bâtiments et coûtent moins cher; de plus, la traction supportée pendant l'opération de la pose étant moindre, il devient plus facile de rendre l'émission régulière, et d'éviter les dérangements qui sont souvent la cause de ruptures irrémédiables. C'est donc avec raison qu'on a généralement adopté des armatures peu épaisses pour les câbles destinés aux mers profondes.

Ainsi, pour la communication électrique établie en 1857 entre la côte d'Afrique et la Sardaigne, on s'est servi d'un câble à quatre conducteurs de cuivre, dont l'armature extérieure est composée de *dix-huit* fils de fer galvanisés de *trois* millimètres de diamètre. Dans les faibles profondeurs, dans le voisinage des côtes, l'armature, plus lourde et plus résistante, se compose de *douze* fils de fer galvanisés de *cinq* millimètres de diamètre. Le diamètre total est de 20 millimètres pour la partie légère, et de 24 millimètres pour la partie lourde du câble. — Le câble transatlantique à un fil était encore plus léger ; il avait seulement 15 millimètres de diamètre total, et son armature extérieure se composait de *dix-huit* torons formés chacun de *sept* fils de fer galvanisés de $0^{mm},75$ de diamètre et tordus en hélice. Il était d'ailleurs relié à la côte par un câble à armature épaisse et résistante.

Dans son travail sur la télégraphie sous-marine, M. Delamarche (1) pense que, pour le trajet des mers profondes, il y aurait avantage à employer des armatures encore plus légères. Il conseille de les former avec des fils de fer galvanisés d'environ *un* millimètre de diamètre. Les fils devraient être modérément recuits, afin de leur communiquer une souplesse convenable et leur conserver en même temps une plus grande résistance ; le pas de l'hélice devrait être d'environ 25 centimètres.

MM. Breton et de Rochas (2) ont publié un travail très remarquable sur la théorie mécanique des télégraphes sous-marins. Après avoir analysé et discuté toutes les conditions mécaniques du problème de la communication électrique à travers les grandes masses d'eau, ils ont

(1) *Éléments de télégraphie sous-marine.* Paris, 1858.
(2) *Annales télégraphiques*, 1859, t. II, p. 445.

établi les vrais principes dont on ne doit jamais s'écarter,
tant dans le tracé des lignes télégraphiques sous-marines
que dans la pose des câbles. Il n'est pas de notre sujet
d'entrer dans les détails du mode d'immersion, mais
nous devons rapporter textuellement un passage du mémoire de MM. Breton et de Rochas, consacré à l'examen
du rôle de l'armature extérieure et des règles à suivre
dans la construction des câbles.

« Près de la surface, l'agitation causée par les vents et les
» marées tend à les déplacer (les câbles) irrégulièrement;
» au-dessous du niveau où ces agitations cessent de se
» faire sentir, les fils sont exposés à être accrochés par
» les ancres à la traîne. Ainsi, jusqu'à la limite où ces
» dangers pourront s'étendre, il faut que les fils soient
» revêtus d'une armature capable de résister aux chocs,
» à certains frottements; en un mot, aux accidents de
» toute nature qui peuvent les atteindre.

» Mais, au-dessous des profondeurs où ces dangers ne
» sont plus à craindre, l'armature extérieure devient inu-
» tile; en outre elle devient nuisible par son poids, parce
» qu'elle ne peut résister à l'extension d'une manière
» efficace. En effet, pour qu'elle résistât efficacement, il
» faudrait qu'elle fût faite de manière à ne pas s'allonger
» plus facilement que le fil intérieur. Celui-ci, placé exac-
» tement dans l'axe du câble, ne peut s'allonger qu'au-
» tant que la substance même du métal cède à l'extension;
» au contraire, les fils cordés qui forment l'armature
» extérieure peuvent céder à l'allongement par une simple
» diminution de courbure des courbes qu'ils forment les
» uns autour des autres et tous ensemble autour du fil

» intérieur, sans que la longueur réelle de chaque courbe
» soit altérée. Si donc on tire par les deux bouts un câble
» télégraphique pareil à ceux qu'on a employés jusqu'à
» présent, et si l'on augmente la tension de plus en plus,
» on parviendra nécessairement à rompre le fil intérieur
» qui sert de conducteur, lorsque l'armature extérieure
» sera encore à peine tendue. Celle-ci ne fait alors qu'a-
» jouter à la charge que doit supporter seule la cohésion
» du fil intérieur, et diminue par conséquent la limite
» des profondeurs où la pose est possible. Il faut donc
» supprimer l'armature dès qu'elle n'est plus absolument
» nécessaire.

» Mais cette suppression elle-même ne suffit pas pour
» franchir les grandes profondeurs : il faut encore alors
» *alléger* le fil, et pour cela le revêtir d'enveloppes volu-
» mineuses, moins pesantes que l'eau. La charge du fil
» diminuera ainsi en proportion du volume de l'enve-
» loppe. Moyennant cette condition, le fil lui-même
» pourra résister efficacement à la rupture par extension
» jusqu'à des profondeurs pour lesquelles le calcul n'in-
» dique pas de limites.

» On peut résumer ce qui précède en disant que :

» La limite des *petites* et des *grandes profondeurs* est
» la profondeur la plus grande où les navires puissent
» traîner leurs ancres.

» Les fils télégraphiques sous-marins doivent être *isolés*
» et *armés* dans les petites profondeurs;

» Ils doivent être *allégés* et *non armés* dans les grandes
» profondeurs.

» La condition d'un allégement suffisant suivant la

» profondeur embrassera surabondamment celle de l'iso-
» lement électrique. »

Pour proscrire d'une manière absolue les armatures
dans les mers profondes, MM. Breton et de Rochas sont
partis de ce principe, que l'enveloppe extérieure de fils
métalliques *ne résiste pas à l'extension d'une manière efficace*. Cette manière de voir est en contradiction manifeste
avec les résultats d'expériences tentées par l'administration française. Dans des câbles armés soumis à des tractions brusques assez violentes pour rompre l'armature
extérieure, on a constaté que le fil de cuivre intérieur
restait intact, ou du moins ne subissait qu'un simple
allongement. Ces essais tendent à démontrer que, pendant l'opération de la pose des câbles, le pas de l'hélice
des fils cordés extérieurement ne s'allonge pas, et que
l'armature résiste comme le ferait un tube métallique
d'enveloppe. En conséquence, l'administration française
s'est décidée à conserver, dans tous les cas, l'armature
extérieure, sauf à la rendre assez légère dans les mers
profondes, pour que l'opération de la pose reste prati-
cable.

De la terre employée comme conducteur.

Deux postes télégraphiques sont toujours reliés par une
série non interrompue de conducteurs ; du pôle positif
de la pile du poste qui expédie la dépêche part un fil
métallique qui aboutit au récepteur du poste correspondant. Mais, pour que la transmission s'effectue, il n'est
pas nécessaire d'établir sur la ligne un second fil, *fil de*

retour, destiné à ramener le courant du récepteur du second poste au pôle négatif de la pile du premier. En 1837, M. Steinheil montra que ce *fil de retour* peut être remplacé avec avantage par la terre (1). A cette époque, il établit à Munich un télégraphe électrique entre son observatoire, à la Lerchenstrasse, et l'observatoire royal, à Bogenhausen : la distance de ces deux stations extrêmes est de 13 kilomètres. La communication était établie par *un seul* fil métallique ; une extrémité de ce fil était fixée à l'un des pôles de l'électromoteur ; l'autre extrémité du fil et le second pôle de l'électromoteur étaient en communication avec *deux plaques de cuivre enfoncées en terre.* « Quoique la terre ne soit que peu douée de la faculté » conductrice en comparaison de celle des métaux, dit » M. Steinheil, le courant galvanique traverse la dis- » tance dont il vient d'être parlé avec une résistance » d'autant plus petite qu'on augmente davantage la sur- » face des plaques enterrées. »

Depuis cette époque, cette question a été étudiée par MM. Cooke, Bain, Matteucci, Magrini, Bréguet, etc., etc. Les résultats de toutes ces recherches montrent que la résistance de la terre est très faible, et que, sur les longues lignes télégraphiques, il y a grand avantage à suivre la méthode de M. Steinheil.

Les propriétés bien connues des piles voltaïques four-nissent une explication simple et complète du rôle de la terre dans cette circonstance. — Supposons une pile ou-verte et *isolée ;* pour que l'équilibre existe, les tensions de

---

(1) *Comptes rendus de l'Acad. des sciences,* 1838, t. VII, p. 590.

ses extrémités doivent être égales et de signes contraires. Si nous mettons chacun des pôles en contact avec une sphère conductrice *isolée*, l'expérience démontre que, quel que soit le volume de ces sphères *égales*, chacune d'elles se met en équilibre de tension avec l'extrémité correspondante de l'électromoteur, dont elles deviennent les véritables surfaces polaires. Nécessairement alors il s'accomplit dans l'intérieur de la pile un travail générateur du flux d'électricité nécessaire pour opérer la charge de chacune des sphères. Les mouvements électriques s'exécutent avec une si grande vitesse, qu'avec des sphères d'un volume ordinaire, la charge paraît se faire instantanément, et le flux électrique n'exerce aucune influence appréciable sur les appareils les plus délicats. Agrandissons par la pensée le diamètre de ces sphères; la quantité d'électricité et le temps nécessaires pour opérer leur charge augmenteront avec leur étendue. Nous pouvons donc les concevoir d'un volume assez considérable pour que le mouvement électrique dirigé de la pile vers chacune d'elles ait une durée *finie*; alors évidemment le flux électrique, quoique momentané, agira d'une manière sensible sur l'aiguille d'un galvanomètre placé sur son trajet. D'ailleurs la durée de la déviation de l'aiguille traduira la durée du flux d'électricité et augmentera en même temps que l'étendue des sphères additionnelles, puisque dans tous les cas elles doivent acquérir des tensions égales à celles des extrémités de la pile avant que les communications soient établies. Ces considérations, conséquences rigoureuses de la théorie de la pile voltaïque, nous conduisent à la conclusion suivante :

Si l'on met chacune des extrémités d'une pile *isolée* en communication avec un conducteur *isolé* dont le volume puisse être considéré comme *infini* par rapport à celui de l'électromoteur, le pôle cuivre fournira un véritable courant d'électricité positive, et le pôle zinc un courant d'électricité négative, qui dureront jusqu'à l'entier épuisement des métaux et des liquides actifs en présence ; tout se passera comme si la pile était fermée par un conducteur continu réunissant ses deux extrémités.

Fig. 10.

Nous devons à M. Guillemin (1) une expérience fort ingénieuse, qui est une démonstration directe du principe précédent. — Soient (fig. 10) P une pile bien isolée, et C un condensateur isolé. Entre les deux on place un

(1) *Comptes rendus de l'Acad. des sciences*, 1849, t. XXIX, p. 521.

interrupteur à deux roues R, R', portées sur le même axe. Les lames métalliques fixées sur les jantes ont le même nombre de dents également espacées et disposées de manière que les intervalles d'interruption alternent d'une roue à l'autre. La garniture intérieure du condensateur C communique avec les ressorts v, v' par les fils c, d; la garniture extérieure, avec le ressort r' par le fil f et d'une manière permanente avec le pôle négatif de la pile par le fil e; enfin le pôle positif de la pile communique avec le ressort r par le fil $b\,b$, sur le trajet duquel est placé un galvanomètre G.

Quand l'interrupteur est en mouvement, la garniture intérieure du condensateur communique avec le pôle positif de la pile toutes les fois que le ressort r porte sur une dent métallique; mais alors r' est sur un espace isolant, et les deux garnitures sont isolées l'une de l'autre. Au contraire, quand r est sur un espace isolant, r' est sur une dent métallique; alors la garniture intérieure est isolée du pôle positif de la pile, mais elle communique librement avec la garniture extérieure à travers la roue R'. Il en résulte que, pendant la rotation de l'interrupteur, le condensateur C est alternativement chargé quand r porte sur une dent métallique, et déchargé quand r' appuie sur une dent métallique.

Bien qu'avec cette disposition, la pile ne soit jamais fermée, puisque la lame isolante du condensateur est toujours placée entre les extrémités des fils polaires, néanmoins, quand on imprime à l'interrupteur un mouvement rapide de rotation, l'aiguille du galvanomètre G est influencée et traduit le passage d'un courant dirigé du pôle positif de l'électromoteur à la garniture intérieure du condensateur. La déviation de l'aiguille augmente avec la vitesse de rotation ; dans les expériences de M. Guillemin, elle a atteint 40 degrés. Pour obtenir le *maximum* d'effet, il faut conserver certains rapports entre l'étendue des garnitures du condensateur et les dimensions des couples de la pile. Quel que soit le fil sur le trajet duquel on place le galvanomètre, qu'on l'intercale dans le circuit de charge b, c, e, ou dans le circuit de décharge d, f, la déviation de l'aiguille est la même pour une même vitesse de l'interrupteur, et le sens de cette déviation est tel que la disposition de l'expérience permet de le prévoir.

Tant que l'interrupteur est en mouvement, le circuit de charge b, c, e, et le circuit de décharge d, f, sont traversés par une série de flux instantanés d'électricité qui agissent sur l'aiguille du galvanomètre, et qui, lorsque la rotation est assez rapide, produisent l'effet de courants continus. — Les garnitures du condensateur, alternativement et très rapidement chargées et déchargées, jouent le rôle de conducteurs *isolés* d'étendue *infinie*, mis en communication, l'un avec le pôle positif, l'autre avec le pôle négatif de la pile.

Chaque fois que le condensateur est chargé, un flux d'électricité marche du pôle positif de la pile à sa garniture intérieure ; mais avec des appareils de dimensions ordinaires, ce flux *unique* n'est pas suffisant pour vaincre le moment d'inertie de l'aiguille aimantée, et le galvanomètre n'accuse pas son passage. Avec des condensateurs de très grandes dimensions, le flux d'électricité nécessaire pour la charge agit d'une manière marquée sur l'aiguille du galvanomètre; nous avons dit ailleurs (1) comment M. Faraday, expérimentant sur un câble qui représentait un condensateur à garniture intérieure de 800 mètres carrés de surface, a montré que la charge électrique de ce câble exige assez d'électricité et assez de temps pour produire un courant capable d'imprimer une *forte déviation* à l'aiguille du galvanomètre.

Supposons maintenant que l'extrémité d'un fil télégraphique étant reliée au pôle positif d'une pile, l'autre extrémité du fil et le pôle négatif de l'électromoteur communiquent avec des *plaques métalliques*, de *véritables électrodes*, enfoncées en terre. L'électricité positive transmise par le fil télégraphique et la négative du pôle zinc de la pile passent de ces plaques métalliques aux couches adjacentes du sol, et se diffusent instantanément dans toutes les directions, sans produire autour d'elles un état de tension appréciable. Il n'est donc pas exact de dire que le courant, après avoir traversé le fil télégraphique, est ramené à la pile par la terre agissant comme un conducteur ordinaire. Cette opinion ne serait soutenable que dans le cas où les points de contact des fils polaires avec le sol sont à très faible distance; mais quand ces points de contact sont séparés par un grand nombre de kilomètres, les couches terrestres jouent réellement, par rapport aux pôles de l'électromoteur, le rôle de conducteurs de surface infinie qui absorbent l'électricité à mesure qu'elle est produite, maintiennent à *zéro* la tension des points des conducteurs qu'elles touchent, et permettent à la pile de

(1) *Traité d'électricité*, t. II, p. 84.

fonctionner jusqu'à l'entier épuisement des métaux et des liquides actifs en présence.—La terre oppose ainsi à la propagation du courant deux espèces de résistances : l'une *passive*, la résistance à la *diffusion*, dont la valeur dépend de la nature du terrain et de l'étendue des surfaces de contact; l'autre *active*, due à la polarisation des électrodes, suite inévitable de la décomposition des liquides dont le sol est imbibé. La somme de ces deux résistances, ou la résistance totale de la terre, varie nécessairement en sens inverse de l'étendue des plaques métalliques enfouies et de la conductibilité des couches environnantes, mais, pour une surface invariable de ces plaques et pour un sol de nature donnée, elle conserve évidemment une valeur constante et indépendante de la longueur de la ligne télégraphique. Ajoutons d'ailleurs que, quand les communications sont bien établies dans un terrain humide, ou mieux encore dans un cours d'eau naturel, la diffusion s'opère avec une extrême facilité, et la résistance de la terre est toujours très faible en comparaison de celle d'une ligne télégraphique d'une certaine longueur.

Cependant, quelque minime qu'elle soit, l'expérience prouve que, sur les lignes de peu d'étendue, la résistance de la terre a une valeur sensible et appréciable. Mais, comme sa valeur reste constante, son influence doit diminuer à mesure que le circuit électro-dynamique s'allonge, et devient *négligeable* quand la distance des postes correspondants s'élève à une centaine de kilomètres. A l'appui de cette proposition, nous ne saurions mieux faire que de citer les résultats de trois séries d'expériences exécutées par M. Matteucci sur des lignes télégraphiques bien isolées (1). Les communications avec le sol étaient établies par de *larges* électrodes plongées dans l'eau de puits creusés à 8 ou 10 mètres de profondeur. La pile était alternativement fermée par un circuit *entièrement métallique* et par un circuit *mixte* dans lequel le fil de *retour* était remplacé par la terre; l'intensité du courant était exactement mesurée dans chaque cas.

Première série d'expériences. — Les postes correspondants étaient à environ 20 kilomètres l'un de l'autre; le circuit complet, aller et retour, avait 40 396 mètres de longueur. La moyenne de sept couples d'expériences comparatives montre que le rapport des intensités du courant dans le circuit *mixte* et dans le circuit *entièrement métallique* était 1,822.

Deuxième série d'expériences. — Les deux postes correspondants étaient séparés par une distance d'environ 47 kilomètres : le circuit complet, aller et retour, avait 94 373 mètres de longueur. La moyenne de huit couples d'expériences comparatives montre que le rapport des intensités du courant dans le circuit *mixte* et dans le circuit *entièrement métallique* était 1,884.

Troisième série d'expériences. — Les deux postes correspondants étaient à environ 77 kilomètres l'un de l'autre; le circuit complet, aller et retour, avait 155 203 mètres de longueur. La moyenne de six couples d'expériences comparatives montre que le rapport des intensités du courant dans le circuit *mixte* et dans le circuit *entièrement métallique* était 1,924.

____

(1) *Ann. de phys. et de chim.*, 3ᵉ sér., 1851, t. XXXII, p. 269.

Ainsi il demeure établi que, sur les longues lignes et lorsque les communications avec le sol sont bien établies, la substitution de la terre au fil de *retour* a pour effet de doubler sensiblement l'intensité du courant. En faisant entrer la terre pour moitié dans le circuit électro-dynamique, on n'économise pas seulement la moitié du fil métallique qu'exigerait un circuit entièrement métallique, on se donne en outre la possibilité de transmettre, avec une pile donnée, un courant de même intensité à une distance double. Il ne faut donc pas s'étonner si l'emploi de la terre comme conducteur est aujourd'hui universellement adopté dans la télégraphie électrique.

Mais les résultats sont loin d'être aussi satisfaisants lorsqu'on met les extrémités du fil de la ligne en communication avec la *surface* du sol, ou avec des portions de terrain dépourvues d'humidité et dont la conductibilité est très faible. Dans ce cas, la résistance à la diffusion devient très considérable, et les expériences de M. Matteucci (1) montrent que, selon la distance des postes correspondants, le rapport des intensités du courant dans le circuit *mixte* et dans le circuit *entièrement métallique* peut s'abaisser à 1,79, à 1,70, et même à 1,23; la valeur la plus faible de ce rapport correspondant toujours aux deux postes les moins éloignés l'un de l'autre. Les communications des extrémités de la ligne avec le sol ne sauraient donc être établies avec trop de soin. On conseille avec raison de terminer les *fils de terre* par de larges plaques métalliques plongées dans des puits, ou

____

(1) *Loc. cit.*, p. 275.

mieux encore dans des cours d'eau naturels. Si les localités ne permettent pas de réaliser ces conditions, il est convenable de creuser, dans des terrains humides, des trous profonds destinés à recevoir les électrodes. Les tuyaux de conduite du gaz de l'éclairage et les rails des chemins de fer, en raison de leur grande étendue, sont quelquefois utilisés avec avantage pour établir de bonnes communications des lignes télégraphiques avec la terre.

Électromoteurs.

Les courants d'induction peuvent, aussi bien que les courants voltaïques, suffire à tous les besoins de la télégraphie électrique. Nous ne nous occuperons ici que des piles électriques ; nous décrirons plus tard les machines d'induction, à propos des appareils télégraphiques qui entretiennent la correspondance au moyen de courants induits lancés sur la ligne.

Pile anglaise. — En Angleterre, le service des lignes télégraphiques se fait au moyen de piles de sable. Une auge de bois est divisée, au moyen de cloisons d'ardoise, en compartiments remplis de sable siliceux imprégné d'une solution faible de chlorhydrate d'ammoniaque ou d'eau légèrement acidulée avec de l'acide sulfurique. On place dans chaque compartiment une lame de zinc amalgamé et une plaque de cuivre ; ces plaques métalliques ont en général 112 millimètres de hauteur et 87 millimètres de largeur. Ces piles sont d'un entretien facile et peu dispendieux. Avec un liquide actif de faible énergie, les lames

de zinc peuvent servir six à huit mois sans être amalga-
mées de nouveau. Quand on a soin de laver de temps
en temps le sable avec de l'eau, un bon amalgame peut
durer dix à douze mois.

La force électromotrice du couple de la pile anglaise
est faible, et sa résistance est très considérable. Il en résulte que le courant fourni par une pile de sable a peu
d'intensité. Au fond, la pile de sable n'est qu'une pile de
Wollaston dans laquelle aucune précaution n'a été prise
pour se mettre à l'abri de la polarisation des lames métalliques. Dès lors, si le circuit électro-dynamique reste
fermé pendant un certain temps, les effets de la polarisation doivent se faire sentir, et le courant doit éprouver
un affaiblissement notable.

Pile de Bunsen. — La pile de Bunsen, composée de
couples dont la force électromotrice est très considérable
et la résistance très faible, fournit un courant très intense
et semble convenir mieux que toute autre à la correspondance télégraphique. Mais elle est difficile à entretenir;
en outre, les vapeurs acides qu'elle laisse dégager sont
assez abondantes pour devenir incommodes et même nui-
sibles. Ces inconvénients sont assez graves pour qu'on ait
généralement renoncé à son emploi. Cependant, lorsque
la correspondance exige un courant d'une très grande
puissance, on se sert exceptionnellement de la pile de
Bunsen.

Pile de Daniell. — En France, le service des lignes
télégraphiques se fait avec des piles de Daniell. La figure 11
représente la disposition proposée dès l'origine par M. Bréguet, et généralement adoptée. Chaque couple se compose

d'un vase extérieur de verre et d'un cylindre de terre
poreuse. Le zinc, contourné en cylindre, plonge dans le
vase de verre; le cuivre, façonné en lame rectangulaire,

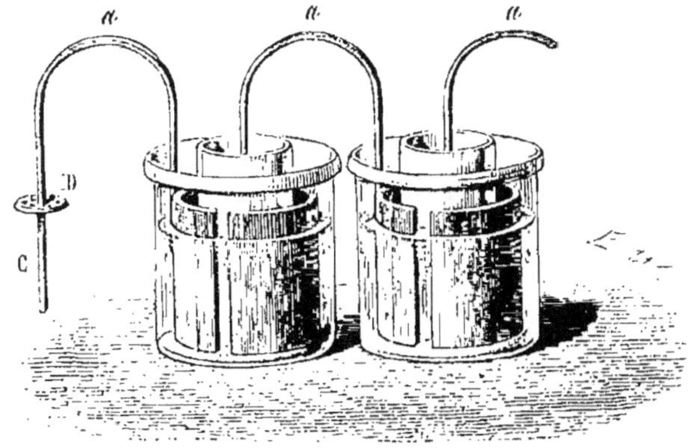

Fig. 11.

plonge dans le vase intérieur de terre poreuse; vers la
partie supérieure de cette lame de cuivre, représentée à
part en C, est soudé un disque de cuivre D percé de trous
et formant diaphragme dans le vase poreux. Ce disque de
cuivre D sert à supporter des cristaux de sulfate de cuivre.
Les couples sont réunis par des arcs de cuivre a, a, a.

Pour charger cette pile, on verse de l'eau ordinaire
dans le vase de verre et dans le cylindre poreux de chaque
couple, et l'on dépose des cristaux de sulfate de cuivre
sur chacun des diaphragmes métalliques D. Au bout d'une
heure environ, le liquide du vase poreux est bleu et sa-
turé de sulfate de cuivre; l'eau dans laquelle baigne le
zinc contient une faible proportion de sulfate de cuivre
qui a passé à travers les parois du cylindre poreux : la
pile est prête à marcher. Du moment que le circuit est

fermé, l'action chimique et la circulation d'électricité commencent dans chaque couple. Le zinc se substitue au cuivre qui se dépose sur la lame de cuivre contenue dans le vase poreux, et le sulfate de zinc formé reste en dissolution dans le liquide du vase de verre. Il en résulte qu'en très peu de temps, le cuivre de chaque couple est immergé dans une dissolution saturée de sulfate de cuivre, et le zinc dans une dissolution de sulfate de zinc, à laquelle se mêle, par voie de transsudation, une légère proportion de sulfate de cuivre. Les liquides ont alors acquis leur maximum de conductibilité, et l'électromoteur est constitué dans sa force normale.

La correspondance télégraphique emploie exclusivement des courants interrompus sur des circuits généralement très longs et très résistants. Dans ces conditions, une pile de Daniell bien montée peut fournir, pendant plusieurs mois, un courant d'une constance remarquable. L'exactitude de cette assertion, constatée par l'expérience de tous les jours, est mise hors de doute par l'observation suivante, due à M. Bergon (1). Cet habile ingénieur établit une pile de 65 éléments sur la ligne de Paris à Berlin, qui relaye généralement à Nancy par les mauvais temps, et à Coblentz lorsque l'état de l'atmosphère est favorable à l'isolement. La ligne était affectée à un service de nuit et constamment occupée. Cette pile, *sans être entretenue*, fit fonctionner normalement les appareils pendant deux mois et vingt-trois jours, du 27 avril au 20 juillet. Dans l'intervalle, M. Bergon mesura fré-

____

(1) *Annales télégraphiques*, 1859, t. II, p. 151.

quemment l'intensité du courant, avec une boussole des sinus à douze tours de fil, sur le circuit formé par le fil de ligne en communication avec la terre à Paris et à Nancy. Cette intensité, de 12 degrés le premier jour, de 14 le second, se maintint sans faiblir jusqu'au 2 juillet ; le 20 juillet, date à laquelle son insuffisance se déclara, elle était encore de 8 degrés. Quelques cristaux de sulfate de cuivre jetés dans les vases poreux suffirent pour rendre à la pile toute son énergie. Il est évident qu'en procédant ainsi, on aurait pu faire servir cette pile à la correspondance télégraphique jusqu'à l'entier épuisement du zinc.

L'entretien de la pile de Daniell est facile. Il faut avoir soin de réparer les pertes de liquide occasionnées par l'évaporation ; on doit aussi remettre de temps en temps des cristaux de sulfate de cuivre sur les diaphragmes des vases poreux pour maintenir la saturation du liquide. Par voie de capillarité, il se forme des efflorescences de sulfate de zinc et de sulfate de cuivre qui s'élèvent lentement le long des parois des vases et des conducteurs métalliques ; il est bon de les détacher de temps en temps pour les faire retomber, les premières dans les vases de verre, les secondes dans les cylindres de terre poreuse.

L'amalgamation, pour être efficace, doit être souvent renouvelée. Pour éviter des manipulations trop nombreuses et les frais occasionnés par la perte de mercure, on s'est décidé à employer, dans les piles télégraphiques, du zinc du commerce *non amalgamé*, contenant toujours du fer et du nickel, qui jouent, par rapport au zinc luimême, le rôle de métaux électro-négatifs. Chaque cylindre de zinc contient donc les éléments d'un couple local fermé sur lui-même par le liquide qui le baigne, et une partie de l'électricité développée par la dissolution du zinc, au lieu de passer sur la ligne, est employée en pure perte à entretenir des courants partiels circulant sur place. Comme le sulfate de cuivre transsude de la cellule intérieure dans la cellule extérieure, ces courants partiels occasionnent sur les cylindres de zinc des dépôts de cuivre qui s'étendent graduellement, restreignent l'étendue de la surface active du zinc, et deviennent eux-mêmes les éléments négatifs de nouveaux couples locaux. On remédie à cet inconvénient en soumettant les éléments du couple de Daniell à un nettoyage complet, dès que le dépôt de cuivre sur le zinc devient abondant. Dans un poste dont le service est actif et bien réglé, ces nettoyages doivent être séparés par un intervalle de trente à quarante-cinq jours.

Mais, en outre, les dépôts floconneux de cuivre qui se font sur le zinc s'étendent, gagnent les parois des vases de terre poreuse, et déterminent dans leur épaisseur des incrustations galvanoplastiques de cuivre qui finissent par altérer considérablement leur perméabilité et les rendre impropres au service. En moyenne, chaque élément Daniell use deux vases poreux par an.

Il résulte des recherches de M. J. Regnauld et des mesures exécutées par M. Bréguet, que les forces électromotrices des couples de Daniell et de Bunsen sont dans le rapport de 1 à 1,77 ; d'autre part, l'expérience montre que la résistance du couple de Daniell est beaucoup plus grande que celle du couple de Bunsen. La substitution de la pile de Daniell à la pile de Bunsen dans la télé-

graphie électrique n'a donc pu se faire qu'à la condition
d'augmenter dans une proportion assez considérable,
d'un tiers environ, le nombre des couples de l'électromoteur. Cet inconvénient est plus que compensé par
l'absence de toute émanation nuisible, la facilité de l'entretien des appareils et la constance remarquable des
courants. D'ailleurs l'expérience démontre que, dans les
conditions actuelles d'isolement des fils télégraphiques
et de sensibilité des appareils, un nombre assez restreint
de couples de Daniell suffit pour entretenir la correspondance sur les longues lignes.

Dans les postes télégraphiques, on emploie deux modèles de couples de Daniell, qui ne diffèrent que par leurs
dimensions. La hauteur des vases de verre est de *douze* à
quinze centimètres dans les couples de petit modèle, et de
vingt-cinq centimètres dans les couples de grand modèle.

Chaque poste a nécessairement à sa disposition une pile
qui lui sert à expédier des dépêches sur la ligne. Le courant, dans ce cas, doit surmonter la résistance toujours
très grande du fil de la ligne et de la bobine de l'électro-
aimant du récepteur du poste correspondant. Cette pile,
affectée à la transmission des dépêches, prend le nom de
pile de ligne. Elle doit avoir une force électromotrice
considérable; on la forme en associant en *une série
unique*, ou *en tension*, un grand nombre de couples de
petit modèle.

Indépendamment des piles de ligne, on emploie aussi
des piles destinées à faire le service intérieur des postes,
et qui prennent le nom de *piles locales*. Ces derniers
électromoteurs, qui ne fournissent rien à la ligne et dont

le circuit est assez court, sont formés d'un petit nombre de couples de grand modèle associés *en tension*. On se sert quelquefois aussi de couples de petit modèle pour former les *piles locales ;* mais, dans ce cas, les éléments doivent être associés *en quantité*, c'est-à-dire distribués en piles partielles d'un petit nombre de couples et communiquant toutes par leurs pôles de même nom.

Dans les questions de télégraphie électrique, l'*unité de résistance* adoptée est la résistance d'un fil de fer recuit de 4 millimètres de diamètre et de 1 kilomètre de longueur.

Les mesures de M. Bréguet montrent que la résistance d'un couple de Daniell dont le vase de verre a de 12 à 15 centimètres de hauteur varie sensiblement avec le temps depuis lequel il est monté, et peut être évaluée en moyenne à un kilomètre de fil de ligne. En d'autres termes, un élément de Daniell de petit modèle oppose au passage du courant la même résistance qu'un fil de fer recuit de 4 millimètres de diamètre et d'un kilomètre de longueur. La résistance d'une pile d'un nombre quelconque de couples associés en une série unique est donc égale à autant de kilomètres de fil de ligne qu'elle contient d'éléments.

L'expérience démontre que, pour faire marcher régulièrement un récepteur, le courant doit avoir assez d'intensité pour dévier de *sept* à *huit* degrés l'aiguille d'une boussole des sinus à *douze* tours de fil placée dans le circuit de la ligne. Pour régler la composition d'une pile destinée à transmettre sur une ligne quelconque, il suffit donc de placer une pareille boussole dans le circuit, et d'augmenter le nombre des couples jusqu'à ce que le cou-

rant maintienne l'aiguille aimantée à *huit* degrés de déviation.

Sur la ligne de Paris à Strasbourg, en temps ordinaire,
on correspond normalement avec une pile de Daniell de
quarante couples. Or, dans tous les appareils télégraphiques français, la résistance de la bobine de l'électro-
aimant du récepteur est de *deux cents* kilomètres; d'autre
part, la distance de Paris à Strasbourg est de *cinq cents*
kilomètres. Il résulte de ces données qu'une pile de Daniell de *quarante* couples suffit pour entretenir un courant d'intensité efficace sur une ligne dont la résistance
totale est de *sept cents* kilomètres. Si nous appelons E la
force électromotrice d'un couple de Daniell, et $R = 1^{kilom}$
sa résistance, la formule bien connue de Ohm donne
pour l'intensité I d'un pareil courant :

$$I = \frac{40\,E}{40\,R + 700}.$$

Remplaçant R par sa valeur 1 kilomètre, nous aurons
pour la valeur de I, en fonction de la force électro-motrice constante E,

$$(1) \qquad I = \frac{E}{18,5}.$$

Cette valeur de I est l'intensité *minimum* que doit
avoir le courant électrique pour que la transmission
s'effectue régulièrement entre deux postes télégraphiques en communication. La formule (1) peut servir à
déterminer le nombre de couples nécessaire pour éta-

blir la correspondance sur une ligne de longueur connue. En effet, soient :

n, le nombre de couples de la pile de ligne ;
r, la résistance du fil de la ligne.

Puisque la résistance de la bobine de l'électro-aimant du récepteur est de *deux cents* kilomètres, la résistance totale de la ligne sera $r + 200$, et l'intensité I' du courant sera

$$\mathrm{I}' = \frac{n\mathrm{E}}{n\mathrm{R} + (r + 200)}.$$

Mais, pour que les appareils télégraphiques fonctionnent régulièrement, il suffit que la valeur de I' soit égale à la valeur de I déterminée par la formule (1). Nous avons donc

$$\frac{n\mathrm{E}}{n\mathrm{R} + (r + 200)} = \frac{\mathrm{E}}{18,5}.$$

Faisant disparaître le facteur commun E, et remplaçant R par sa valeur 1 kilomètre, nous avons

$$n\,(18,5 - 1) = r + 200,$$

d'où

(2)
$$n = \frac{r + 200}{17,5}.$$

Étant connue la valeur de la résistance r ou la distance en kilomètres des deux postes correspondants, la formule (2) donnera toujours la valeur de n, c'est-à-dire le nombre de couples nécessaire et suffisant pour que la correspondance puisse s'établir normalement.

Pile à sulfate de mercure. — Dans ces derniers temps
M. Marié-Davy a imaginé une nouvelle pile à sulfate de
mercure de la formule SO^3Hg^2O, construite sur le modèle
de la pile de Daniell, qui réunit les qualités requises
pour faire un bon service télégraphique. La lame de
cuivre du couple de Daniell est remplacée par un cylindre
de charbon contenu dans le vase poreux. La figure 12
représente deux éléments de cette pile.

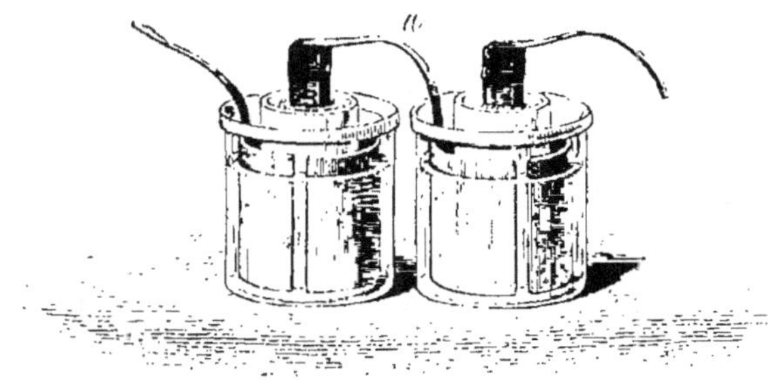

Fig. 12.

M. Bergon (1) décrit ainsi la manière de monter cette pile :
« On délaye dans de l'eau le sel de mercure (SO^3Hg^2O),
» que l'on a préalablement bien pulvérisé ; on laisse dé-
» poser, on décante, et il reste une masse pâteuse, blanche,
» légèrement jaunâtre. On prend ensuite les charbons,
» que l'on tient à la main bien au milieu des vases po-
» reux, et l'on remplit complétement les vides avec de la
» pâte de sulfate, en s'aidant d'une petite spatule de bois.
» On distribue la liqueur décantée dans les divers vases
» de verre, qu'on achève de remplir avec de l'eau pure. »

(1) *Annales télégraphiques*, 1859, t. II, p. 159.

Les dimensions des éléments de cette nouvelle pile sont notablement plus faibles que celles des couples de Daniell de petit modèle, décrits plus haut ; les vases de verre n'ont que *huit* centimètres de hauteur. Quand on emploie le cuivre pour établir la communication entre deux couples successifs, l'acide sulfurique, sollicité par la capillarité, remonte jusqu'au métal, l'attaque et produit des efflorescences de sulfate de cuivre cristallisé qui recouvrent la partie supérieure du cylindre de charbon. On évite cet inconvénient en établissant la communication au moyen d'un arc de plomb *a*.

Tout se passe en réalité comme dans la pile de Daniell. Le sel de mercure se dissout dans l'eau en très faible proportion ; le zinc se substitue au mercure, qui, au lieu de former un dépôt, coule au fond du vase poreux et laisse toujours à nu la surface du charbon. A mesure que l'électrolysation épuise les parties du sel mercuriel en dissolution, le liquide en emprunte une nouvelle quantité à la pâte contenue dans le vase poreux, et le courant continue jusqu'à ce que le sulfate de mercure soit complétement réduit. Dans cette pile, une partie du sel mercuriel en dissolution est directement réduite par le zinc ; mais le mercure mis en liberté se précipite sur le cylindre de zinc, le maintient amalgamé et régularise la marche de l'électromoteur : cet avantage compense amplement la légère perte qui résulte de cette réaction locale.

On entretient cette pile en bon état en versant de temps en temps, une fois par mois environ, un peu d'eau dans les vases de verre, pour réparer les pertes occasionnées par l'évaporation. Lorsque la pile est trop affaiblie pour

faire le service, les vases poreux contiennent un fort culot
de mercure pur surmonté d'une boue noirâtre. On peut
régénérer le sel mercuriel en soumettant ces produits à
un traitement approprié par l'acide sulfurique.

La pile de M. Marié-Davy a donné de très bons résultats sur les lignes télégraphiques françaises. Sur un fil à
service permanent de jour et de nuit, 38 éléments à sel
mercuriel ont suffi pour remplacer 60 couples de Daniell.
Sans aucun entretien, ils ont fait fonctionner normalement les appareils du 28 juin au 25 décembre, tandis
que les couples de Daniell, dans les mêmes circonstances,
ne se maintiennent que deux mois et vingt-trois jours.

En raison de la faible conductibilité du sel de mercure,
on se trouve à peu près dans les mêmes conditions que si
le vase poreux rempli de sulfate de mercure en pâte avait
une épaisseur égale à celle de la couche saline qui entoure
le charbon. Il résulte de cette circonstance et de ses faibles
dimensions que la résistance du couple de M. Marié est
considérable; elle est à peu près double de celle du couple
de Daniell. Mais la force électromotrice du couple à sulfate de mercure est d'un bon tiers supérieure à celle du
couple de Daniell à sulfate de cuivre. Or, il est facile de
montrer que sur les longues lignes télégraphiques, il y a
beaucoup plus d'avantage à augmenter la force électromotrice qu'à diminuer la résistance de la pile. En effet,
soient :

n, le nombre des couples employés;

R, la résistance d'un couple;

E, la force électromotrice d'un couple;

r, la résistance de la ligne.

Nous aurons, pour exprimer l'intensité I du courant,

$$I = \frac{nE}{nR + r}.$$

L'examen de cette formule prouve qu'il y a deux moyens de rendre le courant plus intense. On peut diminuer la valeur R de la résistance du couple, ou augmenter sa force électromotrice E. Mais, sur les longues lignes télégraphiques, la résistance nR de la pile est toujours très petite par rapport à la résistance r du fil de communication; il en résulte que les variations de R ne peuvent avoir qu'une très faible influence sur l'intensité I du courant. Il n'en est pas de même de la force électromotrice E du couple; l'intensité du courant est toujours proportionnelle à cette force. On comprend ainsi pourquoi, quand il s'agit d'électromoteurs destinés à fonctionner sur de longues lignes télégraphiques, on doit peu se préoccuper de la résistance, et chercher avant tout à augmenter l'intensité de la force électromotrice.

La pile à sulfate de mercure SO^3Hg^2O, qui fournit de si bons résultats sur les longues lignes télégraphiques, perd tous ses avantages quand on essaye de la faire fonctionner sur un circuit de faible résistance. Au moment où on la ferme, le courant est très fort; mais le liquide actif s'épuise rapidement, le courant perd de son intensité, et descend, en très peu de temps, à une limite au-dessus de laquelle il ne peut plus s'élever.

Pile à sulfate de plomb. — On doit à M. Marié-Davy une pile à sulfate de plomb qui est à l'étude à l'administration centrale des télégraphes. Cet appareil (fig. 13) a

la forme d'une pile à colonne et occupe très peu de place.
Il se compose d'une série de vases plats de fer battu étamé,
a, *a*, *a*, munis de trois petites tiges de fer étamé, *c*, *c*, *c*,
horizontales et équidis-
tantes. Le fond de chaque
plat est doublé à l'extérieur
d'un disque de zinc, et
garni à l'intérieur d'une
couche de sulfate de plomb
en poudre préalablement
humectée avec de l'eau ordinaire. Tous ces vases sont
disposés parallèlement au-
dessus les uns des autres,

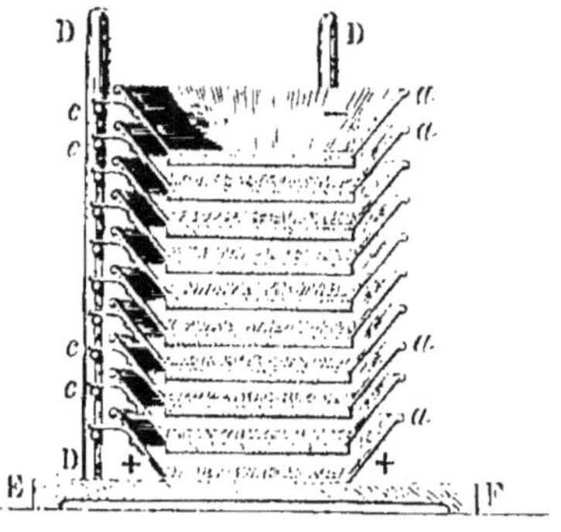

Fig. 15.

entre trois tiges de bois D, D, D, armées des pitons de
fer étamé, sur lesquels les vases appuient par leurs trois
tiges horizontales *c*, *c*, *c*. Les tiges de bois D, D, D, sont
elles-mêmes implantées sur un socle de bois EF.

Pour charger la pile, il suffit de verser de l'eau ordinaire dans les vases de fer étamé. Le sulfate de plomb est
à peu près insoluble dans l'eau, mais il conduit bien
l'électricité. Le zinc est attaqué, le sel plombique est réduit, il se forme du sulfate de zinc et un dépôt de plomb
métallique sur le fond de chaque vase. La force électromotrice de cette pile est inférieure à celle de la pile de
Daniell, mais en raison de la conductibilité du sulfate de
plomb, sa résistance est beaucoup plus faible. D'ailleurs
la résistance diminue à mesure que le liquide se charge
de sulfate de zinc. Les soins d'entretien sont très simples :
il suffit d'ajouter de l'eau de temps en temps pour réparer

les pertes occasionnées par l'évaporation. — Le courant a plus d'intensité lorsqu'au lieu d'eau ordinaire, on verse de l'eau saturée de sel marin dans les vases de fer.

Comme la pile à sulfate de mercure, la pile à sulfate de plomb a l'inconvénient de perdre très rapidement son intensité, quand elle est fermée par un circuit de faible résistance.

Commutateurs.

L'employé chargé de la correspondance doit toujours rester maître de changer la direction du courant de la ligne pour lui faire traverser tels ou tels organes placés dans le poste télégraphique. La figure 14 représente un

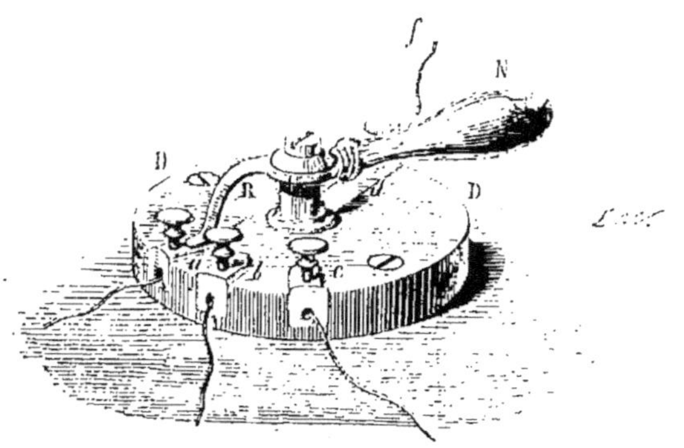

Fig. 14.

commutateur très simple et généralement adopté. DD est un disque de bois sur lequel sont incrustés une lame métallique d et un nombre variable de contacts métalliques a, b, c. Un ressort métallique R, mobile autour du centre du disque, est en communication permanente avec la lame métallique *d* et muni d'un manche isolant **N**. Le fil de ligne *f* est fixé à la lame métallique *d* ; chacun des contacts *a*, *b*, *c*, communique par un fil spécial avec une région déterminée du poste télégraphique. Quand le ressort R appuie sur le contact *a*, le courant de la ligne passe tout entier par les organes avec lesquels ce contact est en communication. Pour faire varier la distribution du cou-

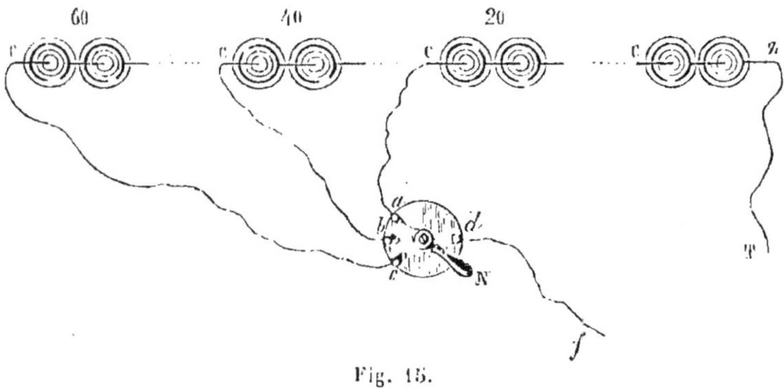

Fig. 15.

rant dans le poste, il suffit de pousser successivement le ressort R sur les contacts *a*, *b*, *c*.

Ce commutateur est fréquemment employé pour faire varier le nombre des couples actifs de la *pile de ligne* et régler l'intensité du courant qui sert à la transmission. La figure 15 représente une pile de ligne de 60 couples munie de son commutateur. Le zinc **Z** du premier couple est en communication avec la terre par le fil **T** ; le contact *a* communique avec le cuivre **C** du vingtième couple, le contact *b* avec le cuivre **C** du quarantième couple, et le contact *c* avec le cuivre **C** du soixantième et dernier couple. Le fil de ligne *f* vient se fixer à la lame métallique *d*. Il est

4

évident que, suivant que le ressort du commutateur appuie sur *a*, sur *b* ou sur *c*, le courant envoyé sur la ligne est fourni par une pile de 20, de 30, ou de 60 couples.

Rhéomètres.

Les employés des lignes télégraphiques doivent avoir constamment à leur disposition les moyens de déterminer le sens et même l'intensité du courant qu'ils reçoivent et du courant qu'ils envoient. A cet effet, tous les postes sont munis de rhéomètres intercalés dans le circuit télégraphique.

Boussole simple. — Cet appareil (fig. 16) est un galvanomètre fixé sur un socle de bois circulaire. Les extrémités du fil enroulé sur le cadre C aboutissent aux

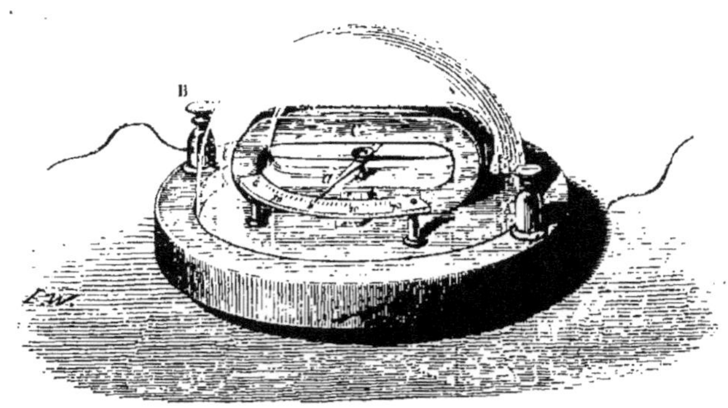

Fig. 16.

bornes A et B qui servent en outre à intercaler la boussole dans le circuit de la ligne. L'aiguille aimantée, portée sur un pivot d'acier, est tout entière dans le cadre C; *a* est une aiguille légère de cuivre, fixée à angle droit sur l'aiguille aimantée et mobile avec elle. Un cercle gradué placé au-dessous de l'extrémité de l'aiguille de cuivre *a* indique le sens et l'amplitude de la déviation de l'aiguille aimantée. Cette boussole est toujours munie d'un barreau aimanté très faible, fixé au-dessous du cadre C, dans l'épaisseur du socle. Grâce à cette disposition, quand le courant ne passe pas, l'aiguille aimantée se trouve constamment ramenée dans une direction parallèle à celle des spires du multiplicateur ; l'extrémité de l'aiguille indicatrice *a* correspond au *zéro* de la graduation, et la boussole est toujours orientée. Cet appareil est excellent pour accuser le passage et le sens du courant transmis ; il peut encore indiquer si la force d'un courant est égale, supérieure ou inférieure à celle d'un autre, mais il ne peut pas servir à faire des mesures exactes d'intensité.

Cette boussole est quelquefois disposée de manière à pouvoir être fixée contre un mur vertical. Le cadre du multiplicateur est vertical, et l'aiguille aimantée, portée sur un axe horizontal, est lestée de manière à reprendre spontanément la position verticale quand le courant cesse d'agir. A l'état de repos, l'aiguille indicatrice de cuivre est horizontale.

Boussole des sinus (fig. 17). — S est un socle de bois servant de support à l'appareil. Deux bornes P, P', servent à intercaler la boussole dans le circuit ; l'une communique avec le fil de la ligne, et l'autre avec l'appareil télégraphique du poste. Le cadre C, autour duquel est enroulé le fil de la boussole, est fixé au centre d'un disque de bois D. L'aiguille aimantée, portée sur un pivot d'acier,

est tout entière dans le cadre C; *a* est une aiguille légère
de cuivre, fixée à angle droit sur l'aiguille aimantée et
mobile avec elle. A l'extrémité antérieure de cette aiguille
indicatrice *a* correspond une colonnette de cuivre *f*; son
extrémité est surmontée d'une plaque portant deux gou-

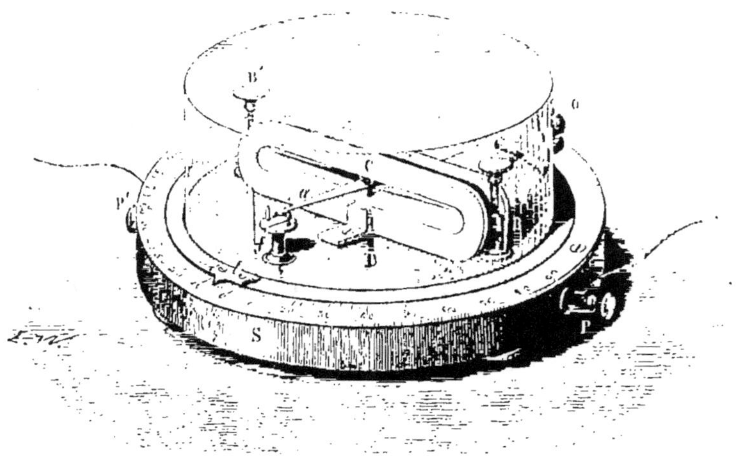

Fig. 17.

pilles de cuivre entre lesquelles l'aiguille *a* peut osciller, et
une ligne de repère à laquelle correspond l'extrémité de
l'aiguille *a*, quand l'aiguille aimantée est parallèle aux tours
de spire du fil enroulé sur le cadre C. Le disque de bois D,
muni à sa partie postérieure d'une manette O, peut tourner dans un plan horizontal autour d'un axe passant par
son centre, par le point de suspension de l'aiguille aimantée et par le centre du socle S. Le cadre C, la colonnette *f* et les bornes B, B', sont entraînés dans ce mouvement de rotation du disque D. Le socle S porte un cercle
gradué; un index métallique *t*, fixé au disque D, sert à

mesurer l'amplitude de son mouvement de rotation. Enfin les extrémités du fil enroulé sur le cadre C aboutissent aux bornes intérieures B, B', et ces dernières bornes elles-mêmes communiquent avec les bornes extérieures P, P', au moyen de fils flottants placés au-dessous du disque D, et assez longs pour ne pas gêner ses mouvements de rotation.

Quand le courant passe, l'aiguille aimantée est déviée, l'extrémité de l'aiguille indicatrice *a* vient butter contre une des goupilles de la colonnette *f*. On fait tourner le disque D jusqu'à ce que l'extrémité de l'aiguille de cuivre *a* se détache de la goupille, et s'arrête exactement au-dessus de la ligne de repère tracée sur la face supérieure de la colonnette *f*. Le nombre de degrés dont l'index *t* s'est déplacé sur le limbe du socle indique l'angle de rotation du disque D, et, par suite, l'angle de déviation de l'aiguille aimantée. Les intensités des courants qui traversent successivement le fil de la boussole sont proportionnelles aux sinus des angles de déviation mesurés sur le limbe du socle. Quand les déviations ne dépassent pas 15 degrés, on peut, sans erreur sensible, prendre le rapport des arcs pour le rapport des sinus, et admettre que les intensités sont proportionnelles aux angles de déviation observés.

Électro-aimants.

Les électro-aimants jouent un rôle d'une si haute importance dans la télégraphie électrique, qu'il nous paraît nécessaire de consacrer quelques pages à l'exposition de leurs propriétés et à l'examen des conditions du développement de leur puissance magnétique.

Soit C (fig. 18) une bobine autour de laquelle est enroulé un long fil de cuivre entouré d'une enveloppe isolante de soie ; plaçons dans sa cavité intérieure un bar-

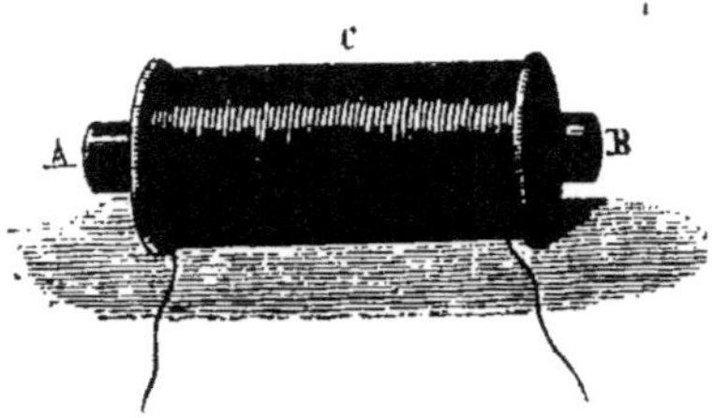

Fig. 18.

reau de fer doux AB. Au moment où le fil de la bobine C est traversé par un courant électrique, le barreau AB devient un *aimant*, reste *aimanté* tant que le courant continue à passer, et retombe à l'*état neutre* au moment où le courant est interrompu. D'ailleurs, conformément à la théorie d'Ampère, le pôle austral du barreau aimanté est toujours à gauche du courant qui traverse le fil de la bobine.

L'expérience la plus vulgaire montre que le magnétisme développé dans le barreau augmente avec l'intensité du courant. Il est en outre évident que, son intensité restant la même, la puissance magnétisante du courant doit être proportionnelle au nombre des tours de spire du fil conducteur, à condition cependant que le diamètre de la bobine soit compris dans des limites telles que l'action du courant reste sensiblement indépendante de la distance des tours de spire au barreau de fer doux. —

De leurs recherches, MM. Lenz et Jacobi avaient déduit cette loi très simple :

L'intensité magnétique développée dans un barreau de fer doux est proportionnelle au produit de l'intensité du courant par le nombre des tours de spire du fil de la bobine.

M. Müller a démontré que cette loi traduit très exactement les résultats de l'observation tant qu'on n'opère qu'avec des courants faibles sur des barreaux cylindriques dont le diamètre n'est pas très petit par rapport à leur longueur. Il a établi en outre que, dans les limites entre lesquelles la loi de MM. Lenz et Jacobi reste vraie :

Les intensités magnétiques développées dans les barreaux de fer doux sont proportionnelles aux racines carrées de leurs diamètres.

En désignant par m l'intensité magnétique développée, par I l'intensité du courant, par n le nombre des tours de spire, par d le diamètre du barreau de fer doux, et par c une quantité constante, nous avons donc

$$m = cnI\sqrt{d}.$$

Mais les expériences de M. Müller prouvent en même temps que la proposition de MM. Lenz et Jacobi ne peut pas être acceptée comme une loi générale. Il résulte, en effet, de ses recherches que :

Pour chaque barreau de fer doux, il existe un maximum d'intensité magnétique que rien ne peut lui faire dépasser. Ce maximum est proportionnel au carré du diamètre du barreau.

Hâtons-nous d'ajouter que les électro-aimants employés dans la télégraphie électrique fonctionnent toujours dans des conditions telles que la loi de MM. Lenz et Jacobi leur est applicable, et que l'intensité magnétique du barreau de fer peut, sans erreur appréciable, être représentée par la formule précédente (1).

La multiplication du nombre des tours de spire de la bobine augmente l'action du courant sur le barreau de fer doux, mais d'un autre côté elle diminue l'intensité du courant en rendant plus considérable la résistance de son circuit. Il y a donc une disposition du fil de la bobine dont il ne faut pas s'écarter, lorsque, avec une pile donnée et agissant dans des conditions déterminées, on veut communiquer à un barreau de fer doux le *maximum* d'intensité magnétique. Dans les limites entre lesquelles la loi de MM. Lenz et Jacobi est applicable, l'expérience et les considérations déduites des lois des courants voltaïques sont d'accord pour établir la règle suivante :

Quand la résistance du fil de la bobine est égale à la résistance du circuit extérieur à l'électro-aimant, y compris celle de la pile, on obtient le maximum *d'intensité magnétique* (2).

Les électro-aimants employés dans la télégraphie électrique sont disposés en fer à cheval (fig. 19). C, C', sont les deux bobines ; A, B, les deux barreaux de fer doux ; T est une culasse de fer doux qui relie les deux barreaux. Ces électro-aimants doivent être distingués en deux classes.

(1) Voyez la note B pour l'exposition des lois des électro-aimants.
(2) Voyez la note C pour la démonstration de cette proposition.

Les premiers sont placés dans le circuit de la ligne et
séparés de la pile active par toute la distance des deux
postes correspondants ; dans ce cas, la résistance du cir-

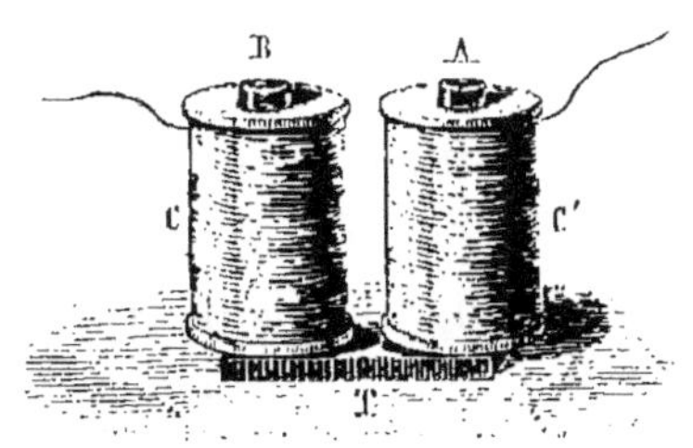

Fig. 19.

cuit extérieur à l'électro-aimant est toujours très grande.
Pour que la résistance du fil enroulé soit égale à celle du
reste du circuit sans que sa masse occupe un volume trop
considérable, les bobines de ces électro-aimants doivent
être faites avec du fil très fin formant un très grand
nombre de circonvolutions autour des barreaux. Comme
la distance à laquelle un poste télégraphique est appelé
à correspondre varie suivant les circonstances, il est
impossible que l'électro-aimant intercalé dans le circuit
de la ligne remplisse rigoureusement, dans tous les cas,
les conditions de *maximum* d'intensité déduites de la loi
de MM. Lenz et Jacobi. On satisfait à toutes les exigences du service en donnant aux bobines de ces électro-
aimants une résistance commune de 200 kilomètres; le
fil employé est assez fin pour faire environ 2000 tours
de spire sur les barreaux de fer doux.

Les électro-aimants de seconde classe fonctionnent
sous l'influence des *piles locales* des postes dans lesquels

ils sont placés. Dans ce cas, le circuit extérieur est très court et sa résistance se réduit à peu près à celle de la pile elle-même. Le fil des bobines de ces électro-aimants doit être assez gros; le nombre des tours de spire n'est pas très considérable.

Nous avons dit, en commençant cet article, qu'au moment où le courant inducteur est interrompu, le barreau de fer doux placé dans la bobine perd immédiatement son magnétisme et retombe à l'état neutre. Les choses ne se passent jamais réellement ainsi. Les barreaux des électro-aimants conservent toujours, après la cessation du courant, une faible aimantation dont on peut considérablement diminuer l'intensité et la durée, mais qu'il est impossible d'annuler complétement. Les qualités du fer jouent ici un grand rôle; mieux il est travaillé, plus ce magnétisme *rémanent* est faible et plus la *désaimantation* complète s'opère rapidement. L'expérience démontre encore que le contact immédiat d'une armature de fer et des surfaces polaires de l'électro-aimant contribue puissamment à augmenter l'intensité et la durée du magnétisme rémanent; une mince feuille de papier placée entre les surfaces polaires et l'armature suffit pour hâter considérablement la désaimantation des barreaux de fer doux.

Dans les appareils télégraphiques, qu'ils servent à fermer à distance le circuit d'une pile locale, ou à manœuvrer la détente d'une roue à rochet, ou à soulever un levier imprimant, les électro-aimants agissent en mettant en mouvement des armatures de fer doux placées en présence de leurs surfaces polaires. On ne saurait prendre

trop de précautions pour combattre les effets du magnétisme rémanent ; c'est le seul moyen d'avoir des électro-
aimants qui perdent très vite leur aimantation acquise,
communiquent des oscillations très rapides à leurs armatures, et permettent d'expédier sur la ligne un très
grand nombre de signaux en très peu de temps. La rapidité de la correspondance télégraphique dépend, en
grande partie, de la rapidité avec laquelle les barreaux de
fer doux s'aimantent et retombent à l'état neutre sous
l'influence des alternatives de passage et d'interruption
du courant inducteur. Il faut donc choisir le fer le plus
doux possible pour construire les barreaux des électro-
aimants, et régler le jeu des armatures mobiles de manière qu'elles n'arrivent jamais au contact des surfaces
polaires actives.

Sonneries.

Les sonneries sont placées dans les bureaux des postes.
Intercalées dans le circuit de la ligne télégraphique, elles
entrent en jeu sous l'influence du courant envoyé par le
poste correspondant qui demande à transmettre une dépêche ; leur tintement avertit l'employé qu'il doit se tenir
prêt à recevoir.

Sonnerie à mouvement d'horlogerie. — La figure 20
représente le dernier modèle adopté par M. Bréguet. Le
mouvement d'horlogerie est tout entier contenu entre
deux plaques métalliques, parallèles et rectangulaires.
Une de ces plaques est représentée en *efgh ;* l'autre, toute
semblable, est située sur un plan postérieur, à la distance

nécessaire pour placer le mouvement d'horlogerie dont le carré de remontage fait saillie en C. La roue 4 du barillet agit sur le pignon 3 de l'axe de la roue 2, qui elle-même engraîne le pignon 1 de l'axe de la roue

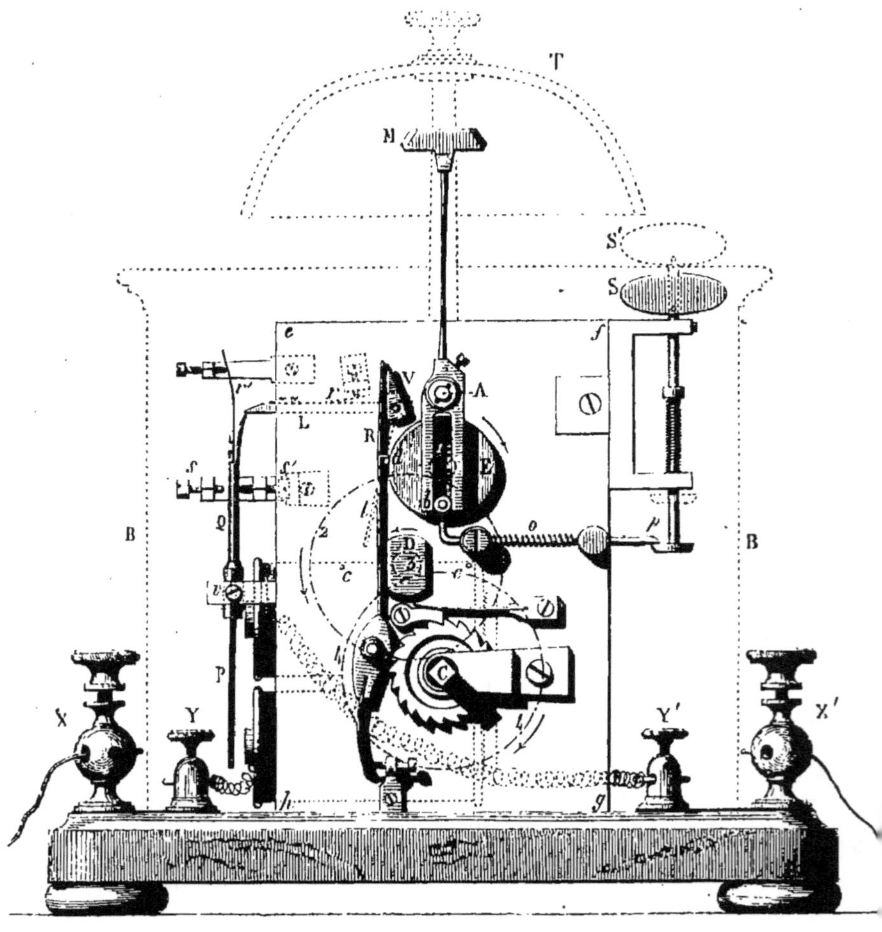

Fig. 20.

d'échappement E. Des flèches indiquent le sens de la rotation de ces roues quand l'échappement est dégagé.

Les organes de la sonnerie placés en avant de la plaque antérieure *efgh*, ou tout à fait en dehors des plaques, sont indiqués en lignes pleines; on a figuré en lignes ponctuées les organes situés entre les deux plaques ou en arrière de la plaque postérieure, et en lignes pleines les parties de ces derniers organes qui font saillie en dehors des plaques métalliques.

R est un ressort vertical, libre par sa partie supérieure et muni d'un arrêt qui vient naturellement se mettre en prise avec la dent *d* de la roue d'échappement E. Dans cette position, le mouvement d'horlogerie est arrêté. Les deux plaques supportent un axe horizontal mobile auquel sont invariablement fixés un levier L situé derrière la plaque postérieure, une tige métallique *t* comprise entre les deux plaques en avant et très près de la roue 2, enfin une virgule V placée en avant de la plaque antérieure et contre l'extrémité libre du ressort R. Ces trois pièces importantes L, *t*, V sont rendues solidaires par l'axe auquel elles sont fixées; elles s'abaissent et se relèvent en même temps. Le levier L est sollicité à s'abaisser par un ressort *r*. En outre, à l'extrémité antérieure de l'axe de la roue 2, en avant de la plaque *efgh*, est fixée une pièce métallique quadrangulaire D, dont les deux grands côtés sont formés par des lignes droites et les deux petits côtés par des arcs de cercle. La pièce D tourne dans le même sens que la roue 2, presse le ressort R, et le tient écarté de sa position verticale pendant une demi-révolution entière.

En arrière de la plaque postérieure est placé un électro-aimant horizontal en fer à cheval. Les extrémités du fil des bobines sont fixées aux petites bornes Y, Y'. Y communique avec la grande borne X, à laquelle aboutit le fil de la ligne; Y' communique avec la grande borne X', qui elle-même donne attache au fil de terre. En face des extrémités polaires de l'électro-aimant, on voit une palette de fer doux P, mobile autour de la ligne qui joint les extrémités de deux vis v entre lesquelles elle est pincée. De cette palette part une queue verticale Q, dont l'extrémité vient s'engager au-dessous du levier L et le maintient dans sa position horizontale. Les excursions de la queue Q de la palette et de la palette elle-même sont réglées par les deux petites vis s, s'; un ressort r' maintient la queue de la palette dans sa position verticale, et l'y ramène quand elle en a été écartée.

La figure 21 représente la palette P vue de face, sa position par rapport aux surfaces polaires de l'électro-aimant, la disposition des vis v, v' qui la pincent en lui permettant de tourner autour d'un axe horizontal passant par leurs pointes, et l'origine de la queue Q de cette palette.

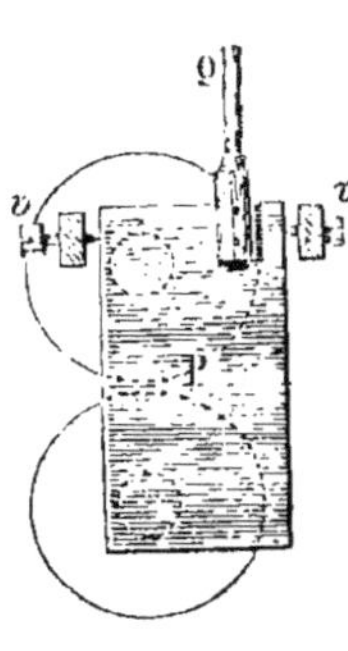

Fig. 21.

T représente le timbre de la sonnerie. Le marteau M est porté sur un manche métallique mobile autour du point A, et terminé par une fourchette entre les branches de laquelle est placé un bouton métallique b fixé à la roue d'échappement E.

A l'état de repos, toutes les pièces sont dans la position représentée dans la figure 20.

Supposons maintenant que le courant soit envoyé sur la ligne. L'électricité arrive par la borne X, passe à la borne Y, traverse les bobines de l'électro-aimant, gagne la borne Y', la borne X', et se perd dans le sol. En même temps la palette P est attirée par les surfaces polaires de l'électro-aimant, sa queue Q vient butter contre la vis s, et le levier L est dégagé. Ce levier obéit à la pression du ressort r, entraîne la virgule V qui presse contre le ressort R et l'éloigne de sa position verticale; la dent d de la roue d'échappement E est dégagée et le mouvement d'horlogerie entre en jeu. La pièce D maintient, pendant chaque demi-révolution, le ressort R éloigné de la position verticale, et l'empêche de se remettre en prise avec la dent d. Pendant ce temps-là, le bouton b de la roue d'échappement E, agissant comme excentrique, fait osciller la fourchette du manche autour du point A, et le marteau M frappe alternativement sur les deux côtés du timbre T. Le bruit de la sonnerie dure nécessairement jusqu'à ce que le ressort R puisse se remettre en prise avec la dent d de la roue d'échappement E.

Au moment où le courant cesse, la palette P et sa queue Q sont ramenées à leur position verticale par le ressort antagoniste r'. De plus, deux chevilles métalliques c, c, sont implantées sur la face antérieure de la roue 2. Il en résulte qu'à chaque demi-révolution, une des deux chevilles c, c, relève la tige t, et avec elle le levier L et la virgule V. Lors donc que la palette P a repris sa position verticale, une des chevilles c, c, relève le levier L, et le remet en prise avec l'extrémité supérieure de la queue Q. Dès lors la virgule V a aussi repris sa position normale, et ne s'oppose plus au mouvement de retour du ressort R. Mais il est facile de voir qu'au même moment, la pièce D a repris la position dans laquelle ses deux longs côtés sont verticaux, et que le ressort R est libre désormais d'obéir à l'impulsion de son élasticité. Ce ressort R entre de nouveau en prise avec la dent d, le mouvement d'horlogerie est arrêté, et le marteau M cesse de frapper sur le timbre T.

Il est facile de voir que, quelque courte que soit la durée du passage du courant, le tintement de la sonnerie se prolonge nécessairement pendant une demi-révolution de la roue 2.

La sonnerie est armée d'un index S qui par sa position indique si, pendant l'absence momentanée de l'employé, elle est restée au repos, ou si elle a été mise en jeu. Cet index S porte une queue verticale munie d'un ressort à boudin qui le pousse de bas en haut, et d'un bouton qui entre en prise avec l'extrémité d'une tige métallique p poussée de dedans en dehors par un ressort à boudin o. — L'employé, en pressant sur l'index S, met le bouton de l'extrémité de sa queue en prise avec la tige horizontale p; dans cette position de repos, l'index S est maintenu au-dessous du plan supérieur de la boîte de bois BB qui enveloppe la sonnerie, et se trouve caché. Quand la sonnerie entre en jeu, la dent d de la roue d'échappement accroche, en passant, l'extrémité recourbée de la tige horizontale p, entraîne cette tige, et dégage le bouton de la queue de l'index S, qui, poussé par son ressort à boudin, sort de la boîte à travers une échancrure, et vient prendre la position S'. L'index reste ainsi en S', visible pour l'employé, jusqu'à ce que, la sonnerie étant arrêtée, on le replace dans sa position de repos S.

Cette sonnerie a l'avantage de pouvoir marcher sous l'influence d'un courant très faible. L'électro-aimant en effet n'a qu'une action très minime à exercer ; sa fonction se borne à attirer la palette P et à dégager l'extrémité du levier L. Le jeu du marteau, qui exige toujours plus de force, est confié à un puissant mouvement d'horlogerie.

Sonnerie à trembleur. — D'une construction plus simple que la précédente, la sonnerie à trembleur marche

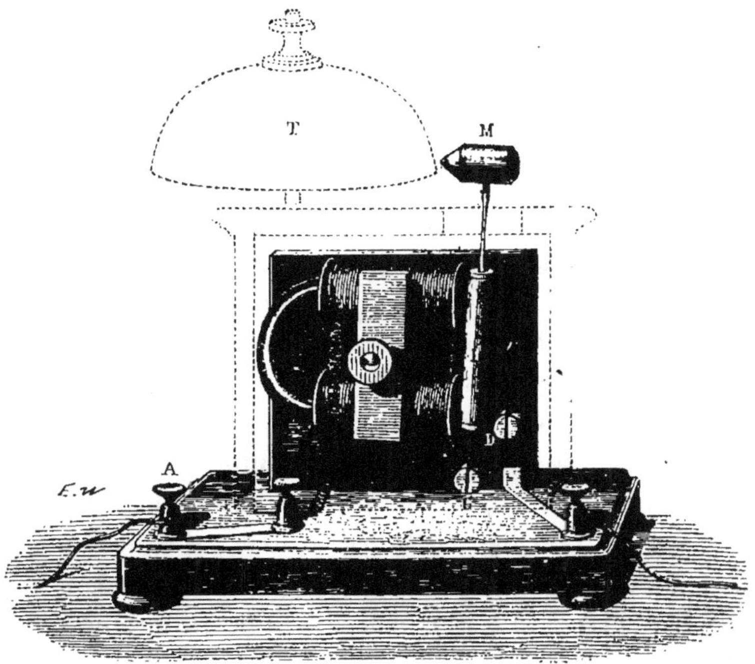

Fig. 22.

sous l'influence directe du courant électrique. Nous décrirons ici (fig. 22) le modèle construit par M. Bréguet pour le service des principales lignes télégraphiques.

Le timbre **T** est fixé à la partie supérieure d'une boîte de bois qui recouvre l'appareil. Les pièces de communication et les organes de la sonnerie sont fixés sur un socle horizontal et sur une plaque de bois verticale. L'électro-aimant en fer à cheval est supporté par la plaque verticale de bois. En face de ses surfaces polaires est disposée une palette mobile, composée d'un cylindre de fer **L** creux, d'une lame d'acier très élastique, fixée inférieurement **au** bouton **C**, et d'une tige armée d'un marteau **M** destiné à frapper sur le timbre **T**.

La borne **A** reçoit le fil de la ligne et communique par une bande métallique avec le bouton **B**. Les extrémités du fil des bobines de l'électro-aimant aboutissent, l'une au bouton **B**, l'autre au bouton **C**. A l'état de repos, la palette **L**, écartée des surfaces polaires, appuie contre le ressort r fixé inférieurement au bouton **D**. Ce dernier bouton communique lui-même par une bande métallique à la borne **E** qui donne attache au fil de terre.

Le courant transmis sur la ligne arrive à la borne **A** et au bouton **B**, traverse les bobines de l'électro-aimant, le bouton **C**, la palette **L**, le ressort r, le bouton **D**, et gagne la borne **E**, d'où il se perd dans le sol. Au moment du passage du courant, la palette est attirée par l'électro-aimant, et le marteau **M** frappe sur le timbre **T**; mais la palette **L** s'éloigne du ressort r, le circuit est interrompu, et l'électro-aimant, retombé à l'état neutre, cesse d'attirer la palette. La lame élastique d'acier qui fixe la palette **L** au bouton **C** la ramène à sa position primitive au contact du ressort r, le circuit est de nouveau fermé, et le marteau **M** de la palette **L** attirée par l'électro-aimant frappe un second coup sur le timbre **T**. Tant que dure l'émission du courant sur la ligne, la palette **L**, sous l'influence des actions alternantes de l'électro-aimant et de la lame élastique, oscille autour de sa position d'équilibre, et le marteau **M** frappe sur le timbre **T**.

Relais de sonnerie. — L'électro-aimant de la sonnerie à trembleur, pour agir d'une manière efficace sur le marteau, doit être animé par un courant d'une certaine intensité. On assure le jeu régulier de cette sonnerie en la faisant marcher sous l'influence d'une pile locale, par l'intermédiaire d'un relais (fig. 23).

E est un électro-aimant horizontal fixé sur un socle de bois ; ses surfaces polaires agissent sur une palette de fer doux, p mobile autour de l'axe horizontal passant par les extrémités des deux vis v, v'. Ces deux vis v, v', sont implantées dans une fourchette métallique horizontale soutenue par une tige métallique verticale m fixée elle-même au socle de bois par un pied métallique en équerre **C**. A l'état de repos, la palette p, maintenue verticale par le ressort antagoniste l, appuie contre la pointe *isolante d'ivoire* de la vis d. Quand la palette est attirée par l'électro-aimant **E**, sa partie supérieure heurte la pointe de la vis métallique d', et sa partie inférieure vient appuyer contre le petit ressort métallique o fixé au pied de la borne métallique b.

La borne **L** reçoit le fil de la ligne, et communique d'une manière permanente avec la borne a. La borne **T**, qui donne attache au fil de terre, est en communication avec la borne a'. Par suite, le courant de la ligne arrivé en **L** passe à la borne a, traverse le fil des bobines, de l'électro-aimant E, gagne la borne a', la borne T, et se perd dans le sol.

La borne S, qui communique d'une manière permanente avec la borne b, est reliée par un fil métallique à la borne A de la sonnerie à trembleur (fig. 22).

La pile *locale* communique par son pôle négatif avec le sol, et par son pôle positif avec la borne P. Cette dernière borne P est elle-même en communication permanente avec le pied métallique C de la tige m, et par suite avec la palette p de l'électro-aimant.

A l'état de repos, quand il n'arrive pas de courant par la ligne, la palette p, maintenue par le ressort l, appuie contre la pointe *isolante* de la vis d et ne touche pas le ressort o; par conséquent, le circuit de la pile *locale* est interrompu en o.

Quand le courant est transmis sur la ligne, l'électro-aimant E attire la palette p, qui vient appuyer contre le ressort o. Dès lors le courant de la pile *locale* passe de la borne P dans le pied C de la tige m, gagne la palette p, le ressort o, la borne b, la borne S, et traverse la sonnerie, dont le marteau entre en jeu et frappe sur le timbre tant que dure le courant transmis par la ligne.

La palette p est munie d'une queue verticale terminée par un crochet qui entre en prise avec un bouton fixé à la partie inférieure de l'indicateur I. A l'état de repos, le bouton supérieur de l'indicateur est caché dans la boîte du relais. Mais quand la palette p est attirée, le bouton inférieur est dégagé, l'indicateur est poussé de bas en haut par le ressort à boudin r, et le bouton supérieur I fait saillie au-dessus de la boîte. Un employé qui aurait été retenu hors de son poste se trouverait ainsi averti que la sonnerie a marché en son absence.

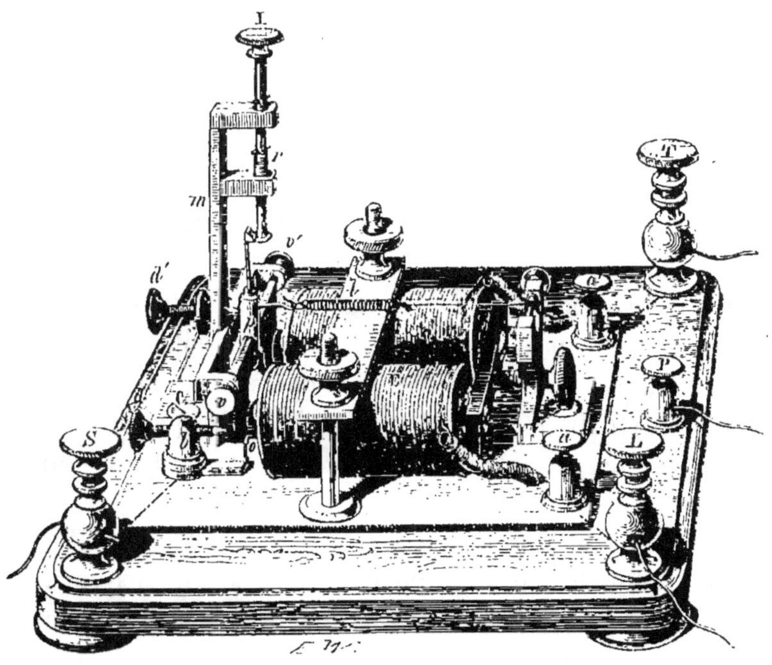

Fig. 23.

Dans les postes auxquels aboutissent plusieurs fils de ligne partant d'autant de postes correspondants, le relais permet de suffire aux besoins du service avec une seule sonnerie. Dans ce cas, on place dans une boîte autant de relais qu'il y a de fils de ligne arrivant au poste, et chacun de ces fils aboutit à un relais dont le bouton supérieur I de l'indicateur porte la lettre initiale ou le nom du poste correspondant. D'ailleurs la borne S de chacun de ces relais communique avec la sonnerie. Par ce moyen, quand la sonnerie est en jeu, l'employé n'a qu'à regarder quel est l'indicateur qui fait saillie au-dessus de la boîte du relais pour savoir quel est le poste du réseau télégraphique qui demande à entrer en correspondance avec lui.

Paratonnerres.

Par les temps d'orage, les fils des lignes télégraphiques s'électrisent par influence ; des courants d'intensité et de sens variables s'établissent sur la ligne. Quand cette électrisation accidentelle n'est pas trop forte, la sûreté des employés n'est pas compromise, les appareils ne sont exposés à aucune détérioration ; les effets se bornent à de simples perturbations qui gênent la propagation des courants voltaïques, et occasionnent, dans la transmission des dépêches, des dérangements variés que nous étudierons dans le troisième chapitre.

Mais quelquefois le développement d'électricité acquiert assez d'intensité pour causer de véritables dégâts sur la ligne. — Dans des cas rares, la tension électrique des fils est assez considérable pour qu'ils échangent des étincelles avec les rails des chemins de fer. — La ligne elle-même peut être foudroyée et éprouver de nombreuses avaries : ainsi, en plusieurs points, les supports isolants de porcelaine sont brisés, et l'électricité s'écoule dans le sol à travers les poteaux, fortement endommagés ou même rompus et renversés.

Quand le mouvement électrique développé sur la ligne par un orage devient considérable, les fils sont traversés par des courants assez intenses pour mettre les appareils télégraphiques hors de service. — Les aiguilles des boussoles peuvent perdre subitement leur aimantation. — Dans certaines circonstances, les fils intérieurs du poste et ceux des électro-aimants sont échauffés jusqu'au rouge par le passage de ces courants accidentels ; les barreaux de fer des électro-aimants sont fortement aimantés, et conservent une aimantation assez intense pour qu'on soit obligé de les remplacer.

Les accidents peuvent être poussés encore plus loin. Dans l'intérieur d'un poste, de fortes étincelles éclatent entre des pièces métalliques placées à distance, les fils de communication et les fils des électro-aimants sont fondus et projetés au loin avec grand bruit, tous les appareils sont mis hors de service ; la sûreté des employés est compromise. Un effet de ce genre a été observé en mai 1846, pendant un violent orage et au moment de l'apparition d'un éclair, dans le poste du Vésinet, au bas du chemin atmosphérique de Saint-Germain.

Plusieurs moyens ont été proposés pour préserver les appareils des atteintes de ces courants accidentels. Sur quelques lignes étrangères, on a armé les poteaux de la ligne de tiges métalliques terminées en pointe et reliées au sol par des conducteurs. Ces paratonnerres ont l'inconvénient très grave de favoriser les pertes de courant pendant les temps pluvieux. Nous ferons remarquer en outre que, très efficaces pour protéger les poteaux, ces tiges métalliques, isolées des fils conducteurs, ne les mettent pas à l'abri des coups de foudre, et ne préservent pas les postes des avaries déterminées par le passage de courants très intenses.

Dans les circuits voltaïques, la tension est toujours si faible, que le passage de l'électricité ne peut s'opérer qu'entre des conducteurs maintenus en contact ; mais quand, sous l'influence d'un orage, la charge d'une plaque métallique armée de pointes acquiert une tension considérable, l'électricité s'échappe à travers les pointes sous forme d'aigrettes ou d'étincelles, et gagne les conducteurs voisins. D'autre part, nous savons que, quand un flux d'électricité traverse une série de conducteurs, la quantité

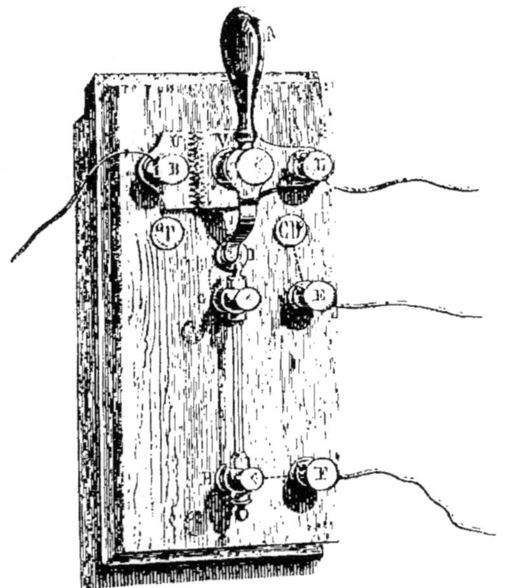

Fig. 24.

de chaleur développée dans une section quelconque du circuit est proportionnelle à sa résistance. Profitant de ces données de la science, M. Bréguet a construit un petit appareil très simple (fig. 24), connu sous le nom de *para-*

tonnerre, qu'il suffit d'intercaler dans le circuit de la ligne pour mettre les employés et les instruments d'un poste télégraphique à l'abri de tout danger, même pendant les orages les plus violents.

Deux plaques métalliques, U, V, séparées par un intervalle très petit et armées de pointes sur leurs bords en regard, sont fixées sur une planchette de bois. Le fil de la ligne aboutit au bouton L de la plaque V ; la plaque U porte un bouton B auquel vient se fixer le fil de terre, et communique avec la goutte de suif T. La plaque V porte un commutateur N dont le ressort métallique peut à volonté être amené sur l'une des trois gouttes de suif T, I, CD, qui communiquent, la première avec la terre par le bouton B, la seconde avec la virole G, la troisième avec le bouton E. Les deux viroles G, H, sont reliées par un fil de fer très fin dont les extrémités sont fixées à deux petits cylindres de cuivre retenus eux-mêmes par deux fortes vis. On protége ce fil de fer contre les causes accidentelles de rupture en le plaçant dans l'axe d'un tube de verre, ou de bois bien sec et recouvert d'un vernis isolant. Enfin la virole H communique au bouton F, auquel s'attache un fil métallique qui se rend aux appareils télégraphiques du poste.

Lorsque le commutateur N est sur la goutte de suif I, la ligne communique avec les appareils du poste par la plaque V, le commutateur N, la goutte de suif I, la virole G, le fil de fer, la virole H, le bouton F et son fil métallique. Il est évident que les pointes des plaques V, U, ne peuvent, dans aucun cas, dériver les courants voltaïques employés à la transmission des dépêches ;

ces courants n'ont jamais assez de tension pour donner une décharge à distance.

Mais, dans les temps d'orage, si la tension électrique du fil de la ligne est très forte, une décharge se fait de la plaque V à la plaque U par les pointes en regard, et l'électricité accumulée par influence se perd dans le sol sans traverser les appareils télégraphiques du poste. Lorsque l'électricité accumulée par influence n'a pas assez de tension pour se décharger de la plaque V à la plaque U, elle s'écoule sous forme de courant à travers le fil de fer tendu entre les viroles G et H. Si ce courant accidentel assez d'intensité pour être dangereux, le fil de fer, en raison de sa grande résistance, est fondu, et toute communication est interceptée entre la ligne et les appareils télégraphiques avant que le flux d'électricité ait acquis assez de force pour les détériorer. Quand le fil de fer a été fondu dans un poste, il faut se hâter de le remplacer pour rétablir la communication entre la ligne et les appareils télégraphiques.

Quand on est menacé d'un violent orage, il est prudent de renoncer à la correspondance, qui, d'ailleurs, est presque toujours impossible dans ces conditions. Alors on pousse le commutateur N sur la goutte de suif T ; la ligne est en communication avec le sol par la plaque V, le commutateur N, la goutte de suif T, la plaque U, et le bouton B, auquel vient se fixer le fil de terre ; l'électricité accumulée par influence se perd directement dans le sol.

Les bureaux intermédiaires qui correspondent avec deux postes situés l'un à droite, l'autre à gauche, sont munis de deux paratonnerres fixés symétriquement sur le même support. Ces deux appareils (voyez figure 40) communiquent d'une manière permanente par un fil métallique fixé au bouton E. Quand on veut établir la correspondance directe entre les deux postes de droite et de gauche, sans que le courant de la ligne passe par les appareils du bureau intermédiaire, on pousse les commutateurs N des deux paratonnerres sur les gouttes de suif marquées CD ; par ce moyen, les deux fils de ligne qui pénètrent dans le bureau sont en communication directe.

En partant des mêmes principes que M. Bréguet, quelques constructeurs ont proposé des paratonnerres qui ne diffèrent du précédent que par certaines modifications introduites dans la disposition des pièces. Nous donnerons la description de deux des modèles employés sur les lignes françaises.

Sur la partie inférieure d'une planche de bois (fig. 25) sont fixées trois bornes métalliques L, T, F. La première donne attache au fil de la ligne, la seconde au fil de terre, la troisième à un fil métallique qui se rend aux appareils télégraphiques du poste. A la partie supérieure de la planche de bois sont fixées deux bornes X, Y, maintenues en communication permanente par un fil de fer très fin entouré d'une enveloppe de soie. Ce fil traverse le cylindre métallique Z dont il est isolé par la soie. P, Q sont deux plaques métalliques très rapprochées et dentelées sur leurs bords en regard. La planche de bois porte encore quatre gouttes de suif a, b, c, d, et un commutateur N à trois ressorts métalliques. Le ressort médian communique seul avec l'axe métallique H du commutateur ;

les deux ressorts latéraux communiquent entre eux, et
sont isolés du ressort médian, ainsi que de l'axe métallique H. Des bandes métalliques, fixées à la face postérieure
du support et indiquées dans la figure par des lignes ponctuées, établissent les communications entre les diverses
pièces de l'appareil.

Fig. 25.

La borne L reçoit le fil de la ligne, et communique
d'une manière permanente avec la plaque P, l'axe métallique H et le ressort médian du commutateur N.

La borne T reçoit le fil de terre, et communique d'une

manière permanente avec la plaque Q, la goutte de suif c et le cylindre métallique Z.

La borne F reçoit le fil des appareils télégraphiques du poste, et communique d'une manière permanente avec la goutte de suif d.

La borne X communique avec la goutte de suif a, et la borne Y avec la goutte de suif b; ces deux bornes sont reliées par le fil de fer isolé logé dans le cylindre Z.

Un arc métallique placé au-dessous du commutateur sert à déterminer la position qu'on doit donner au manche N suivant les circonstances.

Quand le temps n'est pas orageux, on pousse le manche N du commutateur sur les lettres SP (*sans paraton-nerre*); alors le ressort médian appuie sur la goutte de suif d. Dans ce cas, la communication est directement établie entre la ligne et les appareils télégraphiques du poste; le courant ne traverse pas le fil de fer logé dans le cylindre Z.

Lorsqu'un orage menace, on pousse le manche N du commutateur sur les lettres AP (*avec paratonnerre*); dans ce cas, le ressort médian appuie sur la goutte de suif b, et les ressorts latéraux posent, l'un sur a, l'autre sur d, qu'ils mettent en communication. Les appareils télégra-phiques du poste communiquent encore avec la ligne, et la correspondance peut continuer. En effet, le courant de la ligne arrive à la goutte de suif b par le ressort mé-dian du commutateur, passe à la borne Y, traverse le fil de fer, gagne la borne X, la goutte de suif a, et la goutte de suif d, à travers les ressorts latéraux du commutateur, et de là se rend à la borne F et aux appareils télégraphiques du poste. Mais, avec cette disposition, les appareils sont préservés des effets désastreux des courants trop intenses que l'électricité atmosphérique peut développer sur la ligne. Si la tension électrique est très forte, une étincelle éclate entre les pointes des plaques métalliques P, Q, et l'électricité se perd dans le sol par la borne T, sans traverser les appareils télégraphiques. Si, la décharge ne s'effectuant pas entre les plaques P, Q, les courants développés sur la ligne sont trop intenses, le fil de fer tendu entre les bornes X, Y, est assez échauffé pour être fondu, ou du moins pour que son enveloppe isolante soit brûlée. Dans l'un comme dans l'autre cas, la communication est établie, par l'intermédiaire du fil de fer dénudé ou fondu, entre la borne Y, le cylindre Z et la borne T, les courants se perdent directement dans le sol, et les appareils télégraphiques sont préservés ; mais la correspondance est nécessairement interrompue jusqu'à ce qu'on ait remplacé le fil de fer tendu entre les bornes Y, X.

Si l'orage est violent, toute correspondance est impossible. Alors on isole complétement la ligne des appareils télégraphiques, en poussant le manche N du commutateur sur la lettre T (*terre*). Le ressort médian du commutateur touche la goutte de suif c ; tous les courants de la ligne passent directement dans le sol à travers la plaque Q et la borne T : les appareils télégraphiques sont complétement isolés de la ligne et à l'abri de toute atteinte.

La figure 26 représente un troisième paratonnerre fondé sur les mêmes principes. L'appareil tout entier est

fixé sur une planche de bois verticale. La pièce principale de cet appareil est une tige ii' composée de trois
cylindres métalliques g, f, e, isolés les uns des autres
au moyen de deux rondelles d'ivoire h, h'. Le cylindre
intermédiaire f est renflé dans sa partie médiane et creusé
en pas de vis par ses deux extrémités. Un fil de fer très
fin et recouvert de soie est fixé à l'extrémité supérieure du
cylindre e au moyen d'un bouton à vis i. Ce fil descend
en s'enroulant sur le cylindre e, se loge dans les pas de vis
de la partie supérieure du cylindre f, s'enroule sur sa
partie renflée, s'engage dans les pas de vis de sa partie
inférieure, s'enroule sur le cylindre g et se fixe à sa partie
inférieure au moyen du bouton à vis i'. Tant que l'enveloppe de soie est respectée, les deux cylindres extrêmes e, g
communiquent par le fil de fer, et restent isolés du cylindre médian f. Mais, si l'enveloppe isolante est détruite,
la communication est établie entre le cylindre supérieur e
et le cylindre médian f.

A la partie supérieure de la planche de bois sont fixées
deux plaques métalliques P, Q, très rapprochées et dentelées sur leurs bords en regard. La plaque P porte un bouton a auquel vient se fixer le fil de la ligne L, et un commutateur à ressort N. Au-dessous de ces plaques sont trois
gouttes de suif b, c, d. A la partie inférieure de la planche
de bois se trouve une borne B à laquelle s'attache un fil
métallique F qui se rend aux appareils télégraphiques
du poste.

Enfin la planche de bois sert à fixer trois grosses
viroles de cuivre X, Y, Z. La virole médiane Y est armée
d'un cylindre creux de cuivre. La tige ii', dont nous

avons donné la description, est engagée dans ces trois viroles et dans le cylindre de cuivre de la virole médiane. Trois vis servent à établir la communication des trois viroles X, Y, Z avec les trois cylindres superposés e, f, g de la tige ii'.

La virole supérieure X communique avec la goutte de suif c.

La virole inférieure Z communique avec la goutte de suif b, avec la borne B, et, par l'intermédiaire de cette borne, avec les appareils télégraphiques du poste.

Le fil de terre T vient se fixer, derrière la planche de bois, à la virole moyenne Y qui communique en outre avec la goutte de suif d et la plaque métallique Q.

En temps ordinaire, le ressort du commutateur N est maintenu sur la goutte de suif b. Le courant de la ligne passe directement à la borne B et aux appareils télégraphiques du poste, sans traverser le fil de fer du paratonnerre.

Quand l'orage menace, le ressort du commutateur N doit être poussé sur la goutte de suif c. La ligne est alors en communication avec les appareils télégraphiques du poste par l'intermédiaire du fil de fer du paratonnerre. D'ailleurs, tant que le fil de fer et son enveloppe sont intacts, la virole Y et le cylindre médian f de la tige ii' sont isolés du reste de l'appareil, et la correspondance peut continuer. Mais si les courants déterminés par l'orage prennent trop d'intensité, le fil de fer est fondu, ou tout au moins son enveloppe isolante est brûlée ; dans ce cas, le cylindre supérieur e de la tige ii' et la virole X sont mis en communication avec la virole médiane Y, les courants transmis se perdent dans le sol par le fil T, les appareils télégraphiques sont isolés de la ligne et préservés des effets désastreux des courants. Quand la tension électrique de la ligne est considérable, une décharge a lieu entre les pointes des plaques P, Q, et l'électricité se perd dans le sol par le fil T.

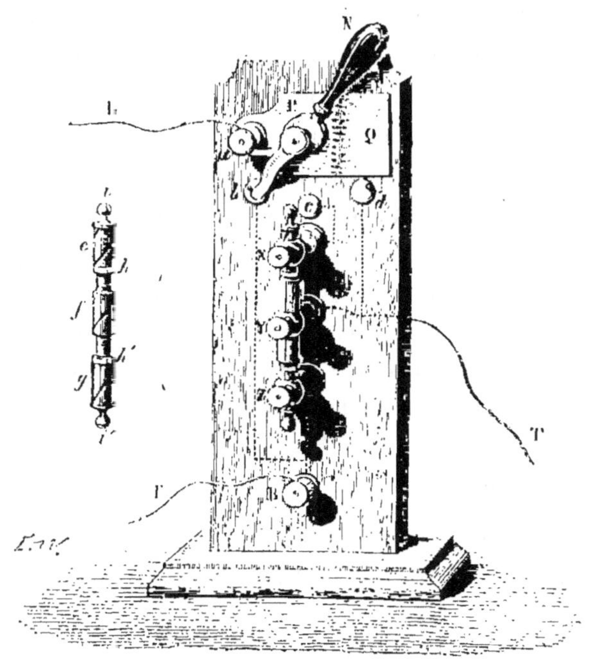

Fig. 26.

Quand l'orage est violent, on doit renoncer à la correspondance et pousser le ressort métallique du commutateur sur la goutte de suif *d*. Dans ce cas, tous les courants transmis sur la ligne se perdent directement dans le sol. Les appareils télégraphiques n'ont plus aucune communication avec la ligne et sont à l'abri de toute atteinte.

Il faut surveiller avec beaucoup de soin le fil de fer enroulé autour de la tige ii', et le remplacer toutes les fois que son enveloppe isolante n'est pas parfaitement intacte.

La figure 27 représente un paratonnerre très simple et très ingénieux, employé sur les lignes télégraphiques belges. Nous indiquerons ici la disposition adoptée pour un bureau intermédiaire communiquant avec deux postes correspondants, l'un à droite, l'autre à gauche. Sur un socle de bois sont fixées trois plaques métalliques Q, U, V. A la plaque Q aboutissent en L le fil de ligne de l'un des postes correspondants, et en F le fil de communication avec l'un des appareils télégraphiques du bureau. A la plaque V aboutissent en L' le fil de ligne de l'autre poste correspondant, et en F' le fil de communication avec l'autre appareil télégraphique du bureau. Le fil de terre vient se fixer en T à la plaque U. Une quatrième plaque métallique PP recouvre les appendices des plaques Q, V, et en est isolée par une *feuille de papier très mince*. Cette plaque PP est fixée par un bouton métallique B qui communique avec la plaque U, et, par son intermédiaire, avec le fil de terre.

La planche de bois est percée de quatre trous circulaires 1, 2, 3, 4, bordés par les plaques Q, U, V. C est une cheville de cuivre mobile, qu'on peut à volonté placer dans un de ces quatre trous.

Quand la cheville C occupe la position indiquée sur la figure, les fils de ligne L, L', communiquent directement avec les appareils télégraphiques du bureau, et la correspondance peut être entretenue. Si un orage éclate tout à coup sur l'une des lignes, la tension électrique devient considérable, une étincelle éclate à travers le papier placé sous la plaque P, tous les courants transmis sur cette ligne se perdent directement dans le sol par la plaque U et le fil de terre, les appareils du bureau sont garantis.

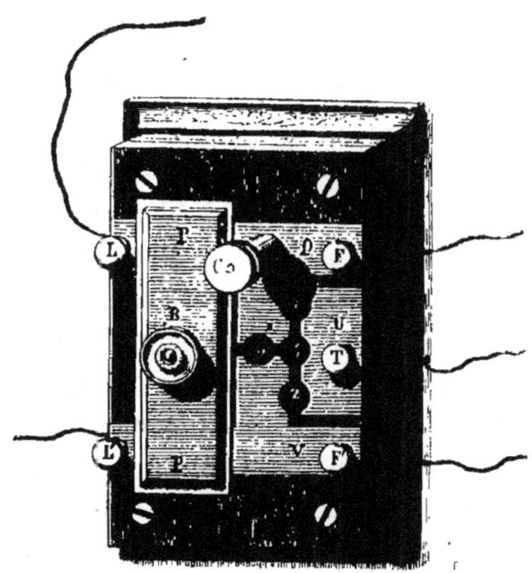

Fig. 27.

Si un fort orage menace sur la ligne L, on place la cheville C dans le trou 1 ; alors la plaque Q communique avec la plaque U, les courants de la ligne L se rendent tous directement dans le sol, les appareils télégraphiques correspondants sont garantis, et la correspondance peut continuer avec la ligne L'.

Dans le cas où l'orage menace sur la ligne L', on place la cheville C dans le trou 2. La plaque V communique avec la plaque U, tous les courants de la ligne L' se rendent directement au sol, les appareils télégraphiques correspondants sont garantis, et la correspondance peut continuer avec la ligne **L**.

Quand l'orage menace à la fois les deux lignes **L**, **L'**, on place la cheville **C** dans le trou 4. Alors les deux plaques **Q**, **V**, communiquent avec **U**, les courants transmis sur les deux lignes se rendent directement au sol, les appareils sont garantis, mais la correspondance est supprimée sur les deux lignes.

Pour établir la communication directe entre la ligne **L** et la ligne **L'**, on place la cheville **C** dans le trou 3. Il est évident que, dans ce cas, tous les courants transmis sur la ligne **L** passent directement sur la ligne **L'**, sans traverser les appareils du bureau, et réciproquement.

La figure 28 représente un paratonnerre très simple proposé par M. Bianchi. Une grosse sphère métallique **S** est intercalée dans le circuit de la ligne **L**, **L'**, au moyen de deux prolongements métalliques et de deux pinces **B**, **B'**. Cette sphère **S** est enveloppée de deux hémisphères de verre mastiquées dans une bande métallique circulaire **D**, armée elle-même d'une grosse tige métallique que l'on visse à une épaisse plaque métallique **A** fixée contre un mur. Cette tige métallique est creuse et fermée par un robinet; elle communique avec l'intérieur de la sphère enveloppante de verre, et permet de faire le vide dans l'appareil. Une bande métallique **R** établit la communication de la plaque **A** avec le sol. A sa face interne, la bande métallique **D** est armée d'un grand nombre de pointes métalliques toutes dirigées vers le centre de la sphère **S** et très rapprochées de sa surface par leurs extrémités libres. Avant de fixer l'appareil sur la plaque

A, il est bon de *faire le vide* dans la sphère enveloppante de verre ; mais cette précaution n'est pas indispensable.

Fig. 28.

Lorsque la ligne est fortement influencée par des nuages orageux, des aigrettes lumineuses se montrent aux extrémités des pointes dont la bande D est armée ; la terre fournit à travers le conducteur R, la plaque A, la bande D et ses pointes, un flux continuel d'électricité qui neutralise la charge de nom contraire de la ligne. Quand la ligne est trop fortement électrisée, des étincelles éclatent entre la sphère S et les pointes de la bande D, et la charge accumulée par influence sur le fil LL' s'écoule dans le sol. Dans l'un et l'autre cas, les courants déterminés par l'influence des nuages orageux ne peuvent pas pénétrer dans le poste, et les appareils télégraphiques sont maintenus à l'abri de tout accident.

CHAPITRE II.

APPAREILS TÉLÉGRAPHIQUES.

Quelle que soit la diversité de leurs formes extérieures, les appareils télégraphiques peuvent être distribués en trois groupes que nous étudierons dans l'ordre suivant :

1° Les *télégraphes à aiguilles*. Les signaux, dans ce système, sont fournis par les déviations d'aiguilles aimantées soumises à l'action directe des courants circulant sur la ligne.

2° Les *télégraphes à cadran*, dans lesquels le courant de la ligne agit sur un électro-aimant dont la fonction est de régler la marche de l'aiguille indicatrice.

3° Les *télégraphes écrivants*. Dans certains de ces appareils, la dépêche est imprimée par un levier dont la marche est réglée par un électro-aimant soumis à l'action du courant de la ligne; dans d'autres, les signaux sont imprimés par le courant lui-même, agissant par ses propriétés électrolytiques.

ARTICLE PREMIER.

TÉLÉGRAPHES A AIGUILLES.

Inventés par MM. Wheatstone et Cooke, les appareils à aiguilles sont remarquables par la simplicité du mécanisme, mais ils ont le grave inconvénient de ne conserver aucune trace des dépêches. Le *manipulateur* joue le double rôle d'interrupteur et de commutateur ; il sert à envoyer sur la ligne une série de courants discontinus dont le sens et l'ordre de succession peuvent être exactement réglés. Le *récepteur* est un galvanomètre vertical dont l'aiguille, par le nombre et le sens des déviations qu'elle éprouve, accuse le nombre et le sens des courants discontinus lancés sur la ligne. Réalisation très ingénieuse de l'idée primitive d'Ampère, ce télégraphe peut marcher avec une seule aiguille ; sur les grandes lignes, on se sert plus généralement de l'appareil à deux aiguilles, qui permet de correspondre avec plus de rapidité.

Télégraphe à une aiguille.

La figure 29 représente la face antérieure d'un appareil à une aiguille enfermé dans sa boîte de bois. M est

Fig. 29.

la poignée du manipulateur. Une des aiguilles du galvanomètre récepteur est visible à l'extérieur de l'appareil ; à droite et à gauche de son extrémité supérieure sont deux colonnettes d'ivoire implantées dans la boîte, et destinées à limiter l'amplitude de ses oscillations.

La figure 30 est une coupe verticale antéro-postérieure du galvanomètre récepteur G. L'aiguille extérieure *ab* a son pôle austral en haut ; l'aiguille intérieure *cd*, dont le pôle austral est en bas, est un losange court et large. Ces deux aiguilles sont reliées par un axe horizontal qui les rend solidaires. L'aiguille intérieure est lestée, et ramène le système à sa position verticale, quand le courant est interrompu. On remplace quelquefois l'aiguille intérieure par un disque d'ivoire I (fig. 31), sur lequel sont appliquées plusieurs aiguilles minces, courtes, fortement aimantées, parallèles et ayant toutes leur pôle austral en bas.

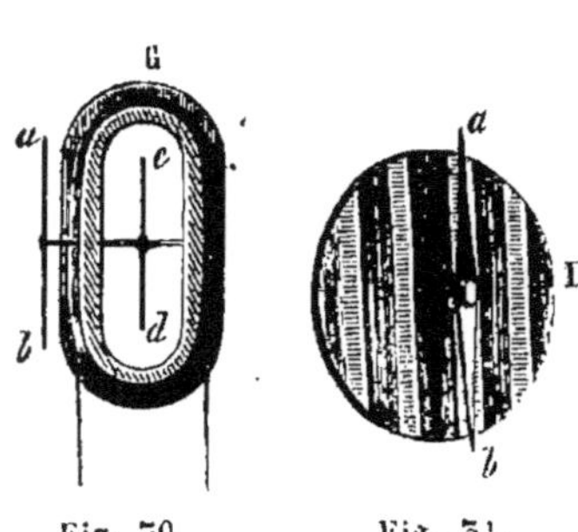

Fig. 30.   Fig. 31.

La figure 32 représente l'intérieur de l'appareil vu par sa face postérieure. Elle montre la position du galvanomètre récepteur G, la disposition des parties composantes du manipulateur placé à la partie inférieure, et les communications de ces deux organes.

Le *manipulateur* se compose d'un cylindre de bois de buis porté sur deux tourillons métalliques. L'un de ces tourillons traverse la paroi antérieure de la boîte, et donne attache à la poignée M (fig. 29), qui sert à faire tourner le cylindre sur son axe. L'autre tourillon *b* est en contact permanent avec le ressort X'. Les extrémités du cylindre sont garnies de deux viroles métalliques a, c, isolées l'une de l'autre. La partie inférieure de la virole c porte une pointe métallique e; la virole a communique avec le tourillon b, et porte à sa partie supérieure une pointe métallique d. Ces deux pointes e, d, sont dans le même plan que l'axe de la poignée extérieure M. K est une colonnette de cuivre implantée dans la paroi antérieure de la boîte; son extrémité libre porte une pièce métallique horizontale f.

Six ressorts métalliques sont disposés sur les côtés du cylindre, trois à droite, trois à gauche. X communique d'une manière permanente avec la borne extérieure N et avec la virole c. X' communique d'une manière permanente avec la borne extérieure P, avec le tourillon b, et, par son intermédiaire, avec la virole a. Z, Z', placés dans le même plan transversal, appuient sur les extrémités de la pièce métallique f, et communiquent d'une manière permanente, Z avec la borne extérieure T, Z' avec la borne intérieure V. Les ressorts Y, Y', placés en face l'un de l'autre dans le même plan transversal, communiquent d'une manière permanente, le premier avec la borne extérieure T, le second avec la borne intérieure V; ces ressorts sont trop courts pour atteindre la virole c, mais ils peuvent être mis alternativement en communication avec cette virole par l'intermédiaire de la pointe e.

Quand la poignée extérieure M du manipulateur est tournée à droite, la pointe e touche le ressort Y et le met en communication avec la virole c; tandis que la pointe d repousse le ressort Z', l'éloigne de la pièce métallique f, et le fait communiquer avec la virole a. Si la poignée M

6.

est tournée à gauche, la pointe *e* touche le ressort Y', et le met en communication avec la virole *c* ; tandis que la pointe *d* repousse le ressort Z, l'éloigne de la pièce métallique *f*, et le fait communiquer avec la virole *a*.

Fig. 52.

Des deux extrémités du fil du galvanomètre récepteur G, l'une est fixée à la borne intérieure V qui commu-

nique d'une manière permanente avec les ressorts Y', Z',
l'autre se rend à la borne intérieure W qui est en communication permanente avec la borne extérieure L.

Le système des communications est complété au
moyen des quatre bornes extérieures L, P, T, N. Le fil
de la ligne se fixe à la borne L, et le fil de terre à la borne
T. La pile du poste communique par son pôle positif
avec la borne P, et par son pôle négatif avec la borne N.

Pour mettre l'appareil en position de *réception*, l'employé donne à l'axe de la poignée M une position verticale. Les pointes c, d, sont ainsi ramenées dans un plan
vertical et écartées des ressorts latéraux ; les ressorts Y, Y',
ne sont ni l'un ni l'autre en communication avec la virole c, et les ressorts Z, Z', appuient sur les extrémités de
la pièce métallique f. Le courant transmis par le fil de la
ligne arrive à la borne L, gagne la borne W, parcourt le
fil du galvanomètre récepteur G et fait dévier les aiguilles ;
passe à la borne V et au ressort Z', traverse la pièce métallique f, qui le transmet au ressort Z, et aboutit à la
borne T, d'où il se rend à la terre. Le nombre et le sens
des déviations de l'aiguille extérieure du galvanomètre
indiquent les signaux de la correspondance.

Quand l'employé veut *expédier une dépêche*, il saisit
avec la main la poignée extérieure M du manipulateur,
et incline sa partie supérieure, tantôt à droite, tantôt à
gauche, suivant le signal qu'il veut transmettre.

Supposons la poignée tournée à *droite*. La pointe c de
la virole c appuie contre le ressort Y ; la pointe d de la
virole a refoule le ressort Z' et l'éloigne de la pièce métallique f. Le courant de la pile de ligne part de la borne P

qui communique avec son pôle positif, gagne X′, passe au tourillon *b*, à la virole *a*, à la pointe *d*, au ressort Z′ et à la borne V, traverse le fil du galvanomètre G et fait dévier à *droite* le pôle austral ou supérieur de son aiguille extérieure. De la borne W, le courant se rend à la borne L, parcourt le fil de la ligne fixé à cette borne, va traverser le galvanomètre récepteur du poste correspondant, de manière à faire dévier à *droite* son aiguille extérieure, et se perd dans la terre. Quant au pôle négatif de la pile du poste qui expédie, il communique avec la terre par la borne N, le ressort X, la virole *c*, la pointe *e*, le ressort Y et la borne T.

Quand la poignée M du manipulateur est tournée à *gauche*, la pointe *e* appuie contre le ressort Y′, et la pointe *d* contre le ressort Z, qu'elle éloigne de la pièce métallique *f*. Le pôle positif de la pile est en communication avec la terre par la borne P, le ressort X′, le tourillon *b*, la virole *a*, la pointe *d*, le ressort Z et la borne T. Mais son pôle négatif communique avec le fil de la ligne par la borne N, le ressort X, la virole *c*, la pointe *e*, le ressort Y′, la borne V, le fil du galvanomètre G, la borne W et la borne L. Le sens du courant transmis à travers les galvanomètres des postes correspondants est donc renversé, et les aiguilles extérieures sont déviées à *gauche*, comme la poignée du manipulateur du poste qui expédie.

Dans ce système, le galvanomètre du poste qui envoie et celui du poste qui reçoit sont tous les deux traversés dans le *même sens* par le courant voltaïque; les mêmes signaux sont donc reproduits à la fois dans les deux postes correspondants. Par ce moyen, l'employé qui expédie peut, en fixant les yeux sur l'aiguille de son appareil, se rendre compte de la nature des signaux qu'il transmet. D'ailleurs, nous devons rappeler que les communications sont toujours établies de manière que les déviations des aiguilles extérieures des galvanomètres des postes correspondants soient de même sens que celles de la poignée du manipulateur du poste qui expédie la dépêche.

En résumé, le rôle de l'employé qui expédie la dépêche se borne à envoyer sur la ligne une série de courants discontinus dont le sens reste le même et change suivant un ordre déterminé. L'employé du poste qui reçoit constate sur la face antérieure de son appareil des déviations de l'aiguille aimantée qui traduisent fidèlement le sens et les variations de sens des courants transmis. Avec ces éléments, quelque restreints qu'ils paraissent, on a fait un alphabet très simple qui suffit à toutes les exigences de la correspondance télégraphique.

Sur la face antérieure de l'appareil, à droite et à gauche de l'aiguille extérieure *ab* du galvanomètre récepteur, sont groupées les lettres de l'alphabet, conformément au tableau ci-dessous.

Les diagonales et les demi-diagonales gravées au-dessous de chaque lettre indiquent le nombre, l'ordre de succession et le sens des déviations de l'aiguille correspondantes à cette lettre. Le nombre des déviations nécessaires pour indiquer une lettre varie de *une* à *quatre*.

Les trois lettres A, B, C, sont représentées par deux, trois, quatre déviations, toutes exécutées à gauche. Au contraire, les lettres M, N, O, P, sont représentées par une, deux, trois, quatre déviations, toutes exécutées à droite.

Les autres lettres de l'alphabet sont indiquées par des combinaisons de déviations à droite et à gauche. Il est

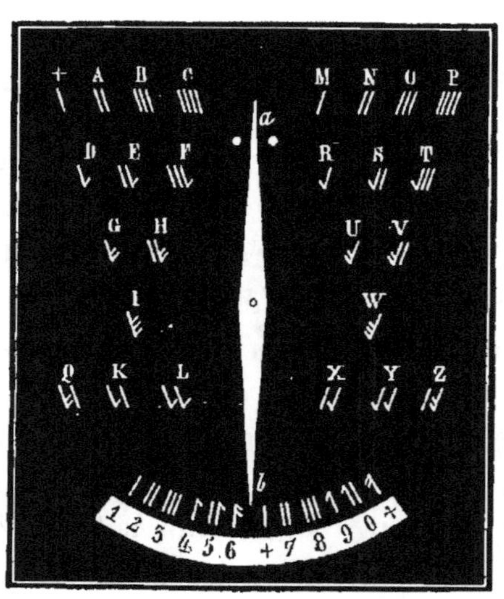

convenu que, dans l'exécution de chaque série d'oscillations, on commence par la déviation dont l'indication est la plus rapprochée de l'aiguille dans le tableau précédent. De cette manière, la série des oscillations de l'aiguille correspondant à chaque lettre se termine toujours par une déviation dirigée du côté que la lettre occupe elle-même. Ainsi :

Pour H, on exécute une déviation à droite, une à droite, une à gauche et une à gauche ; tandis que pour V, on exécute une déviation à gauche, une à gauche, une à droite et une à droite.

Pour L, on exécute une déviation à droite, une à

gauche, une à droite et une à gauche ; tandis que pour Y, on exécute une déviation à gauche, une à droite, une à gauche et une à droite.

Un simple coup d'œil jeté sur le tableau précédent montre que les signes télégraphiques correspondants aux lettres de gauche et aux lettres de droite sont parfaitement symétriques.

La *croix* +, indiquée par une déviation à gauche, se place à la fin de chaque mot. Le correspondant doit répondre à la *croix* par le signe *compris*, si le sens des signaux a été bien saisi, et par le signe *non compris*, s'il veut faire répéter.

Avec le télégraphe à une aiguille, on peut, sur les mêmes lignes, transmettre de *douze* à *vingt* mots par minute.

Les signes *compris*, *non compris*, et autres signes réglementaires sont indiqués par des signaux télégraphiques particuliers, convenus à l'avance et qui varient d'une ligne à l'autre.

Les chiffres sont gravés sur un arc de cercle placé au-dessous de l'aiguille, et sont indiqués par les mouvements de sa moitié inférieure. Ainsi, pour transmettre le chiffre 5, on porte l'extrémité inférieure de l'aiguille une fois à droite et puis deux fois à gauche. Le passage des lettres aux chiffres et le retour des chiffres aux lettres sont indiqués par des signes convenus à l'avance.

Télégraphe à deux aiguilles.

Cet appareil (fig. 33) se compose de deux manipulateurs et de deux galvanomètres récepteurs complétement
indépendants, et en tout semblables au manipulateur et
au récepteur du télégraphe à une aiguille. Il en résulte

Fig. 33.

que la correspondance entre deux postes exige l'emploi
de *deux* fils, un pour chacun des systèmes de l'appareil à
deux aiguilles. La poignée M correspond au manipulateur
de gauche, et la poignée M' au manipulateur de droite.

Dans la position de *réception*, les deux poignées sont
verticales, et les diverses pièces des deux manipulateurs
sont disposées comme nous l'avons précédemment
expliqué, pour l'appareil à une aiguille.

L'appareil est surmonté d'une boîte S qui contient une sonnerie dont l'électro-aimant est placé dans le circuit du galvanomètre récepteur au moyen de deux bandes métalliques b, b'. Le premier effet du courant qui arrive au poste est donc de faire dévier l'aiguille du galvanomètre et de faire sonner le carillon. L'employé, averti, répond au correspondant, par un signal convenu à l'avance, qu'il est prêt à recevoir. Mais, pour que le carillon ne continue pas à sonner pendant toute la durée de la transmission de la dépêche, il supprime les communications de son électro-aimant avec le galvanomètre récepteur ; pour cela il suffit de tourner le commutateur latéral C jusqu'à ce que sa poignée soit horizontale. Quand la dépêche est terminée, l'employé doit replacer le carillon dans le circuit du galvanomètre récepteur, en ramenant la poignée du commutateur C à la position verticale.

Quand l'employé d'un poste veut transmettre une dépêche, il saisit la poignée M de la main gauche, la poignée M' de la main droite, et, suivant la lettre ou le chiffre à indiquer, il met en mouvement tantôt une des deux poignées, tantôt les deux à la fois.

En combinant les déviations séparées ou simultanées des deux aiguilles, il a été facile de composer un alphabet complet dans lequel l'indication d'une lettre n'exige jamais plus de trois mouvements. Nous reproduisons ici le tableau indicatif des lettres, des chiffres, et des signaux correspondants; ce tableau est gravé sur la face antérieure de chaque appareil.

1° Les lettres et les chiffres placés au-dessus des axes

des aiguilles sont indiqués par les déviations de l'aiguille autour de laquelle ils sont groupés.

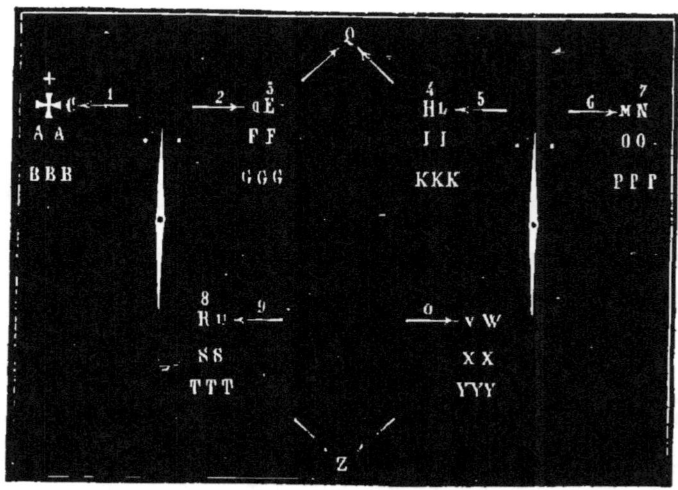

Ainsi l'aiguille gauche exécute :

Un mouvement à gauche pour la croix. +
Un à droite suivi d'un à gauche pour.. C, ou le chiffre 1.
Deux à gauche pour................... A.
Trois à gauche pour.................. B.
Un à droite pour .... E, ou le chiffre 3.
Un à gauche suivi d'un à droite pour .. D, ou le chiffre 2.
Deux à droite pour................... F.
Trois à droite pour.................. G.

L'aiguille droite exécute :

Un mouvement à gauche pour........ H, ou le chiffre 4.
Un à droite suivi d'un à gauche pour... L, ou le chiffre 5.
Deux à gauche pour .... I.
Trois à gauche pour .... K.
Un à droite pour..................... N, ou le chiffre 7.
Un à gauche suivi d'un à droite pour... M, ou le chiffre 6.
Deux à droite pour .... O.
Trois à droite pour.................. P.

2° Les lettres et les chiffres placés au-dessous des axes des aiguilles sont indiqués par des mouvements parallèles et simultanés des deux aiguilles.

Ainsi les deux aiguilles exécutent ensemble :

Un mouvement à gauche pour . . . . R, ou le chiffre 8.
Un à droite suivi d'un à gauche pour. . . U, ou le chiffre 9.
Deux à gauche pour . . . . S.
Trois à gauche pour. . . . . T.
Un à droite pour. . . . . W.
Un à gauche suivi d'un à droite pour. . . V, ou *zéro*.
Deux à droite pour. . . . . X.
Trois à droite pour . . . . Y.

3° Il reste deux lettres, Q, Z, placées dans l'axe du tableau.

Les deux pointes supérieures des aiguilles inclinées l'une vers l'autre indiquent Q.

Les deux pointes inférieures des aiguilles inclinées l'une vers l'autre indiquent Z.

Il résulte de cette explication du tableau que, pour les lettres et chiffres situés au-dessous des axes, la moitié inférieure des aiguilles joue le même rôle que leur partie supérieure pour les lettres et chiffres situés au-dessus des axes.

Des signaux télégraphiques particuliers, convenus à l'avance et variables d'une ligne à l'autre, servent à indiquer le passage des lettres aux chiffres et le retour aux lettres, ainsi que les divers signes réglementaires échangés entre employés.

Les appareils à aiguilles opposent au courant une résistance assez faible pour que, sur une même ligne télégraphique, les fils de transmission puissent ne communiquer avec la terre qu'aux deux extrémités, et comprendre toutes les stations intermédiaires dans un même circuit. Il en résulte qu'une dépêche transmise est répétée en même temps dans tous les postes de la ligne.

Sur la face antérieure du télégraphe à deux aiguilles, un peu au-dessous des poignées, existe un cadran à aiguille H, appelé *appareil silencieux;* c'est un véritable commutateur, qui sert à modifier la distribution du courant sur la ligne. — Dans certains cas, il est utile que la dépêche ne soit pas reproduite par un poste déterminé et arrive aux postes suivants. Alors l'employé de ce poste donne à l'aiguille une certaine position sur le cadran H ; la continuité de la ligne est maintenue, mais le galvanomètre récepteur du poste n'est plus dans le circuit et se trouve soustrait à l'action du courant.— Lorsque dans un poste intermédiaire on donne à l'aiguille une position déterminée sur le cadran H, la ligne télégraphique générale est coupée en deux lignes partielles indépendantes. Les deux fils de la ligne de gauche ainsi que ceux de la ligne de droite communiquent dans ce poste avec le sol. Les deux lignes partielles, celle de gauche et celle de droite, peuvent fonctionner simultanément, sans se nuire ; leurs signaux arrivent au poste dans lequel a été opérée la solution de continuité de la ligne générale, et ne peuvent pas la franchir.

Les lignes télégraphiques sont souvent traversées par des courants accidentels assez intenses pour faire dévier les aiguilles des galvanomètres récepteurs, et les tenir appliquées contre l'une des colonnettes d'ivoire placées à

droite et à gauche de la partie supérieure de ces aiguilles
et destinées à limiter l'amplitude de leurs oscillations ;
dans ces conditions, la transmission devient impossible.
Pour remédier à cet inconvénient, on creuse sur la face
antérieure de l'appareil une gorge circulaire dont l'axe de
suspension de l'aiguille est le centre. Les colonnettes
d'ivoire sont implantées sur un disque circulaire, mobile,
placé dans cette gorge. Le bouton b, placé entre les deux
poignées M, M', porte une poulie sur laquelle s'engage une
corde qui passe aussi sur les disques circulaires mobiles.
En tournant le bouton b, on peut donc déplacer à volonté
les colonnettes d'ivoire d'un côté ou de l'autre, de manière
que, dans la position de déviation permanente que lui imprime le courant accidentel, l'aiguille occupe le milieu de
l'espace qui les sépare. Alors la transmission se fait comme
si la cause perturbatrice n'existait pas. Ce moyen très
simple de correction conserve évidemment toute son efficacité tant que le courant accidentel n'a pas assez d'intensité pour imprimer aux aiguilles une déviation permanente de 90 degrés.

ARTICLE II.

TÉLÉGRAPHES A CADRAN.

Dans tout télégraphe à cadran, une aiguille reçoit une
série d'impulsions, exécute un mouvement circulaire autour de son centre de suspension, et peut s'arrêter à volonté sur l'un quelconque des signes tracés à l'avance sur
un disque. Le signe transmis étant directement montré à

l'employé du poste qui reçoit, la lecture de la dépêche devient très facile. Depuis le premier télégraphe à cadran inventé par M. Wheatstone, beaucoup d'appareils de ce genre ont été construits en Angleterre, en Allemagne et en France. Plus compliqués que le système à aiguilles, ils ont tous, comme lui, le très grave inconvénient de ne conserver aucune trace des dépêches échangées entre les postes correspondants.

Télégraphe de M. Bréguet.

Le télégraphe à cadran de M. Bréguet est très usité en France; les diverses administrations des chemins de fer l'ont adopté pour leurs correspondances particulières.

Manipulateur. — Le manipulateur (fig. 34) se compose d'un disque ou cadran de laiton porté sur trois colonnes métalliques implantées dans une planche de bois horizontale. Le cadran est divisé en vingt-six secteurs égaux sur lesquels sont gravées les vingt-cinq lettres de l'alphabet dans leur ordre naturel, les neuf chiffres significatifs, le *zéro*, la série des nombres de 11 à 25, et une *croix* ou signe conventionnel. A chaque secteur correspond une échancrure creusée sur le pourtour du disque.

Au centre du disque, une manivelle **M** est articulée avec l'axe d'une roue indépendante placée sous le cadran. La face inférieure de cette roue est creusée d'une gorge sinueuse dont la figure permet de voir une partie, et dont les sinuosités régulières sont en même nombre que les secteurs du cadran. Le levier métallique G est mobile autour de la colonne métallique O, qui supporte le cadran;

son extrémité postérieure est armée latéralement d'une dent métallique engagée dans la gorge sinueuse de la roue ; son extrémité antérieure se termine par un petit ressort placé entre deux vis métalliques p, p', engagées elles-mêmes dans deux pièces de cuivre implantées dans la planche de bois qui supporte l'appareil. La manivelle M, en tournant, imprime un mouvement de rotation à la roue à gorge sinueuse ; le levier G exécute alors un mouvement de va-et-vient, et le ressort de son extrémité antérieure va toucher alternativement les vis p, p'. Pour un tour complet de la manivelle, l'extrémité du levier G touche *treize* fois la vis p et *treize* fois la vis p' ; d'ailleurs l'appareil est réglé de manière que le ressort du levier G appuie contre la vis p quand la manivelle est sur la *croix* ou sur un nombre *pair*, et contre la vis p' quand la manivelle est sur un nombre *impair*. — La face inférieure de la manivelle est armée d'une dent qui vient se loger dans les échancrures creusées sur le bord du cadran, et s'oppose à son déplacement accidentel.

Les communications sont établies au moyen de pièces métalliques incrustées dans la planche de bois qui supporte l'appareil, de bornes métalliques distribuées sur cette planche, et de deux commutateurs à ressort N, N'.

La borne C donne attache à un fil métallique fixé au pôle *positif* de la pile ; elle communique en outre avec la vis p'. Du pôle *négatif* de la pile part un second fil qui établit bien exactement sa communication avec la terre.

La borne R communique avec la vis p, et donne attache à un fil métallique qui conduit le courant au récepteur du poste.

La borne L communique avec le commutateur N, et reçoit le fil de la ligne qui pénètre dans le poste par le côté gauche.

La borne L' communique avec le commutateur N', et reçoit le fil de la ligne qui pénètre dans le poste par le côté droit.

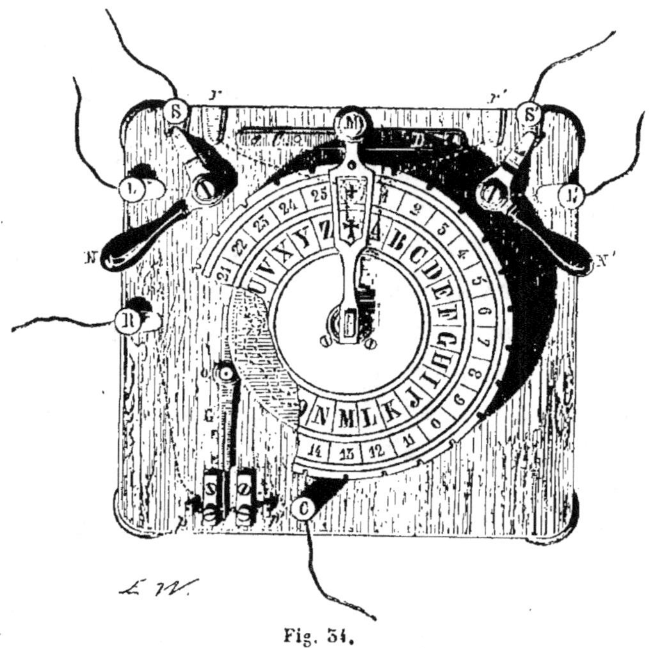

Fig. 34.

La borne S peut communiquer avec le commutateur N, et reçoit un fil métallique qui conduit le courant à la sonnerie de gauche.

La borne S' peut communiquer avec le commutateur N', et reçoit un fil métallique qui conduit le courant à la sonnerie de droite.

Les pièces métalliques r, r', communiquent avec une

colonne métallique placée sous la croix, et qui soutient le cadran ; elles sont, par conséquent, toutes deux en communication permanente avec le levier G à travers la masse métallique du cadran.

Suivant les besoins du service, le ressort du commutateur N est poussé sur S, sur *r*, ou sur la lame métallique marquée CD ; les mêmes contacts peuvent être établis avec le ressort du commutateur N'.

En arrière du cadran, une languette métallique marquée CD est incrustée sur la planche de bois. Quand on veut faire communiquer *directement* le fil télégraphique de gauche avec celui de droite, on amène le ressort du commutateur N sur l'extrémité C, et le ressort du commutateur N' sur l'extrémité D de cette languette. C'est ce qu'on appelle établir la *communication directe*.

Le levier G communique par la colonne O avec le cadran, et par son intermédiaire avec les pièces *r*, *r'*. Quand l'extrémité du levier G appuie contre la vis *p*, les pièces *r*, *r'*, communiquent nécessairement avec la borne R et avec le récepteur du poste.

Cela posé, plaçons le ressort du commutateur N sur la pièce *r*, et faisons exécuter à la manivelle M un tour complet de rotation. Pendant tout ce temps, le levier G oscille autour de son axe O, touchant la vis *p* quand M passe sur un nombre *pair*, et la vis *p'* quand M passe sur un nombre *impair*. Mais quand le levier G touche *p'*, le courant de la pile passe dans le levier, traverse le cadran, se rend à la borne L par la pièce *r* et le commutateur N, et s'élance sur le fil de la ligne de gauche. Quand, au contraire, le levier G touche la vis *p*, le circuit de la pile est interrompu. Il en résulte que, pour un tour entier de la manivelle M, le courant éprouve *vingt-six* alternatives sur le fil de la ligne ; il est *treize* fois *établi*, dans les positions de la manivelle correspondantes aux nombres *impairs* ; il est *treize* fois interrompu, dans les positions de la manivelle correspondantes aux nombres *pairs* ou à la croix.

Récepteur. — Le récepteur (fig. 35) se compose d'un cadran dont les divisions sont disposées comme celles du manipulateur, et d'un mouvement d'horlo-

Fig. 35.

gerie placé derrière le cadran et caché dans la boîte qui enveloppe l'appareil. L'échappement du mouvement d'horlogerie et l'aiguille du cadran sont fixés sur le même axe ; leur marche est réglée par une série de pièces métalliques mises en jeu par un électro-aimant.

Le courant envoyé sur la ligne arrive à la borne X, traverse le fil des bobines de l'électro-aimant, se rend à la borne Y, et de là va se perdre dans le sol. Le carré du barillet du mouvement d'horlogerie fait saillie sur la partie supérieure du cadran, à la place de la *croix* correspondante à la série des nombres. A l'angle supérieur droit de la boîte existe un petit cadran ; le carré k, qui fait saillie en son centre, est l'extrémité d'un axe qu'on peut faire tourner à l'aide d'une petite clef suspendue à côté. Nous verrons plus tard comment ce carré k peut servir à faire varier la tension du ressort antagoniste de la palette de l'électro-aimant, et à régler la marche de l'appareil. Au-dessus de la boîte, à gauche, existe une petite tige métallique terminée par un bouton I ; nous expliquerons comment, en appuyant le doigt sur ce bouton, on peut manœuvrer l'appareil à la main, et ramener toujours l'aiguille du cadran sur la croix.

Les figures 36 et 37 représentent le mécanisme intérieur du récepteur.

Un mouvement d'horlogerie (fig. 36) est fixé contre la partie supérieure de la face postérieure de la plaque métallique NM du cadran. La roue dentée du barillet B engrène le pignon p''' de l'axe de la roue dentée R''', qui engrène elle-même le pignon p'' de la roue dentée R''. Cette roue R'' engrène le pignon p' de l'axe de la roue dentée R', qui engrène à son tour le pignon p de l'axe commun de l'échappement R et de l'aiguille du cadran.

L'échappement R se compose de deux roues dentées parallèles, solidement fixées à l'axe du pignon p : chacune de ces roues est armée de *treize* dents équidistantes ; les

dents de l'une des roues alternent avec celles de l'autre.
Sur chaque roue, deux dents successives sont donc sé-

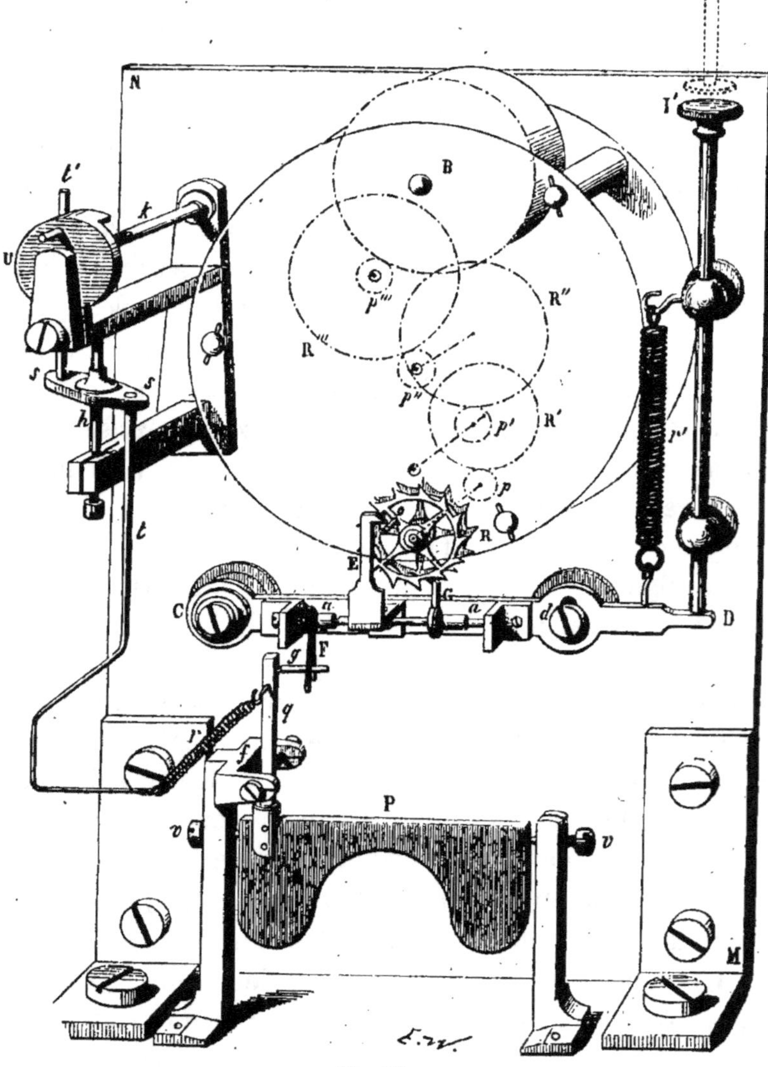

Fig. 36.

parées par *un treizième* de circonférence; mais, en raison de la disposition alterne des dents des deux roues, l'intervalle angulaire de deux dents successives de l'échappement R n'est que d'*un vingt-sixième* de circonférence.

Au-dessous de l'échappement R, est un contact métallique G fixé à un cylindre horizontal *aa* mobile autour de son axe. L'extrémité gauche du cylindre *aa* porte une fourchette F dans laquelle s'engage une goupille horizontale *g* fixée à la queue verticale *q* de la palette de fer doux P. Cette palette P peut tourner autour d'un axe horizontal passant par les pointes des deux vis *v, v*, qui servent à la soutenir. L'étendue des mouvements de la palette P est réglée par deux vis implantées dans les branches de la fourche *f*, et entre lesquelles passe la queue *q*. Un ressort à boudin *r* tient la queue *q* appliquée contre la vis de la branche antérieure de la fourche *f*. Dans cette position, la palette P est verticale, et le contact G est en prise avec une dent de la roue *postérieure* de l'échappement R.

A la droite du mouvement d'horlogerie, existe une tige métallique verticale qui sert à ramener l'aiguille du cadran à la *croix*. A la gauche, on voit un petit appareil destiné à régler la tension du ressort antagoniste *r* de la palette. Le jeu de ces pièces sera expliqué plus tard, quand nous nous occuperons de la question du réglage.

Entraînons la palette R en avant. Sa queue *q*, poussée en arrière, butte contre la vis de la branche postérieure de la fourche *f*; mais alors la goupille *g* entraîne la fourchette F en arrière, fait tourner le cylindre *aa*, et pousse en avant le contact G. L'échappement R est ainsi dégagé, et le mouvement d'horlogerie marche jusqu'à ce que la

dent suivante de la roue antérieure de l'échappement R
heurte le contact G. L'échappement R tourne donc *d'un
vingt-sixième* de circonférence, et l'aiguille du cadran
avance d'une lettre.

Laissons maintenant la palette P reprendre sa position
normale sous l'influence du ressort antagoniste *r*; la
queue *q* de la palette, la goupille *g* et la fourchette F sont
entraînées en avant; le cylindre *aa* tourne sur son axe, et
le contact G est poussé en arrière. L'échappement R est
de nouveau dégagé, et le mouvement d'horlogerie marche
jusqu'à ce que la dent suivante de la roue postérieure de
l'échappement heurte le contact G. Dans ce cas encore,
l'échappement R tourne d'*un vingt-sixième* de circonférence, et l'aiguille du cadran avance d'une lettre.

Ainsi donc, pour chaque déplacement en avant de la
palette P et pour chaque retour de cette palette à sa position normale, l'échappement R décrit *un vingt-sixième*
de circonférence et l'aiguille du cadran avance d'une
lettre. Il nous reste à montrer maintenant comment le
courant de la ligne, par l'intermédiaire d'un électro-
aimant, imprime à la palette P un mouvement de va-
et-vient qui maintient la marche de l'aiguille du cadran
du récepteur en accord parfait avec les déplacements de
la manivelle du manipulateur. La figure 37 indique la position de l'électro-aimant par rapport à la palette, et
va nous servir à compléter la description du mécanisme
du récepteur.

L'électro-aimant en fer à cheval présente ses surfaces
polaires à la palette de fer doux P; une grosse vis, placée
à l'arrière, permet de l'approcher et de l'éloigner à vo-

lonté. Une extrémité du fil des bobines s'attache à la borne intérieure X′, qui communique elle-même à la borne extérieure X par laquelle arrive le courant. L'autre extrémité du fil des bobines s'attache à la borne intérieure Y′, qui communique elle-même à la borne extérieure Y destinée à donner attache au fil de terre.

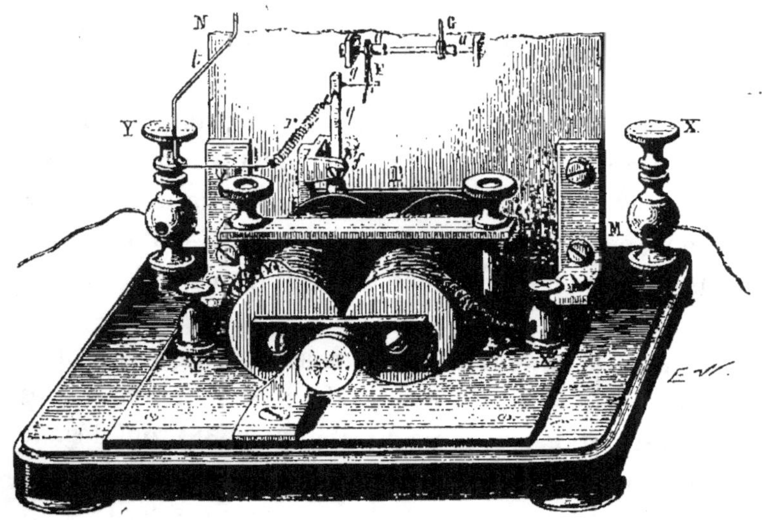

Fig. 37.

A l'état de repos, lorsque la manivelle du manipulateur est sur la *croix*, l'aiguille du cadran du récepteur est aussi sur la *croix*, et la palette P de l'électro-aimant est verticale. Au moment où un premier courant arrive au récepteur, la palette P, attirée, exécute une première oscillation, l'aiguille du cadran passe sur la première division du cadran correspondant à un nombre *impair*; mais, pour envoyer ce premier courant, la manivelle du manipulateur qui expédie a dû aussi passer sur la première division de son cadran. Au moment où le courant cesse, la palette **P**, ramenée par le ressort antagoniste *r*, exécute une seconde oscillation, et l'aiguille passe sur la seconde division du cadran correspondant à un nombre *pair ;* mais, pour interrompre le courant, la manivelle du manipulateur du poste qui envoie a dû aussi passer sur la seconde division de son cadran. Il est facile de voir que, pendant toute la durée de la transmission, la manivelle du manipulateur du poste qui expédie, et l'aiguille du cadran du récepteur du poste qui reçoit, ont une marche concordante, passent et s'arrêtent en même temps sur les divisions correspondantes des cadrans. Les signes indiqués par le manipulateur du poste qui expédie sont donc instantanément et exactement reproduits par l'aiguille du récepteur du poste qui reçoit la dépêche.

Réglage de l'appareil. — Nous avons vu que les mouvements de l'aiguille du cadran du récepteur sont réglés par les oscillations du contact G (fig. 36 et 38), qui dégage alternativement les dents des deux roues de l'échappement R. Il est facile de comprendre que si ces oscillations étaient trop étendues, le contact G sortirait du plan de la roue qu'il doit arrêter ; dans ce cas, le mouvement d'horlogerie, n'étant plus retenu, tournerait avec une grande vitesse jusqu'à l'entier épuisement du ressort du barillet B, entraînant l'aiguille du cadran. Si, au contraire, les oscillations du contact G n'avaient pas assez d'amplitude, les dents de l'échappement ne seraient pas dégagées ; dans ce cas, l'échappement, le mouvement d'horlogerie et l'aiguille du cadran resteraient immobiles. Pour avoir une bonne transmission, il est donc nécessaire de restreindre autant que possible les oscillations du contact G, et de leur laisser néanmoins assez d'amplitude pour que, à chaque oscillation, une dent de l'échappement soit dégagée. Mais l'amplitude des oscillations du contact G dépend de l'étendue des déplacements de la queue q de la palette qui se meut entre les pointes des deux vis implantées dans les branches de la fourche f; en agissant sur les vis de la fourche f, on peut donc toujours régler l'amplitude des oscillations de la palette P, de la queue q et du contact G, de manière à assurer le jeu de l'échappement et à rendre la marche de l'aiguille du cadran régulière.

Les oscillations de la palette P, qui déterminent la marche du récepteur, s'exécutent sous la double influence de l'électro-aimant et du ressort antagoniste r. Ce ressort doit permettre à la palette de céder à l'attraction de l'électro-aimant, mais il doit avoir assez de force pour la ramener à sa position normale quand l'aimantation a cessé, et pour l'y maintenir. Le jeu régulier de l'appareil exige donc qu'on puisse tendre ou détendre le ressort r, de manière qu'il y ait toujours un juste rapport entre la tension de ce ressort r et la force de l'électro-aimant ou l'intensité du courant transmis. A cet effet, une extrémité de ce ressort r est fixée au levier coudé t, fixé lui-même, à une pièce horizontale ss mobile autour d'un axe vertical h. Cette pièce ss porte à gauche une tige verticale t', constamment appuyée contre la face postérieure d'un disque métallique U que l'on peut faire tourner à volonté à droite ou à gauche, au moyen de l'axe horizontal k, dont l'extrémité libre forme le carré du petit cadran placé à l'angle supérieur droit de la boîte du récepteur (fig. 35). En jetant les yeux sur le disque U, il est facile de voir que l'épaisseur de sa tranche varie d'une manière régulière ; par conséquent, suivant que le

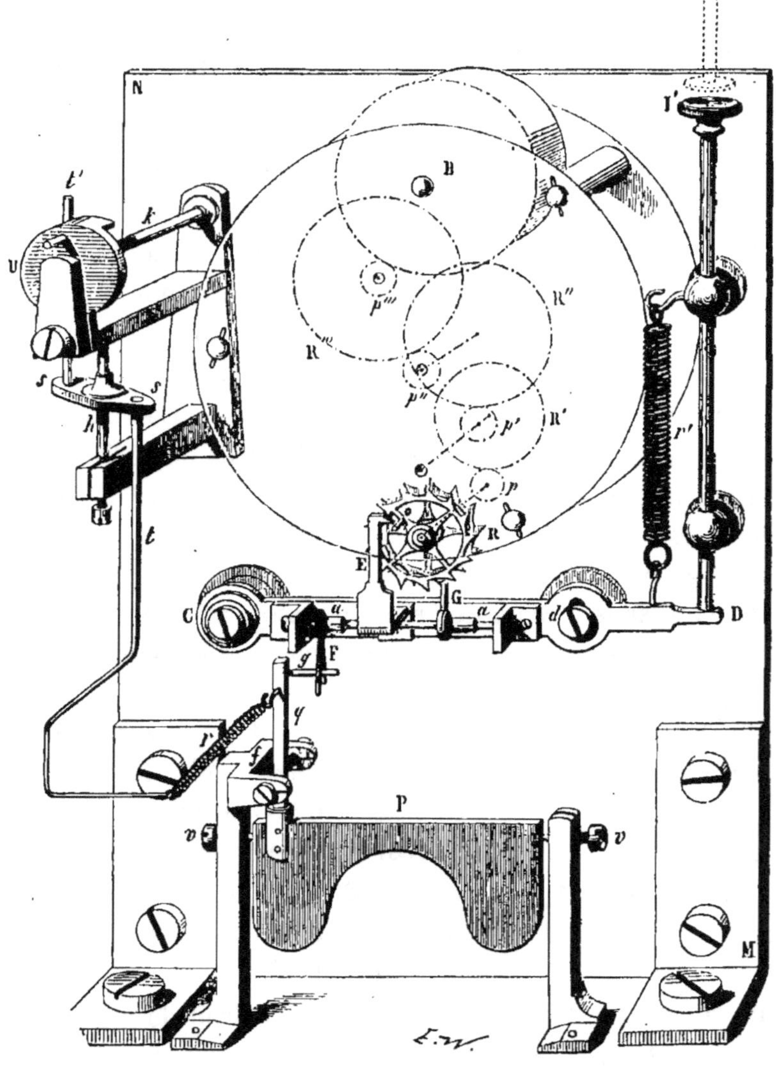

Fig. 38.

disque U tourne dans un sens ou dans un autre, la tige t' est repoussée vers la plaque NM du cadran ou ramenée en sens contraire. Or, la tige t' et le levier coudé t étant fixés aux extrémités de la pièce ss mobile autour de l'axe vertical h, leurs mouvements sont nécessairement solidaires et de sens contraires. Il en résulte que quand, par le mouvement de rotation du disque U, la tige t' est repoussée vers la plaque MN, la tension du ressort r est augmentée; dans le cas contraire, le ressort r est détendu. La petite clef suspendue à la boîte du récepteur (fig. 35) permet de faire tourner le carré k du petit cadran placé à l'angle supérieur droit, de faire varier la position du disque U, et de donner au ressort antagoniste r la tension convenable pour que la palette P marche régulièrement.

L'employé doit toujours avoir la possibilité de manœuvrer le récepteur à la main, et de ramener son aiguille sur la *croix*. Le contact G et son axe aa sont supportés par un levier horizontal CD, mobile autour de son extrémité C et retenu dans sa position normale par un ressort à boudin r'; l'étendue des mouvements de ce levier est très faible, et limitée par une vis d engagée dans un trou elliptique. Sur l'extrémité libre D de ce levier repose une tige verticale terminée par un bouton I' sur lequel appuie une autre petite tige terminée par un bouton I qui fait saillie à la partie supérieure de la boîte du récepteur (fig. 35). Il suffit de poser le doigt sur le bouton extérieur I pour peser sur le bouton I' et sur l'extrémité D du levier par l'intermédiaire de la tige verticale. A ce levier CD est fixé un arrêt E qui, dans sa position normale, laisse passer librement la goupille o de l'échappement R. Abaissons l'extrémité D du levier en

pesant sur le bouton extérieur I; le contact G s'abaisse
et l'échappement est dégagé ; en même temps l'extrémité
supérieure de l'arrêt E s'incline vers le centre de l'échappement, de manière à barrer le passage à la goupille *o*. Le
mouvement d'horlogerie, l'échappement R et l'aiguille du
cadran, marchent donc jusqu'à ce que la goupille *o* heurte
l'extrémité de l'arrêt E. Dans cette position, l'aiguille du
cadran est sur la lettre Z, et le contact G se trouve au-
dessous et en face du milieu de l'intervalle de deux dents
de la roue postérieure de l'échappement. Cessons alors de
peser sur le bouton extérieur I; le levier CD est ramené
à sa position normale par le ressort antagoniste *r'*, et
l'arrêt E est relevé en même temps que le contact G qui
vient se placer entre deux dents de la roue postérieure.
La goupille *o* se trouve dégagée, et l'échappement R tourne
jusqu'à ce que la dent de la roue postérieure heurte le
contact G, c'est-à-dire d'*un vingt-sixième* de circonférence ;
par conséquent, l'aiguille du cadran avance elle-même
d'une division et s'arrête sur la *croix*. Quelle que soit la
position de l'aiguille sur le cadran, il est donc toujours
possible de la ramener instantanément sur la *croix* par
une seule pesée sur le bouton extérieur I de la boîte du
récepteur.

Composition d'un poste. — Un poste intermédiaire W
(fig. 39), correspondant avec un poste à gauche par le
fil V, et avec un poste à droite par le fil V', se compose
essentiellement d'un manipulateur, et d'un récepteur placé
sur une planchette en face et au-dessus du manipulateur ;
deux sonneries, deux boussoles et deux paratonnerres P, P'
sont symétriquement distribués à gauche et à droite du ré-

cepteur. Le manipulateur placé sur une table horizontale
fonctionne par les deux côtés. Le fil de ligne V du poste
correspondant de gauche traverse le paratonnerre et la
boussole de gauche, et vient se fixer à la borne L du manipulateur ; le fil de ligne V′ du poste correspondant de

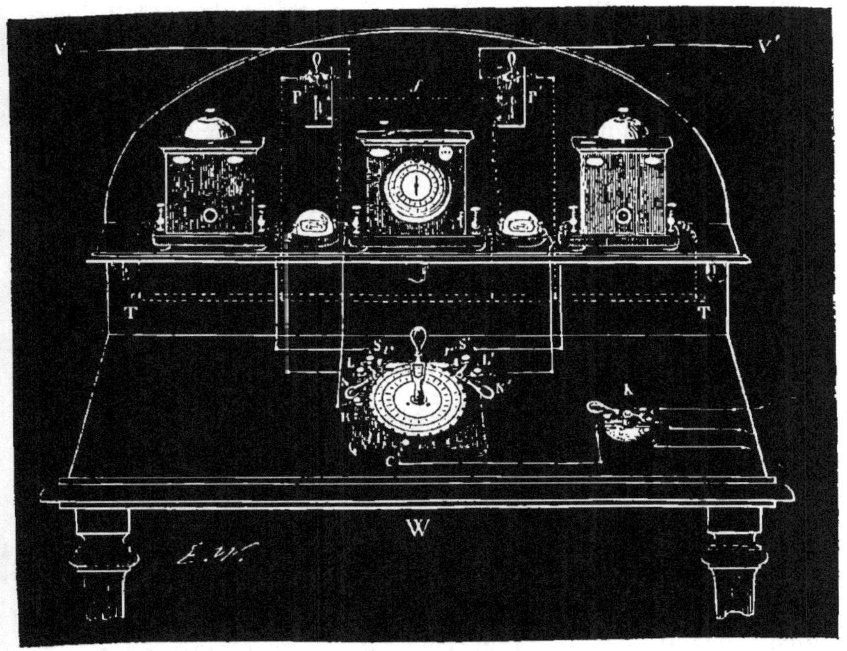

Fig. 39.

droite traverse le paratonnerre et la boussole de droite,
et vient se fixer à la borne L′ du manipulateur. De la
borne R du manipulateur part un fil qui se rend à une
des bornes extérieures du récepteur. La borne C du manipulateur communique avec le pôle positif de la pile du
poste par l'intermédiaire du commutateur K. La borne S
du manipulateur est reliée par un fil à une des bornes exté-

rieures de la sonnerie de gauche. La borne S' du manipulateur communique par un fil avec une des bornes extérieures de la sonnerie de droite. Enfin des deuxièmes bornes du récepteur et des deux sonneries partent des fils qui aboutissent à une bande métallique TT; cette bande TT communique elle-même avec le pôle négatif de la pile du poste et avec une large plaque métallique profondément enfouie dans le sol. Les communications du côté gauche du manipulateur, la boussole, la sonnerie, le paratonnerre de gauche, et le récepteur, servent à correspondre par le fil V avec le poste de gauche. Les communications du côté droit du manipulateur, la boussole, la sonnerie, le paratonnerre de droite, et le récepteur, servent à correspondre par le fil V' avec le poste de droite.

Dans un poste tête de ligne, le manipulateur ne fonctionne évidemment que par un côté. Dans ce cas, on n'a besoin que d'un manipulateur, d'un récepteur, d'une boussole, d'une sonnerie et d'un paratonnerre.

Dans l'intérieur des postes, on doit veiller avec beaucoup de soin à maintenir l'isolement des fils de communication. Dans ce but et pour cet usage, on emploie toujours des fils métalliques recouverts d'une enveloppe épaisse de gutta-percha.

Correspondance. — Soit W (fig. 40) un poste en communication avec deux postes voisins, l'un à gauche V, l'autre à droite V'.

A l'état de repos, dans la position d'attente, la manivelle du manipulateur et l'aiguille du récepteur de chaque poste sont sur la *croix*; les deux commutateurs N, N', sont en communication avec les sonneries correspondantes par les bornes S, S'.

Supposons que le poste de gauche V veuille correspondre avec le poste W. L'employé de ce poste V met le commutateur de son manipulateur en communication avec la pile de ligne, fait décrire à la manivelle un tour entier, et envoie ainsi sur la ligne un courant qui pénètre dans le poste W, dévie l'aiguille de la boussole de gauche, gagne la borne L du manipulateur, le commutateur N, et se rend à la sonnerie de gauche qu'il met en mouvement. L'employé du poste W, averti par le tintement de la sonnerie, met son commutateur N sur le contact *r* qui sert à établir la communication de la ligne V avec la pile de ligne du poste W ; puis il fait décrire un tour entier à la manivelle de son manipulateur, et l'arrête sur la *croix*. Le courant de la pile du poste W, lancé sur la ligne, agit sur l'aiguille du récepteur du poste V et lui fait décrire un tour entier. L'employé du poste V est ainsi prévenu que le poste W est prêt à recevoir. Si cependant l'employé du poste W est occupé avec le poste V' au moment où il est attaqué par le poste V, il se borne à passer au poste V les deux lettres A, Z (*attendez*), et quand il est devenu libre de recevoir, il prévient en faisant décrire un tour entier à la manivelle de son manipulateur.

Du moment que le poste W est libre, l'employé du poste V transmet sa dépêche lettre par lettre, en ayant soin de s'arrêter sur chaque lettre qu'il veut indiquer ; ces lettres sont exactement reproduites par l'aiguille du récepteur du poste W. A la fin de chaque mot, l'employé qui expédie ramène la manivelle de son manipulateur à la *croix*. Quand la dépêche est terminée, l'employé qui expédie fait un tour de manivelle en s'arrêtant sur la lettre Z, et revient à la *croix :* cela s'appelle le *final*. Le correspondant qui le reçoit envoie alors les deux lettres C, O, pour indiquer qu'il a *compris*. Puis les employés des deux postes V, W, remettent les commutateurs de leurs manipulateurs en communication avec les sonneries.

Quand la dépêche contient des chiffres, l'employé qui expédie prévient son correspondant que les signaux suivants indiquent des chiffres, en faisant passer deux fois de suite la lettre C. On prévient que la série des chiffres est terminée et qu'on revient aux lettres, en arrêtant deux fois la manivelle du manipulateur sur la *croix* (1).

Pendant la transmission, l'employé qui envoie doit toujours tourner la manivelle dans le même sens, c'est le seul moyen de conserver une concordance complète entre les indications du manipulateur et celles du récepteur du poste qui reçoit.

Avec un appareil bien réglé, un employé peut facilement transmettre de *soixante* à *quatre-vingt-dix* lettres par minute ; mais ce nombre est bien éloigné de la limite d'action de l'appareil. Les récepteurs de M. Bréguet peuvent faire jusqu'à *quatre mille* signaux par minute ; cela permet à l'employé d'imprimer une très grande vitesse à la manivelle de son manipulateur, quand il passe d'une lettre de la dépêche à la suivante.

____

(1) Les signaux qui servent à indiquer le passage des lettres aux chiffres et le retour aux lettres, ainsi que les divers signaux réglementaires, varient dans les diverses administrations de chemins de fer.

Si, dans le cours d'une transmission, les signaux deviennent inintelligibles, on arrête le correspondant par un tour de la manivelle du manipulateur ; cela s'appelle

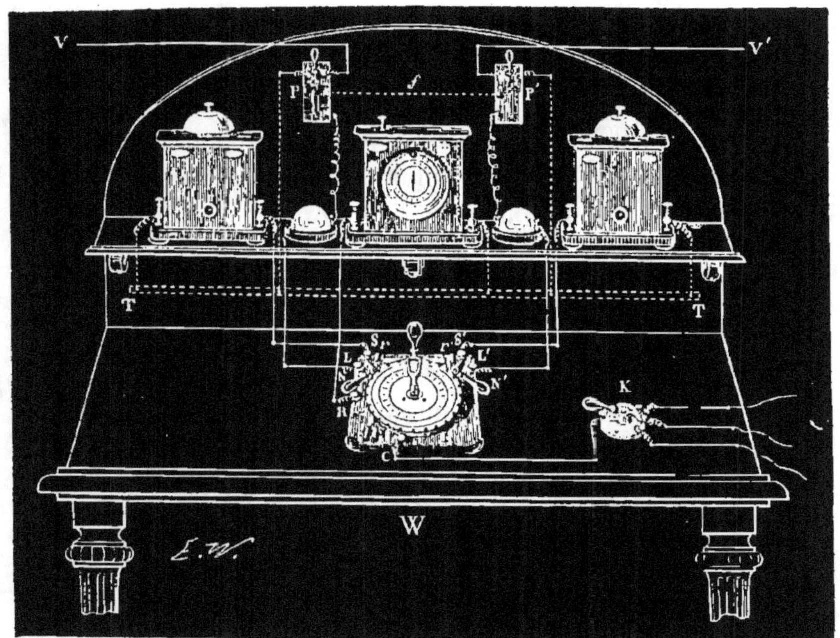

Fig. 40.

couper la dépêche ; on ramène l'aiguille du récepteur à la *croix* à l'aide du bouton I placé à la partie supérieure de la boîte (fig. 35), et l'on attend un certain temps pour permettre au correspondant d'exécuter la même opération. Puis on lui passe les deux lettres R, R (*répétez*), suivies du dernier mot *compris* et du *final*. Le correspondant, connaissant la partie de la dépêche qu'il doit répéter, recommence la transmission.

Sur les lignes des chemins de fer, on abrége quelquefois la transmission en employant des signes conventionnels. A l'aide d'un signal déterminé d'avance, l'employé du poste qui envoie prévient l'employé du poste qui
reçoit que la correspondance va s'établir en signes conventionnels.

Quand le poste V veut correspondre directement avec
un poste plus éloigné que le poste W avec lequel il est en
communication permanente, l'employé demande la *communication directe* par un tour de manivelle de son manipulateur qu'il fait suivre du nom du poste avec lequel il
veut se mettre en relation; il a soin d'indiquer en même
temps le nombre de minutes que peut exiger la transmission de sa dépêche. Immédiatement l'employé du poste W
répond C, O, transmet la même demande au poste suivant
V', et met ses deux commutateurs N, N', sur la plaque de
communication directe marquée CD. La demande est ainsi
transmise de proche en proche au poste demandé, qui se
trouve bientôt en *communication directe* avec le poste V,
et peut recevoir la dépêche sans que les postes intermédiaires en aient connaissance. Seulement, dans chacun des
postes intermédiaires, les boussoles sont agitées tant que
dure la correspondance. Le retour des boussoles à l'état
de repos avertit que la transmission est achevée; les employés des postes intermédiaires peuvent profiter de ce
signal pour reprendre la position d'attente, en remettant
les commutateurs des manipulateurs en communication
avec les sonneries.

La communication directe peut aussi être établie par
l'intermédiaire des deux paratonnerres P, P'. Pour cela il

suffit de pousser le commutateur de chacun de ces paratonnerres sur la goutte de suif CD (fig. 24); dans ce cas,
les deux lignes communiquent par le fil qui relie les
boutons E des deux paratonnerres, et le circuit ne passe
pas dans les boussoles du poste.

Télégraphe à renversement du courant, de **M**. Bréguet.

Le télégraphe à renversement de M. Bréguet est un appareil à cadran en tout semblable au précédent; seulement, au lieu d'émettre sur la ligne une série de courants
interrompus, cette nouvelle disposition permet de la faire
traverser par des courants alternativement de sens contraires. Le manipulateur et le mécanisme de l'échappement
du récepteur sont construits d'après les principes exposés
dans le paragraphe précédent, la correspondance se fait
de la même manière; nous n'avons donc à insister que
sur les dispositions particulières qui permettent de renverser le courant dans le manipulateur et d'utiliser les
courants alternatifs dans le récepteur.

Manipulateur. — Le levier (fig. 41) qui tourne autour
de la colonne O sous la double influence de la manivelle M
et de la roue à gorge, se compose de deux pièces métalliques G, G', *isolées* l'une de l'autre au moyen d'une plaque
d'ivoire et oscillant nécessairement en sens contraires. La
partie G' est ainsi *isolée* de la colonne O et ne communique
jamais avec le cadran. L'extrémité libre de la partie G
porte une lame métallique horizontale qui *presse*, à l'état
de repos, sur une petite pièce métallique *a*, et qui *quitte*
cette pièce dans ses mouvements d'excursion à droite et à

gauche. Au-dessous de cette lame horizontale, l'extrémité du levier est armée d'une seconde lame verticale indiquée en lignes ponctuées, trop courte pour toucher la pièce a, et qui vient butter alternativement contre les petites vis métalliques p, p'. L'extrémité libre de la partie G′ est aussi

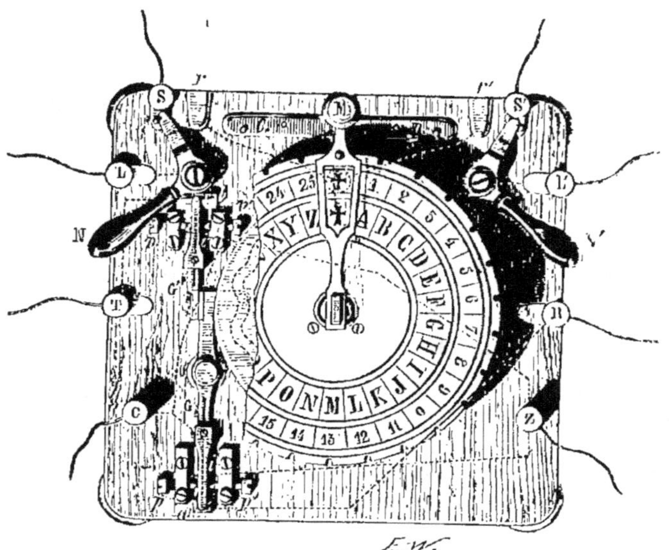

Fig. 41.

armée de deux lames métalliques, l'une horizontale et supérieure, l'autre verticale et indiquée en lignes ponctuées. La lame horizontale *reste constamment* appuyée sur la pièce métallique b, et la lame verticale vient butter alternativement contre les deux vis métalliques v, v'.

La borne T communique avec la terre, la borne C avec le pôle positif, et la borne Z avec le pôle négatif de la pile.

La borne C communique en outre d'une manière permanente avec les vis p' et v', et la borne Z avec les vis p et v.

La pièce métallique b, et par suite la partie G′ du levier, communique constamment avec la borne T, et, par son intermédiaire, avec la terre.

La petite pièce métallique a est en communication permanente avec la borne R, qui elle-même communique avec le récepteur du poste.

Les autres communications sont les mêmes que celles du manipulateur du télégraphe à cadran précédemment décrit, page 114, figure 34.

A l'état de repos, lorsque la manivelle est sur la *croix*, le levier G, G′ a la position indiquée sur la figure. Les lames horizontales de ses extrémités reposent sur b et a, les lames verticales sont comprises entre les vis latérales sans les toucher : c'est la position de *réception*. Si, en effet, un des commutateurs N ou N′ est placé sur un des contacts r ou r', le courant transmis passe dans ce commutateur, gagne par ce contact le cadran de l'appareil, le levier G, la petite pièce a, et de là se rend au récepteur du poste par la borne R.

Faisons tourner la manivelle du manipulateur, et arrêtons-la sur le secteur *impair* marqué 1. La dent du levier G est engagée dans la rainure sinueuse de la roue, de manière que, quand la manivelle est au milieu de sa course sur la ligne de séparation du secteur de la *croix* et du secteur 1, la lame horizontale de son extrémité libre *quitte* la pièce a, et la lame verticale heurte la vis p qui communique avec le pôle négatif de la pile; en même temps la lame verticale de la partie G′ touche la vis v', et met le pôle positif de la pile en communication avec le sol par l'intermédiaire de la pièce b que la lame horizontale n'a pas quittée. Quand donc la manivelle est arrivée à moitié de sa course, un courant *négatif* est émis sur la ligne. Pendant que la manivelle parcourt l'autre moitié de sa course pour s'arrêter sur le secteur *impair* 1, le levier est ramené à sa position de repos, les deux lames verticales quittent les vis p, v', et la lame horizontale de l'extrémité G se replace sur la pièce a : le courant *négatif* est interrompu.—Faisons maintenant passer la manivelle M du secteur *impair* 1 au secteur *pair* marqué 2. Le levier G, G', est de nouveau entraîné, mais il exécute un mouvement inverse du précédent. Quand la manivelle est au milieu de sa course sur la ligne de séparation du secteur 1 et du secteur 2, la lame verticale de G touche la vis p', et la lame verticale de G' touche la vis v : le pôle positif de la pile est en communication avec la ligne et son pôle négatif avec la terre; un courant *positif* est émis sur la ligne. Pendant que la manivelle parcourt l'autre moitié de sa course pour s'arrêter sur le secteur *pair* 2, le levier est ramené à la position de repos, les deux lames verticales quittent les deux vis p', v, et la lame horizontale de l'extrémité G se replace sur la pièce a : le courant *positif* est interrompu.

Il est facile de voir, en continuant à suivre les mouvements du levier G, G', que, pendant une rotation entière de la manivelle M, la ligne est traversée par *treize* courants *négatifs* et par *treize* courants *positifs*, qui alternent. Le courant est négatif quand la manivelle passe d'un secteur *pair* à un secteur *impair*, et *positif* quand il passe d'un secteur *impair* à un secteur *pair*.

Récepteur. — Le récepteur de cet appareil est fondé sur les mêmes principes que celui du télégraphe à cadran ordinaire; mais la palette qui règle les mouvements de l'échappement et de l'aiguille a dû être modifiée de manière à obéir aux renversements du courant, et à rester insensible à ses interruptions. La figure 42 représente les dispositions qui satisfont à ces conditions et assurent la régularité des oscillations de la palette.

Fig. 42.

La palette est un électro-aimant horizontal E dont le noyau métallique est armé de deux ailettes verticales de fer doux o, o. L'électro-aimant peut tourner autour d'un axe horizontal passant par les extrémités des deux vis latérales V, V'. Une extrémité du fil de la bobine vient se fixer à la borne intérieure X', qui communique avec la borne extérieure X par laquelle arrive le courant. L'autre extrémité du fil s'attache à la borne intérieure Y', qui communique avec la borne extérieure Y à laquelle aboutit le fil de terre. L'électro-aimant est en outre armé d'une queue métallique q qui règle le jeu de l'échappement du mouvement d'horlogerie, comme dans le récepteur de l'appareil à cadran (fig. 36, page 120).

Les deux ailettes de fer doux o, o, viennent se placer entre les surfaces polaires de deux aimants en fer à cheval a, a'. Ces deux aimants sont fixés sur un plan horizontal; leurs pôles de noms contraires sont en présence et séparés par un intervalle qui permet aux ailettes o, o, d'osciller de l'un à l'autre. A l'état de repos, quand l'aiguille indicatrice du cadran est sur la *croix*, les ailettes de fer doux o, o, appuient contre les surfaces polaires de l'aimant a'. Le premier courant transmis sur la ligne donne au noyau de l'électro-aimant E, et, par suite, aux ailettes de fer doux o, o, qui représentent ses surfaces terminales, une polarité identique avec celle de l'aimant a'. Les ailettes sont repoussées par a', font tourner l'électro-aimant E sur son axe horizontal, viennent se coller contre les surfaces polaires de l'aimant a, et conservent la même position quand le courant de la ligne est interrompu. Le second courant émis sur la ligne, ayant un sens contraire à celui du premier, change la polarité des ailettes o, o, qui sont alors repoussées par l'aimant a, entraînent l'électro-aimant E, et viennent se coller contre les surfaces polaires de l'aimant a'.

En résumé, à chaque changement de sens du courant de la ligne, la polarité des ailettes o, o, est renversée; ces ailettes oscillent en avant ou en arrière, et l'électro-aimant exécute sur son axe un mouvement de rotation correspondant : il en résulte que les ailettes o, o, et la queue q invariablement fixée à l'électro-aimant E, exécutent une série d'oscillations de sens contraires. Ces oscillations de la queue q agissent sur l'échappement du mouvement d'horlogerie comme dans l'appareil de la figure 36, et en règlent le jeu de manière que l'aiguille indicatrice du cadran avance d'une lettre à chaque renversement du courant de la ligne.

Télégraphe à cadran de M. Froment.

Le télégraphe à cadran de M. Froment est remarquable par le mécanisme du manipulateur. L'ensemble de l'appareil est représenté dans la figure 43 ; ce modèle, construit par M. Bréguet, ne diffère du modèle de M. Froment que par la disposition adoptée pour produire les intermittences du courant. Le récepteur de ce télégraphe est un récepteur à cadran tel que celui de la figure 35 (page 118); le manipulateur seul doit nous occuper.

Ce manipulateur est un clavier de piano; les touches, au nombre de vingt-six, sont disposées sur deux rangées. Sur les touches de la rangée supérieure et postérieure sont gravées la *croix* ou signe final, et les douze premières lettres de l'alphabet; les touches de la rangée inférieure et antérieure sont consacrées aux treize dernières lettres de l'alphabet. Au-dessous du clavier est placé un mouvement d'horlogerie dont la roue d'échappement est une roue à gorge sinueuse A, en tout semblable à celle du manipulateur du télégraphe à cadran de M. Bréguet (fig. 34, page 116). Dans la gorge de cette roue A s'engage l'extré-

Fig. 45

mité d'un levier B; l'autre extrémité du levier est munie d'une lame métallique élastique qui, quand la roue A est en mouvement, oscille entre les vis v, v', et règle les intermittences du courant.

La roue d'échappement A porte (fig. 44) une dent d qui entre en prise avec un cliquet c maintenu dans sa position par un ressort r. Tant que la dent d est en prise, le mouvement d'horlogerie M et la roue A restent immobiles; mais quand le cliquet c est relevé, la dent d est dégagée, le mouvement d'horlogerie entre en jeu, la roue A tourne, et l'extrémité libre du levier B oscille entre les vis

v, v'. Cette figure indique encore comment chaque touche du clavier, en s'abaissant, bascule sur le couteau F, et

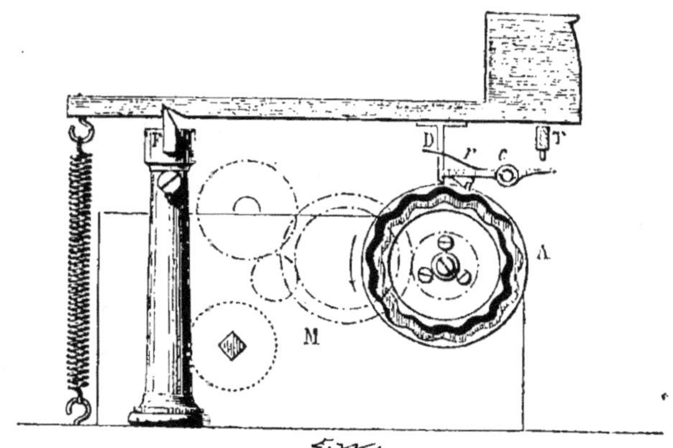

Fig. 44.

comment elle est relevée par le ressort à boudin accroché à son extrémité postérieure, quand elle est abandonnée à elle-même.

Immédiatement au-dessous des touches et tout le long du clavier, règne (fig. 45) une barre de bois TT destinée à agir à volonté sur le cliquet c de la roue d'échappement A. Cette barre TT est fixée, par deux tringles métalliques H, H', à un cylindre métallique Y placé au-dessous du couteau FF, sur lequel basculent les touches. Ce cylindre Y, qui peut tourner sur son axe, est muni d'un fort ressort à boudin Z destiné à le ramener à sa position primitive, et à relever la barre TT quand elle a été abaissée.

Supposons que le doigt appuie sur une touche, la barre TT abaissée frappe l'extrémité libre du cliquet c (fig. 44), et dégage la dent d : le mouvement d'horlogerie et la roue A tournent, l'extrémité du levier B (fig. 43) oscille entre les vis v, v', et le courant est alternativement établi et interrompu. Quand la touche est abandonnée à elle-même, elle se relève en même temps que la barre TT; le cliquet c, pressé par le ressort r, s'abaisse : le mouvement d'horlogerie, la roue A et le levier B s'arrêtent simultanément au moment où la dent d vient heurter contre l'extrémité du cliquet.

Le nombre des alternatives du courant dépend du nombre des oscillations du levier B, et, par suite, de l'étendue du mouvement angulaire de la roue A. Pour que cet appareil devienne apte à la correspondance télé-

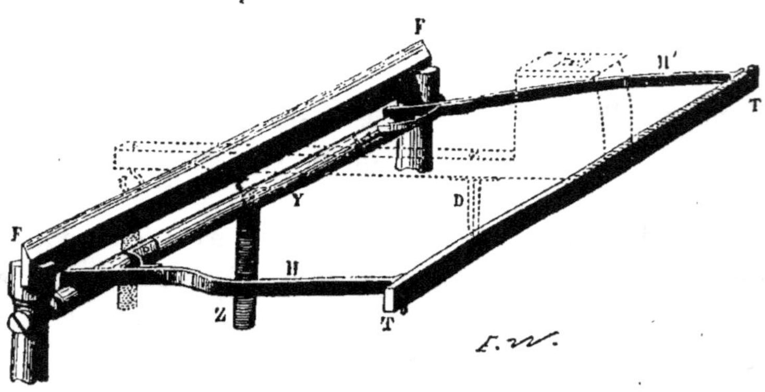

Fig. 43.

graphique, il suffit donc d'ajouter un organe qui fasse dépendre l'étendue du mouvement angulaire de la roue A du rang de la touche abaissée, c'est-à-dire de la lettre ou du signe que l'on veut expédier. Ce problème a été résolu par M. Froment d'une manière à la fois très simple, très ingénieuse et très sûre.

Au centre de la roue A est implanté solidement un

arbre métallique XX′ de la longueur du clavier lui-même (fig. 46). Sur cet arbre et perpendiculairement à sa surface, sont implantées des chevilles métalliques disposées en deux rangées. Les chevilles de la rangée bb, $b'b'$, correspondent aux touches supérieures; les chevilles de

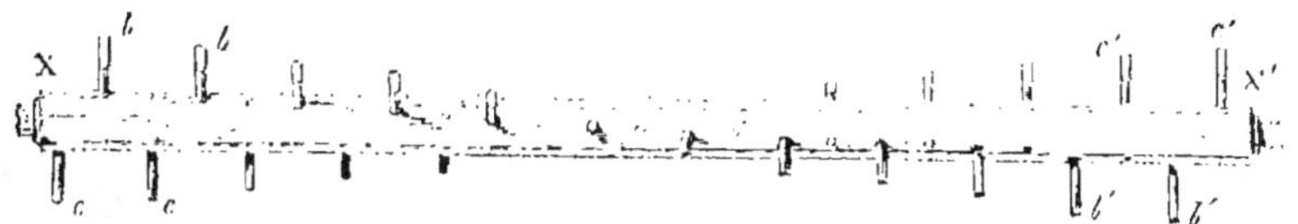

Fig. 46.

l'autre rangée cc, $c'c'$, aux touches inférieures. Dans la figure, il n'y a que vingt-cinq chevilles au lieu de vingt-six; cela tient à ce que la première cheville de la rangée bb, $b'b'$, qui devrait correspondre à la première touche marquée d'une *croix*, est remplacée par la dent d de la roue d'échappement. Il n'y a donc pas réellement de cheville au-dessous de la *croix*; la première cheville marquée b correspond à la touche **A**, et les autres chevilles aux touches suivantes. Chaque cheville est implantée perpendiculairement à la surface de l'arbre XX′ immédiatement au-dessous d'une touche, de manière que le plan mené par cette cheville et l'axe de l'arbre fasse, avec le plan passant par l'axe de l'arbre et la cheville précédente ou la suivante, un angle dièdre égal au vingt-sixième de la circonférence. Il en résulte que :— 1° les treize chevilles de la rangée bb, $b'b'$ (y compris la dent d de la roue d'échappement **A**), forment un demi-tour de spire autour de l'arbre; — 2° les treize chevilles de la rangée cc, $c'c'$, forment un second demi-tour de spire; — 3° ces deux demi-tours de spire se complètent et représentent chacun la moitié d'une même spirale.

Chaque touche (fig. 47) est armée à sa partie inférieure d'une dent métallique D. Quand la touche est relevée, la dent D n'atteint pas les chevilles de l'arbre X placé au-dessous, et laisse cet arbre libre de tourner sur lui-même avec la roue A. Mais quand une touche est abaissée, l'arbre X et la roue A, dont les mouvements sont soli-

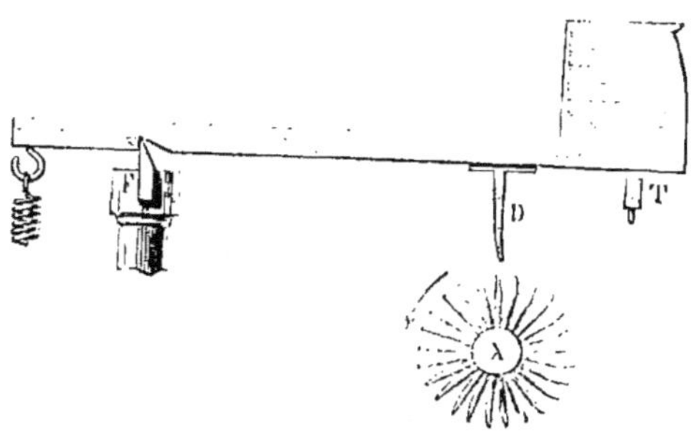

Fig. 47.

daires, sont limités dans leur rotation, et s'arrêtent nécessairement au moment où la cheville correspondante à la touche abaissée vient heurter contre la dent D.

Il est maintenant facile de comprendre le jeu de l'appareil que la figure 48 représente dans son ensemble.

Le bouton L, fixé à une grosse pièce triangulaire de bois, reçoit le fil de la ligne; il est muni d'un ressort métallique a qu'on peut pousser à volonté sur l'un des deux boutons qui terminent les petites colonnes métalliques l, s. La colonne s communique avec le bouton S, et, par son intermédiaire, avec la sonnerie du poste. La colonne l communique avec la masse métallique du mouvement d'horlogerie, avec la roue à gorge A et le levier B. Le

bouton P reçoit le fil du pôle positif de la pile du poste
et communique, par la colonnette t, avec la vis v. La vis v',
par la colonnette t', communique avec le bouton R, et,
par son intermédiaire, avec le récepteur à cadran du poste.
Quand la dent d de la roue d'échappement est en prise,

Fig. 48.

l'extrémité libre du levier B appuie sur la vis v', et le circuit de la pile du poste est interrompu ; mais le récepteur
peut recevoir le courant lancé sur la ligne par le poste
correspondant : c'est la position de *réception*. D'ailleurs la
gorge de la roue A est disposée comme dans le récepteur
(fig. 34, page 116) ; pour un tour entier de la roue A,
l'extrémité libre du levier B appuie treize fois contre v et
treize fois contre v'.

A l'état de repos, le ressort *a* du bouton L est en communication avec la petite colonne *s* et la sonnerie. L'employé du poste qui veut envoyer pousse le ressort *a* sur le bouton de la colonne *l*, puis presse la touche de la croix. La roue d'échappement A est dégagée et exécute un tour entier. Pendant ce temps, le levier B oscille entre les vis *v* et *v'*; le courant est treize fois envoyé, treize fois interrompu sur la ligne, arrive au poste correspondant et met la sonnerie en jeu. Le correspondant averti pousse le ressort *a* de son appareil sur le bouton de la colonne *l*, et presse la touche de la croix. Le courant éprouve treize alternatives d'émission et d'interruption, traverse le récepteur à cadran du poste qui a attaqué, fait décrire à l'aiguille un tour entier. L'employé est ainsi prévenu que l'autre poste est prêt à recevoir.

Cela fait, l'employé du poste qui envoie appuie successivement le doigt sur les touches correspondantes aux lettres qu'il veut expédier. Chaque fois qu'une touche est abaissée, la roue d'échappement est dégagée, l'arbre XX' tourne, le levier B oscille, et la ligne reçoit une série de courants discontinus qui dure jusqu'à ce que la cheville correspondante à cette touche vienne heurter contre sa dent. Ces courants discontinus, dont le nombre dépend de la touche abaissée, traversent le récepteur du poste correspondant et amènent son aiguille sur la même lettre que celle de la touche abaissée. Quand le doigt passe d'une première touche à une seconde touche quelconque, l'arbre XX' et la roue à gorge A tournent ensemble d'un angle égal à celui des deux chevilles correspondantes aux touches successivement attaquées, par conséquent le nombre des oscillations du levier B, ou le nombre des alternatives du courant envoyé sur la ligne, est égal au nombre des touches ou des lettres comprises entre les positions successives du doigt sur le clavier. C'est la condition nécessaire et suffisante pour que l'aiguille du récepteur du poste correspondant marche d'accord avec le doigt de l'expéditeur sur le clavier du manipulateur du poste qui envoie.

Dans la figure d'ensemble (fig. 48), on voit en C un cadran dont l'aiguille marche sous l'influence du mouvement d'horlogerie du manipulateur. Cette aiguille est constamment d'accord avec le doigt de l'expéditeur et avec l'aiguille du récepteur du poste correspondant; elle est utile à l'employé pour suivre des yeux l'expédition de la dépêche et contrôler l'opération qu'il exécute.

Avec cet appareil télégraphique, la rapidité de la correspondance dépend évidemment de la vitesse de rotation de l'axe XX' armé de chevilles métalliques (fig. 46). Le mode d'interruption adopté par M. Bréguet a l'inconvénient de charger cet axe XX' d'une roue à gorge A dont le poids ralentit le mouvement de rotation du système. M. Froment emploie un interrupteur qui donne moins de masse à l'axe XX', et permet une correspondance plus rapide.

Télégraphe de M. Siemens.

Le télégraphe à cadran de M. Siemens est remarquable en ce que, sans le secours d'aucun mouvement d'horlogerie, un même appareil sert de récepteur et de manipulateur. La figure 49 représente la disposition des pièces

qui livrent passage au courant ; les figures 50 et 52 reproduisent l'appareil dans son ensemble : la première est
consacrée au transmetteur du courant et à ses communications avec la pile, la sonnerie, la terre et la ligne ; la
seconde est une reproduction du cadran avec son aiguille
indicatrice.

Transmetteur du courant. — Les pièces du transmetteur (fig. 49) sont fixées sur une plaque métallique

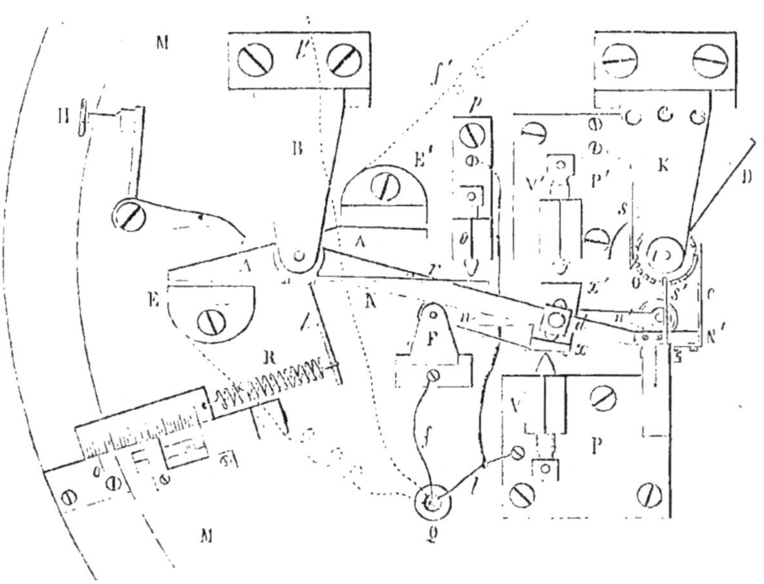

Fig. 49.

circulaire **MM**, enchâssée elle-même dans un cadre de
bois. Un électro-aimant vertical, en fer à cheval, est placé
au-dessous de la plaque métallique **MM** ; ses deux surfaces polaires **E, E′**, passent à travers des ouvertures pratiquées dans la plaque et font saillie au-dessus de sa face

supérieure. AA est une armature de fer doux mobile autour d'un axe vertical passant par son centre de figure, Quand le courant traverse les bobines de l'électro-aimant, l'armature AA exécute, autour de son centre, un mouvement de rotation qui rapproche ses extrémités des surfaces polaires E, E'. Quand le courant est interrompu, l'armature est ramenée à sa position d'équilibre par le ressort antagoniste R fixé à la tige t. Un mécanisme facile à comprendre permet de régler la tension du ressort R.

À l'armature AA est fixé un levier NN' qui participe à tous ses mouvements. L'extrémité libre N' du levier porte une tige métallique horizontale c munie d'un crochet qui s'engage entre les dents d'une roue à rochet O. Quand l'armature AA est attirée, l'extrémité libre N' du levier est entraînée vers la roue O, et le crochet de la tige c passe d'une dent à la dent suivante de la roue. Quand l'armature est ramenée par le ressort antagoniste R, l'extrémité N' du levier s'éloigne de la roue O ; le crochet de la tige c entraîne la roue et lui fait décrire un mouvement angulaire dont l'étendue est égale à l'épaisseur d'une dent. Cette roue O entraîne dans son mouvement un axe vertical i qui passe par son centre et auquel sont fixées deux aiguilles : l'aiguille inférieure D qui sert à arrêter à volonté le mouvement de la roue par un mécanisme que nous indiquerons plus tard, et l'aiguille indicatrice (fig. 52) qui se meut sur un cadran garni de touches sur lesquelles sont gravées les lettres de l'alphabet. Le nombre des touches du cadran est égal à celui des dents de la roue à rochet O. Par ce moyen, toutes les fois que la roue O tourne d'une dent, l'aiguille passe d'un signe au signe

suivant du cadran, et un tour entier décrit par la roue
correspond à un tour entier de l'aiguille indicatrice.

Si les bobines de l'électro-aimant EE' sont traversées
par une série de courants interrompus, le levier NN' exécute une série d'oscillations correspondantes aux phases
du mouvement de va-et-vient de l'armature AA. Chaque
fois que l'armature est attirée, le crochet de la tige c passe
d'une dent à la dent suivante de la roue O immobile
pendant ce mouvement; chaque fois, au contraire, que
l'armature AA est entraînée par le ressort antagoniste R,
la roue O est entraînée par le crochet de la tige c et se déplace de toute l'épaisseur d'une dent. Il en résulte que,
pour chaque oscillation *complète* du levier NN', la roue O
se déplace d'une dent, et l'aiguille indicatrice (fig. 52) passe
du centre d'une division au centre de la division suivante
du cadran.

Deux tiges métalliques s, s', sont destinées à assurer
la régularité des mouvements de la roue O. La tige s
est armée d'un crochet qui s'engage latéralement entre
les dents de la roue O; il est facile de voir que le crochet de cette tige s ne permet pas à la roue de se déplacer quand, par suite du mouvement du levier NN', le
crochet de la tige c passe d'une dent à la dent suivante,
et que cette tige s laisse la roue libre d'obéir à la traction
du crochet de c quand NN' est ramené par le ressort
antagoniste. — La tige s', fixée au levier NN', passe par-
dessus la roue O; elle est armée à son extrémité libre
d'un crochet vertical qui se place entre deux dents consécutives quand le levier est ramené par le ressort R, et
au contraire se dégage de ces dents quand le levier est

entraîné vers la roue. La fonction de cette tige s' est de limiter à l'étendue de l'épaisseur d'une dent le mouvement d'entraînement que la tige c imprime à la roue O.

M. Siemens a confié au levier NN' la fonction d'interrompre le courant qui traverse les bobines de l'électroaimant EE'. nn' est une pièce entièrement métallique, rectangulaire, connue sous le nom de *navette*, et qui joue un rôle fort important. Son extrémité n est traversée par un axe vertical autour duquel la pièce peut tourner; son extrémité libre n' appuie sur une agate isolante, et frotte sur elle quand la navette est en mouvement. Vers son milieu, la navette porte deux prolongements latéraux, terminés par des rebords verticaux x, x'. Au niveau des prolongements latéraux de la navette, le levier NN' porte une pièce métallique d, dont les extrémités sont garnies de deux bouts isolants d'ivoire ou d'agate, et dont la longueur est un peu moindre que l'intervalle des deux rebords métalliques x, x'. — Quand l'armature AA et le levier NN' sont ramenés par le ressort antagoniste R, l'extrémité de la pièce d butte contre le rebord x de la navette et le maintient appliqué contre la pointe métallique de la vis V; un petit ressort placé entre le rebord x et la pointe de la vis V sert à assurer la communication de la navette et de la pièce métallique P qui porte la vis V. Quand, au contraire, l'armature AA est attirée par les surfaces polaires E, E', la pièce d quitte le rebord x de la navette, rencontre bientôt le rebord opposé x', sépare la navette de la vis V et la fait butter contre la vis V'; cette dernière vis est garnie d'un bout *isolant* d'ivoire ou d'agate. Les vis V, V', qui limitent les excursions du le-

vier NN′ et de la navette *n n′*, doivent être réglées de manière que le crochet de la tige *c* puisse se déplacer de toute
l'épaisseur d'une dent de la roue O. La navette *nn′* elle-
même joue le rôle d'interrupteur.

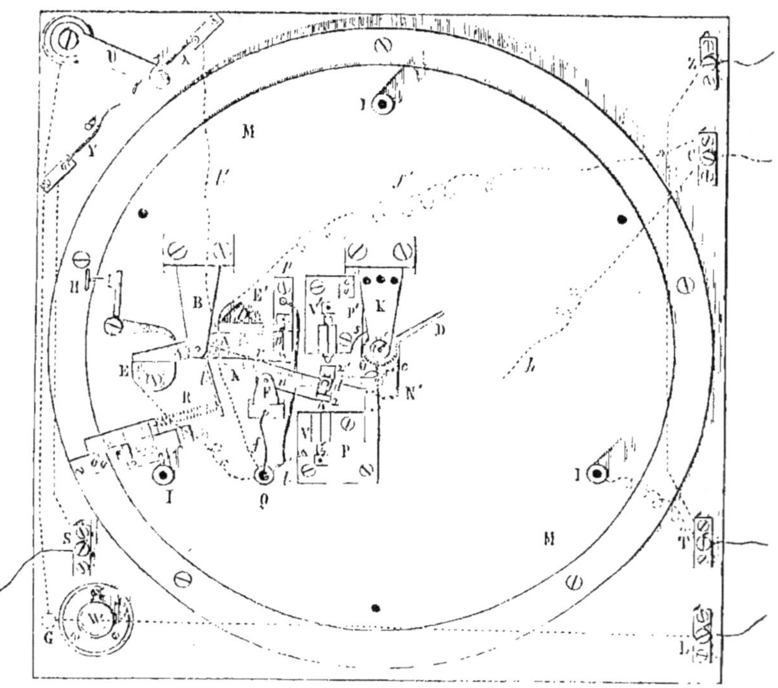

Fig. 50.

Avant d'exposer la marche de l'appareil sous l'influence
du courant, nous devons faire observer que les pièces métalliques P, P′, F, *p*, sont fixées sur des supports d'ivoire
qui les *isolent* de la plaque métallique MM et du reste de
l'appareil. Les autres pièces de l'appareil sont directement fixées à la plaque métallique MM, et *communiquent*
par son intermédiaire avec la terre, au moyen d'un fil

métallique qui réunit le pied de la colonne I (fig. 50) au bouton T. Il en résulte que le levier NN' *communique* constamment avec le sol, et que la navette *nn'* en est toujours *isolée*.

L'ensemble des communications est représenté par les figures 50 et 51. Le bouton C communique avec le pôle positif de la pile, avec la bobine E' de l'électro-aimant par le fil *f'*, et par le fil *h* avec un ressort métallique *g'* placé sous le cadre de bois (fig. 51). Le bouton Z communique avec le pôle négatif de la pile, et par le bouton T, avec la terre. Le bouton L qui reçoit le fil de la ligne communique avec le ressort *g* placé sous le cadre de bois (fig. 51); ce ressort *g* appuie contre la tige métallique G, maintenue elle-même en communication permanente avec le commutateur U. Le ressort Y communique avec le bouton S, et par son intermédiaire avec la sonnerie du poste. Le fil de la bobine E de l'électro-aimant passe sous la plaque MM, traverse le trou Q garni d'un anneau *isolant*, et vient, par son prolongement *f*, se fixer à la pièce F et établir la communication du bouton C avec la navette *nn'* par l'intermédiaire des bobines de l'électro-aimant. Enfin, de la pièce *p* part un fil *l* qui se bifurque : une branche va se fixer à la pièce P ; l'autre passe par le trou Q, chemine sous la plaque MM, et par le fil *l'* va se fixer au ressort X.

A l'état de repos, le commutateur U appuie contre le ressort Y, et met la ligne L en communication avec la sonnerie par le bouton S.

Dans deux postes correspondants, les communications étant réglées comme nous venons de l'indiquer, les deux piles doivent être disposées en tension l'une par rapport à l'autre. A cet effet, dans l'un des postes, C communique avec le pôle positif, Z avec le pôle négatif ; dans l'autre poste, C communique avec le pôle négatif, et Z avec le pôle positif de la pile.

Les commutateurs U des deux postes correspondants étant dans la position de repos, c'est-à-dire en communication avec les sonneries par les ressorts Y, l'employé du poste de départ de la dépêche presse le bouton W. Le ressort g (fig. 51) est éloigné de la tige G et repoussé contre le ressort g' placé au-dessous. Dès lors le pôle C de la pile de ce poste communique avec la ligne par le fil h, les ressorts g, g', et le bouton L. Le courant traverse le fil de la ligne, arrive au bouton L du poste correspondant, se rend à son commutateur U à travers le ressort g et la tige G, au ressort Y, et met en jeu la sonnerie. Alors l'employé du poste averti répond, par un mouvement semblable, qu'il a reçu le signal et qu'il est prêt à recevoir. Les deux employés poussent, chacun de leur côté, le commutateur U du ressort Y sur le ressort X; d'ailleurs le ressort g est relevé par son élasticité et appuie contre la tige G.

Dès lors le circuit des deux piles est fermé, le courant part de C par le fil f', traverse les bobines de l'électro-aimant, arrive par le fil f à la pièce F et à la navette, passe par la vis V et la pièce P, gagne, par le fil ll', le ressort X, le commutateur U, la tige G, le ressort g, le bouton L, parcourt la ligne, se rend au poste correspondant, traverse les diverses pièces de son transmetteur, sa pile, et se perd dans la terre. Il est évident que les pièces des transmetteurs des deux postes correspondants sont traversées en sens inverses par le courant fourni par les deux piles disposées en tension, et dont le circuit commun est fermé par les deux commutateurs appuyés l'un et l'autre contre le ressort X.

Mais, du moment que le courant passe dans chaque poste, l'armature AA est attirée par les surfaces polaires E, E', et le levier NN' suit son mouvement ; la pièce d heurte contre le rebord x', détache la navette de la vis V, et l'applique contre l'extrémité *isolante* de la vis V' ; le circuit est interrompu. Dès lors l'armature AA cède à la traction du ressort R, et entraîne le levier NN' ; la pièce d pousse

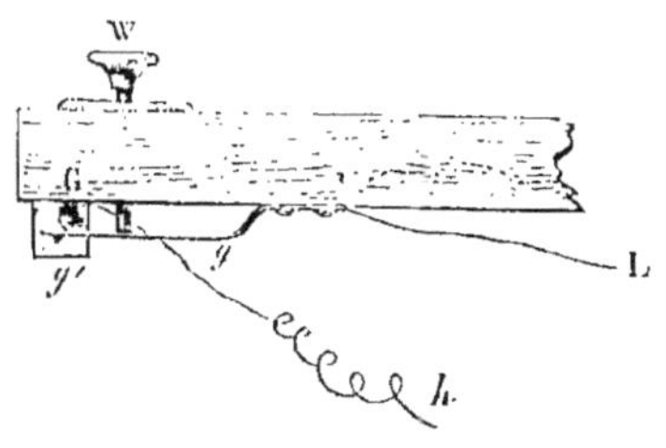

Fig. 51.

de nouveau le rebord x, et ramène la navette contre la pointe de la vis V ; le circuit est de nouveau fermé et le courant rétabli. La navette joue donc le rôle d'un véritable interrupteur. — Du moment que le circuit commun des deux piles est fermé, la ligne est donc traversée par une série de courants interrompus ; et comme les appareils des deux postes sont soumis aux mêmes influences, dans chacun d'eux le levier NN' exécute des oscillations parfaitement concordantes, tant que les commutateurs U restent appuyés contre les ressorts X. Mais puisque, dans les deux postes, le levier NN' exécute des oscillations, nous savons que, dans chacun des appareils en communication, la roue O, l'aiguille inférieure D et l'aiguille indicatrice du cadran tournent d'une manière continue autour de leur axe commun. Tous ces mouvements sont solidaires, et si les appareils sont bien réglés, les aiguilles indicatrices des deux postes passent en même temps sur les mêmes signes des deux cadrans.

Cadran indicateur. — Cette rotation des aiguilles indicatrices continue indéfiniment ; pour qu'il y ait correspondance, il s'agit d'arrêter à la fois les deux aiguilles sur la lettre ou le signe que l'on veut expédier d'un poste à l'autre ; cette fonction est confiée aux touches du cadran indicateur (fig. 52). Ce cadran est placé au-dessus de l'appareil transmetteur et maintenu par les colonnes mé-

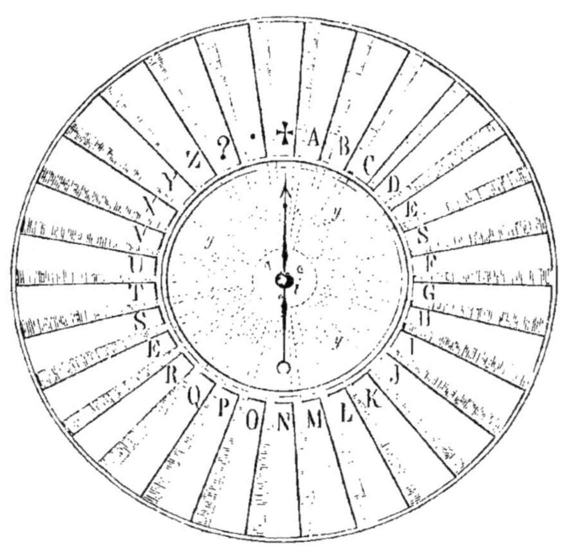

Fig. 52.

talliques I, I, I (fig. 50). L'axe i de l'aiguille indicatrice est le même que celui de l'aiguille inférieure D et de la roue O. Sur les touches elles-mêmes disposées circulairement sont gravés les lettres et les signes. Chaque touche

porté à sa face inférieure une cheville métallique ; les
points d'attache de ces chevilles dessinent une circonférence concentrique au cadran et sont indiqués en lignes
ponctuées en y, y, y. A l'état de repos, les touches sont
relevées par un ressort, et les chevilles laissent l'aiguille
inférieure D libre de tourner avec la roue O. Mais, quand
le doigt abaisse une touche, la cheville correspondante suit
le mouvement, fait saillie au-dessous du cadran, et constitue un obstacle contre lequel vient butter l'aiguille inférieure D. La position de cette aiguille est d'ailleurs calculée
de manière qu'elle vient heurter une cheville abaissée un
peu avant le moment où la navette, ramenée par la pièce d
du levier NN′, touche la pointe de la vis V, et, par suite,
quand le circuit des piles est encore ouvert. Il en résulte
nécessairement que, quand l'aiguille inférieure D heurte
la cheville abaissée, la roue O s'arrête dans les deux appareils, et les aiguilles indicatrices des deux cadrans restent
fixes en face de la lettre correspondante à la touche abaissée. Quand la pression cesse, la touche se relève d'elle-
même, l'aiguille inférieure D est dégagée, le mouvement
oscillatoire du levier NN′ recommence dans les deux appareils, et les aiguilles indicatrices des cadrans continuent
à tourner jusqu'à ce qu'on les arrête de nouveau sur une
lettre déterminée, en abaissant la touche correspondante.

Quand la transmission de la dépêche est achevée, l'employé du poste qui expédie ramène les aiguilles indicatrices sur la croix en abaissant la touche correspondante ;
puis le commutateur U est remis, de part et d'autre, en
communication avec le ressort Y. Le circuit des piles est
ainsi rompu dans les deux postes, et quand la touche de

la croix abandonnée à elle-même se relève, tout reste à l'état de repos, et les aiguilles indicatrices conservent leur position en face de la croix.

Ressort de sûreté. — Pour que cet appareil marche régulièrement, il faut qu'à chaque demi-oscillation du levier NN′ le crochet de la tige c (fig. 49) aille se mettre en prise avec une nouvelle dent de la roue O. Le frottement exercé par le crochet contre la tranche de la roue produit une résistance qui s'opposerait au mouvement du levier NN′, si l'action attractive des surfaces polaires E, E′ sur l'armature AA n'était pas renforcée. A cet effet, l'extrémité N du levier NN′ porte un petit ressort r qui appuie contre une goupille implantée sur la face supérieure du levier. Quand l'armature est attirée, avant que la pièce d vienne heurter le rebord x' et entraîner la navette, le ressort r touche la pointe de la vis v. Mais cette vis v communique elle-même avec la pièce P et la vis V par la branche supérieure du fil l, et le ressort r lui-même communique avec la terre par la plaque MM. Il en résulte qu'au moment où, dans chacun des appareils, le ressort r touche la vis v, chacune des deux piles a son circuit fermé dans son propre poste. En raison de la résistance négligeable de chacun de ces nouveaux circuits, le courant cesse de traverser la ligne, et chacune des piles fournit exclusivement aux bobines de son électro-aimant. L'attraction des surfaces polaires est augmentée, le mouvement du levier NN′ est assuré malgré le frottement de la tige c contre la tranche de la roue O, et la marche de l'appareil est régularisée. Du reste, au moment où la pièce d du levier sépare la navette de la vis V,

le nouveau circuit des piles est rompu, l'armature AA
est ramenée par le ressort antagoniste R, et les oscillations
du levier NN' s'exécutent comme nous l'avons indiqué.

Le bouton H placé sur le côté du transmetteur (fig. 49)
permet de manœuvrer à la main l'armature AA et le
levier NN'; on peut donc, sans recourir au courant électrique, régler la position des vis V, V', de manière que le
jeu de la tige à crochet c par rapport à la roue O soit parfaitement régulier.

Le télégraphe de **M.** Siemens a, sur tous les autres
appareils à cadran, l'avantage de fonctionner sans le
secours d'aucun mouvement d'horlogerie. Mais, pour que
la correspondance soit possible, les aiguilles indicatrices
des cadrans des deux postes correspondants doivent
passer en même temps sur une même lettre; ce synchronisme est très difficile à maintenir, et surtout à retrouver
quand il a été perdu.

Télégraphe magnéto-électrique de **M. Wheatstone.**

Établi par **M.** Wheatstone à Saint-Germain, pour entretenir la correspondance avec Paris, ce télégraphe a longtemps suffi à tous les besoins du service sur cette ligne de
peu d'étendue. La description de cet appareil nous fournira l'occasion de montrer comment les courants d'induction peuvent être utilisés dans la télégraphie électrique.

Le manipulateur (fig. 53) est, à proprement parler, un
appareil de Clarck. — A est un fort aimant en fer à cheval, fixé horizontalement sur un socle de bois. E, E', sont
deux bobines enroulées autour de deux forts barreaux

de fer doux dont les extrémités supérieures sont réunies par une pièce épaisse de fer doux. L'ensemble des bobines et des deux barreaux peut tourner autour d'un axe
vertical en face des pôles de l'aimant A. Pendant cette
rotation, les barreaux de fer doux éprouvent des variations

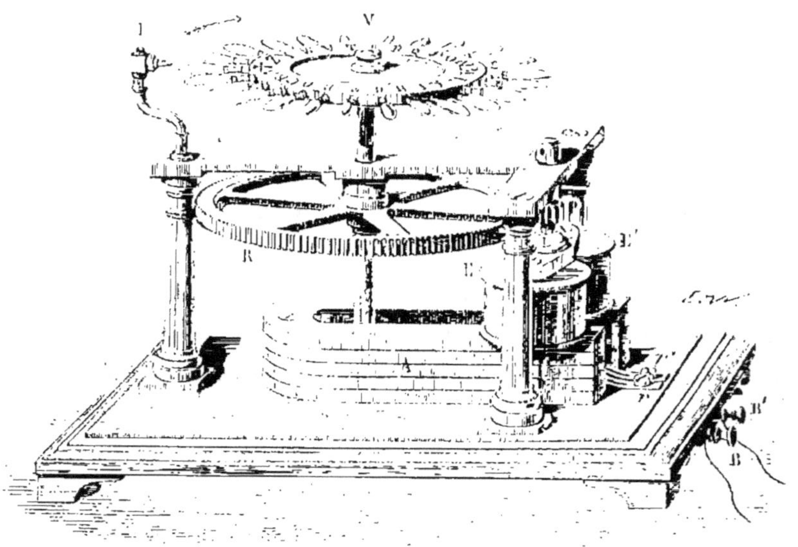

Fig. 53.

et des alternatives d'aimantation qui, par induction, développent des courants dans le fil des bobines. Nous avons
expliqué ailleurs (1) les lois de ces courants d'induction.
En partant de la position représentée dans la figure 53 et
en faisant tourner les bobines, on sait que, pendant la durée
de chaque révolution complète, le courant induit change
de sens au moment du passage d'une demi-révolution à
l'autre, et conserve le même sens pendant chacune des

______
(1) *Traité d'électricité*, t. II, p. 282.

demi-révolutions. Il suffit donc de recueillir ces courants d'induction pour pouvoir envoyer sur la ligne télégraphique une série de courants de sens alternativement contraires.

L'axe de rotation des bobines porte un pignon P qui est engrené par une roue dentée horizontale R mobile autour d'un axe vertical. A l'extrémité supérieure de l'axe est fixée une seconde roue horizontale V divisée en vingt-six secteurs égaux, sur lesquels sont gravées les vingt-cinq lettres de l'alphabet dans leur ordre naturel, et la *croix* ou signe conventionnel. En face de chaque lettre, la roue est armée sur sa tranche d'une manette qui sert à mettre l'appareil en mouvement. Une pointe métallique I sert de *repère*, et indique la position à laquelle une lettre quelconque doit être ramenée quand on veut la transmettre sur la ligne.— A l'état de repos, la *croix* du cadran de la roue supérieure V est en face de la pointe I, et les bobines sont directement au-dessus des pôles de l'aimant A, comme l'indique la figure 53. Les dents de la roue R et du pignon P sont dans un rapport tel que les bobines exécutent *treize* révolutions complètes, ou *vingt-six* demi-révolutions, pendant que la roue V exécute une révolution. Il en résulte que, pendant le passage d'une lettre à la lettre suivante, les bobines exécutent une demi-révolution, et que, par conséquent, à deux signaux successifs passant devant la pointe I, correspondent deux courants induits de *sens inverses* développés dans le fil des bobines.

La figure 54 représente l'appareil des bobines vu par sa face inférieure. En E, E', sont les deux bobines ; F, F' sont les deux noyaux de fer doux. A est la coupe de l'axe de rotation. Dans sa partie inférieure comprise entre les branches de l'aimant fixe, cet axe est entouré d'une forte virole d'ébène H qui fait office de commutateur et sért à recueillir les courants. — Sur la face inférieure de cette virole H sont incrustés quatre arcs métalliques représentant chacun un *quart* de circonférence. Les arcs extérieurs o, o, sont en communication avec les extrémités du fil des bobines et isolés l'un de l'autre; les arcs intérieurs c, c, sont

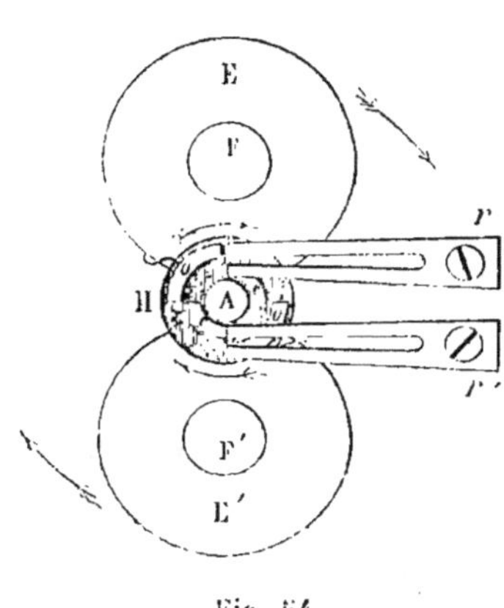

Fig. 54.

isolés du reste de l'appareil et communiquent entre eux. — Deux ressorts métalliques bifurqués r, r', fixés sur le socle de bois, appuient par leurs extrémités libres contre le commutateur H. Les branches externes des ressorts r, r', correspondent aux arcs extérieurs o, o, les branches internes aux arcs intérieurs c, c. Il est facile de voir que, pendant la rotation des bobines, les ressorts r, r', appuient alternativement sur le système des arcs extérieurs et sur le système des arcs intérieurs, mais jamais sur les deux systèmes d'arcs à la fois.

Le ressort r (fig. 53) communique avec le bouton B qui donne attache au fil de la ligne; le ressort r' communique avec le bouton B' qui donne attache au fil de terre. — Chaque poste est muni d'un commutateur placé sur le fil de ligne. Au moyen de ce commutateur, le fil de ligne

communique avec la sonnerie dans la position d'attente,
avec le récepteur dans la position de réception, avec le
bouton B du manipulateur dans la position d'émission.

Dans les positions d'attente et de réception, les bobines
sont placées, ainsi que l'indique la figure 53, directement
au-dessus des pôles de l'aimant A. — Les ressorts r, r' ne
touchent pas les arcs extérieurs o, o (fig. 54), et appuient
par leurs branches internes sur les arcs intérieurs c, c;
par conséquent, le bouton B communique avec le bouton
B' par l'intermédiaire des deux ressorts r, r' et des deux
arcs intérieurs c, c. Le courant transmis sur la ligne par
le correspondant n'arrive pas au manipulateur; il est
dirigé, par le commutateur du poste d'arrivée, soit
vers la sonnerie, soit vers le récepteur, et se perd dans
le sol.

Pour expédier une dépêche, on commence par faire
communiquer le bouton B avec le fil de ligne à l'aide
du commutateur. Il suffit alors de mettre le système des
bobines en mouvement au moyen de la roue V, en ayant
soin d'arrêter en face de la pointe *repère* I chacune des
lettres qu'on veut transmettre. En effet, la *croix* étant en
face de la pointe I (fig. 53) et les ressorts r, r' appuyant sur
les arcs intérieurs c, c (fig. 54), amenons la lettre A en face
de la pointe I. Nous savons que les bobines décrivent une
demi-révolution, et que, pendant cette demi-révolution, le
courant développé par induction dans le fil des bobines
conserve le même sens. Mais, au moment où la rotation
commence, les ressorts r, r' quittent les arcs intérieurs
c, c pour passer sur les arcs extérieurs o, o, qui eux-mêmes
communiquent avec les extrémités du fil des bobines. Par

conséquent l'électromoteur représenté par les bobines communique avec la ligne par le bouton B, et avec la terre par le bouton B'; un courant est donc émis sur la ligne. Mais les ressorts *r, r'* ne conservent leur contact avec les arcs extérieurs *o, o* que pendant le *premier quart* de révolution ; pendant le *second quart*, ils appuient sur les arcs intérieurs *c, c*, qui n'ont aucune communication avec le fil des bobines. Ainsi, pendant la demi-révolution des bobines qu'exige le remplacement de la *croix* par la lettre A en face de la pointe I, il y a une émission et une interruption de courant sur la ligne.—Amenons maintenant la lettre B devant la pointe I ; les bobines exécutent une nouvelle demi-révolution. Pendant le *premier quart* de révolution, les ressorts *r, r'* appuient sur les arcs extérieurs *o, o'*, et, pendant le *second quart*, sur les arcs intérieurs *c, c*. Ainsi, pendant la demi-révolution des bobines qu'exige le remplacement de la lettre A par la lettre B en face de la pointe I, il y a aussi une émission et une interruption de courant sur la ligne ; mais le sens du courant émis pendant le passage de la lettre A à la lettre B est *inverse* de celui du courant émis pendant le passage de la *croix* à la lettre A.

En résumé, pendant que la roue V et les bobines exécutent leur mouvement de rotation, les divers signes gravés sur la roue V passent en face de la pointe *repère* I ; à chaque signe nouveau amené en face de I correspondent une émission et une interruption de courant sur la ligne ; enfin les courants correspondants à deux signes successifs quelconques sont de sens inverses. Tout se passe donc avec ce manipulateur magnéto-électrique comme avec l'appareil à renversement des courants, que nous avons précédemment décrit page 135.

Le récepteur de ce télégraphe est un appareil à cadran avec mouvement d'horlogerie, dans lequel la marche de l'échappement est réglée par le jeu de la palette d'un électro-aimant. Mais nous avons vu que l'indication de chaque signe sur le manipulateur est accompagnée d'une émission et d'une interruption de courant sur la ligne. Nous avons vu, en outre, que les courants successivement émis sur la ligne sont alternativement de sens contraires. Il en résulte que, pour que l'aiguille du cadran du récepteur marche d'accord avec le manipulateur et reproduise exactement les signes qu'on veut transmettre, il faut que la palette de l'électro-aimant du récepteur reste insensible aux interruptions du courant et n'obéisse qu'aux changements de sens du courant émis sur la ligne. Le récepteur de l'appareil à renversement (fig. 42, page 139) satisfait complétement à ces conditions, et marcherait très régulièrement sous l'influence du manipulateur magnéto-électrique de M. Wheatstone.

Avec cet appareil, pour que la correspondance soit bien assurée, le passage d'une lettre à l'autre doit être effectué par un mouvement brusque et très rapide. Sans cela, l'action inductrice exercée sur les bobines E, E' serait trop faible, et le courant développé n'aurait pas l'intensité suffisante pour surmonter la résistance de la ligne et faire marcher l'aiguille du cadran du récepteur.

Appareil à signaux de M. Bréguet.

Quand elle se décida à employer l'électricité comme moyen de transmission des dépêches à grande distance, l'administration française voulut que les signaux de la télégraphie électrique fussent conformes à ceux de la télégraphie aérienne, ou du moins s'en rapprochassent

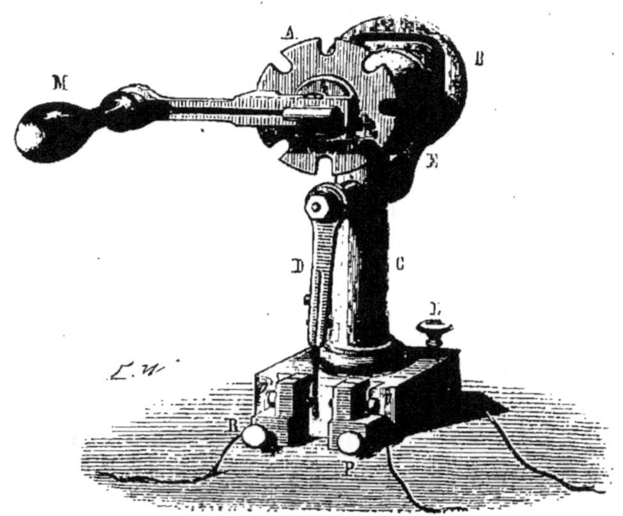

Fig. 55.

autant que possible. M. Bréguet fournit une solution complète et très élégante de ce difficile problème. Bien qu'il soit aujourd'hui tout à fait abandonné, et qu'on l'ait remplacé partout par le télégraphe Morse, l'appareil à signaux, qui a rendu de si grands services à l'administration, est d'une construction trop simple et trop ingé-

nieuse pour que nous ne consacrions pas quelques pages
à sa description.

Manipulateur. — La figure 55 représente le manipulateur de l'appareil à signaux. La colonne métallique C
est portée sur un socle métallique quadrangulaire. A la
partie supérieure de la colonne se trouve un disque *fixe*
ou diviseur A, dont le pourtour est creusé de huit crans
également espacés; deux de ces crans sont aux extrémités
du diamètre horizontal et deux aux extrémités du diamètre vertical, les quatre autres sont aux extrémités des
deux diamètres inclinés à 45 degrés sur l'horizon. Le
centre de ce disque livre passage à l'axe de la roue B
creusée elle-même, sur sa face antérieure, d'une gorge
quadrangulaire à angles arrondis. — La manivelle M
qui sert à mettre la roue B en mouvement est munie, à
sa face postérieure, d'une dent qui peut entrer dans les
crans du diviseur; elle peut se mouvoir d'un petit mouvement autour de l'extrémité de l'axe, de manière à permettre de faire sortir la dent du cran dans lequel elle est
engagée; un ressort la pousse continuellement du côté
du diviseur, afin qu'elle ne puisse changer de position qu'à
la volonté de l'employé. La manivelle peut donc occuper
successivement huit positions différentes séparées par un
angle de 45 degrés.

Au-dessous du diviseur A, la colonne C est traversée
par un cylindre horizontal servant d'axe de mouvement
à deux leviers E, D. — Le levier postérieur E porte à son
extrémité supérieure un galet qui entre dans la gorge de
la roue B. — Le levier antérieur D porte à son extrémité
inférieure une lame métallique élastique qui oscille entre

les extrémités des petites vis v, v' implantées dans les pièces métalliques P, R.

Le socle métallique de la colonne porte latéralement une vis de pression L qui sert à fixer le fil de la ligne, et en avant deux pièces métalliques P, R, *isolées* du socle par deux plaques d'ivoire. — La pile communique avec la terre par son pôle négatif; son pôle positif est en communication avec la pièce P, et par conséquent avec la vis v; le récepteur est en communication avec la pièce R, et par conséquent avec la vis v'.

La figure 55 représente le manipulateur dans la position de réception. Le courant transmis sur la ligne arrive en L, passe dans la colonne C, dans le levier D, dans la vis v', dans la pièce R, et de là se rend au récepteur du poste.

Pour expédier, il suffit de faire tourner la manivelle; le mouvement commence toujours par la demi-circonférence inférieure. La roue B, entraînée, communique au levier E des oscillations qui sont transmises au levier antérieur D dont l'extrémité inférieure butte alternativement contre la vis v et contre la vis v'. Il est facile de voir que, quand la manivelle est en face de l'un quelconque des quatre crans placés aux extrémités des diamètres inclinés à 45 degrés sur l'horizon, le levier D appuie contre la vis v; alors le courant de la pile passe, par la pièce P et la vis v, dans le levier D, dans la colonne C, gagne la vis de pression L, et s'élance sur le fil de la ligne. Au contraire, quand la manivelle correspond à l'un quelconque des quatre crans placés aux extrémités du diamètre vertical ou du diamètre horizontal, le levier D appuie contre la vis v', et la pile du poste n'est plus en communication avec la ligne. Il en résulte que, dans le temps que dure une rotation complète de la manivelle, le levier D frappe quatre fois la vis v, et quatre fois la vis v'; il y a donc quatre émissions et quatre interruptions du courant sur la ligne.

Chaque appareil télégraphique exige d'ailleurs l'emploi simultané de deux manipulateurs semblables au précédent, et symétriquement placés, l'un à droite, l'autre à gauche du récepteur. La figure 55 représente un manipulateur de droite.

Récepteur. — La figure 56 représente le récepteur dans sa boîte avec les deux manipulateurs dans la position de réception. Sur la face antérieure du cadran sont fixées deux aiguilles très légères de métal, dont la figure 57 indique la disposition. Chacune de ces aiguilles se compose d'une partie noircie ab qui seule sert, par sa position, à indiquer les signaux, et d'une partie blanche a, b qui n'entre pour rien dans la composition des signaux, et sert seulement à lester la partie noire. Les centres de mouvement c, c des aiguilles sont reliés par une bande noire tracée sur la face antérieure du cadran. A l'état de repos ou dans la position de réception, les parties noires a, b des deux aiguilles sont appliquées sur cette bande noire cc, et les parties blanches a', b' sont sur le prolongement de la bande noire cc.

Pendant la transmission, chacune de ces aiguilles se meut dans le sens indiqué par les flèches (fig. 57). Il en résulte que chaque aiguille reste constamment parallèle à la manivelle du manipulateur correspondant, et que dans une révolution complète, elle occupe successivement les huit positions indiquées en lignes ponctuées. Ces diverses positions sont séparées par un angle de 45 degrés, et corespondent aux huit crans du diviseur par lesquels passe la manivelle du manipulateur.

Il nous reste à expliquer le mécanisme qui détermine et règle le mouvement des aiguilles. Derrière le cadran, parallèlement l'un à l'autre, sont placés deux mouvements

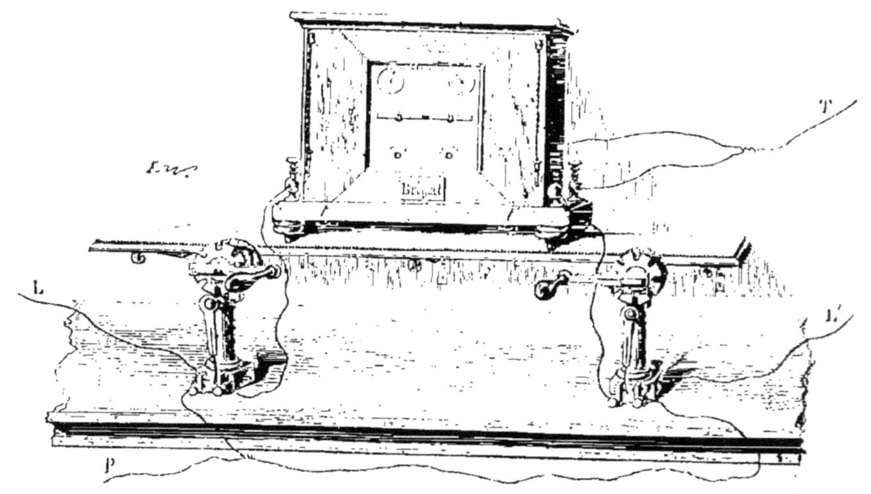

Fig. 56.

d'horlogerie marchant sous l'influence de deux électro-aimants, et semblables à celui de la figure 36 (page 120). La roue d'échappement de ces deux mouvements d'horlogerie est aussi composée de deux roues dentées parallèles, solidaires, et dont les dents alternent; mais chacune des roues accolées, au lieu de porter *treize* dents, n'en a que *quatre*. Il en résulte nécessairement qu'à chaque émission et à chaque interruption du courant qui traverse les

électro-aimants, les roues d'échappement du récepteur de
l'appareil à signaux décrivent un *huitième* de circonférence, et les aiguilles se déplacent d'un angle de 45 degrés, comme les manivelles des manipulateurs correspondants. — Deux tiges métalliques *t, t'*, placées à la partie
inférieure du récepteur (fig. 56), prennent le nom de *pé-
dales*, et permettent de mettre les aiguilles en mouvement
sans l'intermédiaire des électro-aimants. Elles servent à
corriger les erreurs qui peuvent survenir pendant la transmission.

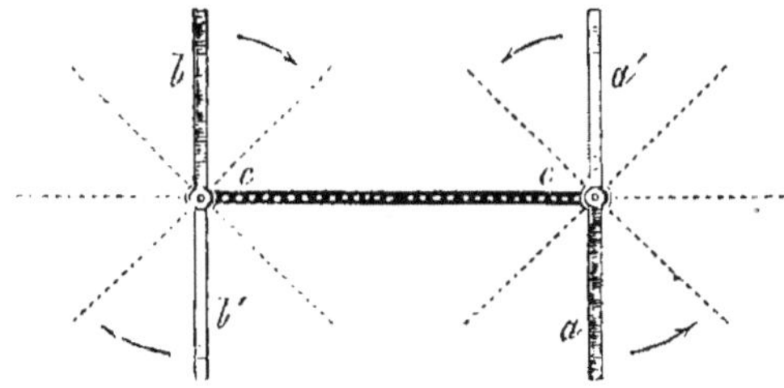

Fig. 57.

La figure 56 montre les communications de la pile et de
la ligne avec les manipulateurs, et des manipulateurs
eux-mêmes avec les électro-aimants du récepteur. — La
ligne a deux fils L, L', qui viennent se fixer aux faces latérales externes des socles des manipulateurs de gauche et de
droite. Par le fil P, le pôle positif de la pile communique
à la fois avec les pièces métalliques *isolées externes*, fixées
sur les faces antérieures des socles des manipulateurs.
Par les pièces métalliques *isolées internes*, fixées sur ces
mêmes socles, le manipulateur de droite communique
avec l'électro-aimant du mouvement d'horlogerie de l'aiguille droite, et le manipulateur de gauche avec l'électro-

10.

aimant du mouvement d'horlogerie de l'aiguille gauche. A la partie postérieure de la boîte du récepteur, on voit deux fils qui se réunissent et qui font communiquer les bobines des deux électro-aimants avec la terre.

Il est facile de voir que l'on peut mettre en action, soit l'un des manipulateurs seulement, soit les deux à la fois, et par conséquent émettre le courant, soit par l'un des deux fils de ligne L, L', soit par les deux à la fois. De même le courant peut arriver au récepteur, soit par l'un des fils de la ligne seulement, soit par les deux à la fois : dans le premier cas, une seule aiguille est mise en mouvement pendant que l'autre reste au repos ; dans le second cas, les deux aiguilles tournent ensemble.

Les aiguilles étant indépendantes l'une de l'autre, et chacune d'elles pouvant prendre *huit* positions distinctes, il est évident que le récepteur permet de reproduire *soixante-quatre* signaux différents. Il y a évidemment là de quoi satisfaire largement à toutes les exigences de la correspondance télégraphique la plus complète. Ajoutons que les positions successives des aiguilles, étant séparées par des angles de 45 degrés, ne sauraient, en aucun cas, être confondues ; cette circonstance rend la lecture facile en donnant une grande netteté aux indications télégraphiques, et contribue puissamment à la sûreté de la correspondance. Avec cet appareil, la transmission se fait avec une très grande rapidité ; habituellement la correspondance est entretenue à raison de *cent vingt* lettres par minute, mais des employés très exercés peuvent expédier jusqu'à *deux cent quarante* signaux dans le même temps.

Nous avons vu que, dans les circonstances ordinaires, l'appareil à signaux, comme d'ailleurs le télégraphe anglais à deux aiguilles, emploie deux fils pour la transmission des dépêches. Il ne faudrait pas croire cependant que, pour le télégraphe français, l'existence de deux fils sur la ligne fût une condition de nécessité absolue. On peut très bien entretenir la correspondance avec un seul manipulateur et un seul fil de ligne. Dans ce cas, les signaux sont reproduits par une seule aiguille du récepteur et la transmission est forcément ralentie ; mais elle est cependant encore très rapide et peut facilement fournir jusqu'à *quatre-vingt-dix* lettres par minute.

L'appareil à signaux est abandonné aujourd'hui ; il n'y a donc pas utilité à reproduire ici son alphabet spécial. A mesure que la télégraphie électrique a pris plus d'extension et d'importance, on a senti qu'il y avait nécessité à soumettre la correspondance à un contrôle efficace : telle est la véritable raison pour laquelle on a renoncé, sur les grandes lignes, à l'emploi de l'appareil à signaux et à tous les appareils qui ne conservent aucune trace des dépêches, pour leur substituer le télégraphe Morse.

Il est maintenant facile de comprendre combien sont injustes et peu fondées les nombreuses attaques auxquelles le télégraphe français à signaux a été en butte. En raison du petit nombre d'émissions de courant nécessaires pour passer d'un signal à l'autre, cet appareil est évidemment supérieur à tous les télégraphes à cadran ; sous le rapport de la rapidité de la correspondance, l'appareil anglais à aiguilles peut seul lui être comparé.

ARTICLE III.

TÉLÉGRAPHES ÉCRIVANTS.

Les appareils télégraphiques écrivants ont, sur tous les autres, l'immense avantage d'imprimer la dépêche expédiée sur des bandes de papier découpées exprès, soit en caractères conventionnels, soit en caractères ordinaires. De cette manière on se met à l'abri de beaucoup d'erreurs, et la dépêche peut toujours être contrôlée.

Appareil Morse.

Inventé en Amérique, l'appareil télégraphique de M. Morse s'est rapidement répandu en Europe. Après avoir reçu plusieurs perfectionnements importants, il est aujourd'hui presque exclusivement employé sur les

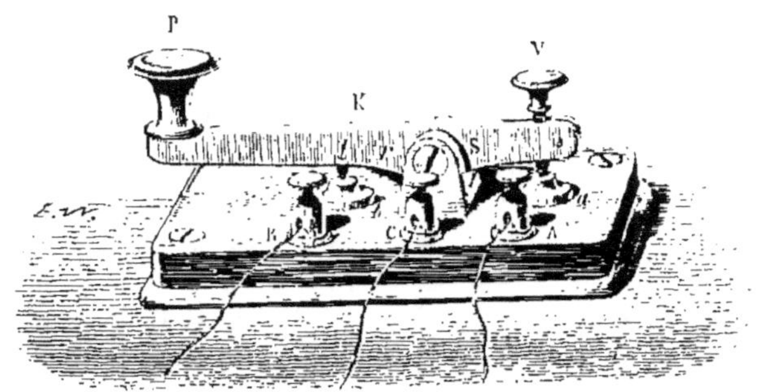

Fig. 58.

grandes lignes. — Le *manipulateur* est un simple interrupteur au moyen duquel l'employé du poste de départ laisse passer sur la ligne une série de courants discontinus d'inégale durée, dont le nombre et l'ordre de succession varient avec la lettre de l'alphabet ou le chiffre qu'il veut transmettre. — Le *récepteur*, mis en action par ces courants au poste d'arrivée, a une marche concordante avec celle du manipulateur du poste de départ, et imprime sur une bande de papier mobile des traces de longueur variable qui reproduisent exactement les signaux expédiés. — Dans ce système, la correspondance exige l'emploi de deux piles : la première fournit le courant que le manipulateur envoie d'une poste à l'autre, et prend le nom de *pile de ligne*; la seconde, ou *pile locale*, ne fournit rien à la ligne, et sert uniquement à faire marcher l'appareil à signaux du récepteur.

Manipulateur. — Le manipulateur (fig. 58) est très simple. Sur un socle de bois épais et solide est fixée une pièce de cuivre S en forme de fourchette, qui sert de support à un levier métallique K mobile autour d'un axe horizontal. Une des extrémités du levier est munie d'une poignée de bois P, l'autre est traversée par une vis V. Sur le socle de bois et au-dessous du levier sont fixés un petit ressort r, et deux contacts métalliques a, b qui sont alternativement en communication avec le levier K. — A l'état de repos, le ressort r soulève le levier, l'éloigne du contact b, et maintient l'extrémité de la vis V appuyée sur le contact a. — Quand on presse sur la poignée P, la vis V quitte le contact a, et le levier vient butter, par la pointe métallique t, contre le contact b. — Le ressort r ramène le levier à la position de repos, quand la pression cesse.

Le socle de bois porte en outre trois bornes métalliques. — B communique avec le contact b, et donne attache à un fil métallique qui aboutit au pôle positif de la *pile de ligne*. — C communique avec le support de cuivre S, et, par son intermédiaire, avec le levier K ; cette borne donne attache au fil de ligne.—A communique avec le contact *a*, et donne attache à un fil métallique qui se rend au récepteur.—Le levier K est ainsi en communication permanente avec le fil de la ligne par son support métallique S et la borne C. Par l'intermédiaire de ce levier, on peut à volonté faire communiquer le fil de la ligne avec le récepteur ou avec le pôle positif de la *pile de ligne*, suivant qu'on laisse la vis V reposer sur le contact *a*, ou qu'on maintient la pointe *t* appuyée sur le contact *b*.

Quand le levier K est abandonné à lui-même, le ressort *r* pousse la pointe de la vis V contre le contact *a* ; le manipulateur est dans la position de *réception*. En effet, la communication du levier K et de la *pile de ligne* est interrompue en *t* ; mais le courant envoyé sur la ligne par le poste correspondant arrive à la borne C, gagne le levier K par le support S, traverse la vis V, le contact *a*, se rend à la borne A, et de là au récepteur du poste qu'il met en mouvement.

Quand le levier est abaissé par la pression excercée sur la poignée P, la pointe *t* touche le contact *b*, et le manipulateur est dans la position d'*émission*. En effet, la communication de la ligne avec le récepteur de poste est interrompue avec *a* ; mais le fil de la ligne fixé à la borne C communique avec le pôle positif de la *pile de ligne* par le support métallique S, le levier K, le contact *b* et la borne B. Le courant de la pile passe dans le fil de la ligne, et dure aussi longtemps que le contact de la pièce *b* avec la pointe *t* du levier K. L'employé du poste peut ainsi envoyer sur la ligne une série de courants discontinus dont il règle à volonté le rhythme et la durée.

Récepteur. — Dans le système Morse, le courant transmis par la ligne n'a pas, en général, assez de force pour faire marcher convenablement *l'appareil à signaux*. — Le récepteur contient un appareil spécial appelé *relais*, qui reçoit le courant de la ligne, et, sous son influence, ferme le circuit d'une *pile locale* dont l'action est tout entière employée à mettre l'appareil à signaux en mouvement. — Dans le modèle représenté (fig. 59), *l'appareil à signaux* est constitué par les pièces groupées autour de l'électro-aimant E ; le système de l'électro-aimant E' représente le *relais*. Un même socle de bois sert à fixer le relais, l'appareil à signaux, les bornes et toutes les pièces de communication.

Le relais se compose d'un électro-aimant vertical en fer à cheval E', et d'un levier métallique oscillant D', porté sur la colonne métallique H. — Les extrémités du fil des bobines de l'électro-aimant E' viennent se fixer aux bornes *c'*, *d'* ; la borne *c'* est en communication avec la borne extérieure L, qui elle-même est reliée par un fil métallique à la borne A du manipulateur (fig. 58); la borne *d'* communique avec la borne extérieure T, à laquelle vint s'attacher le *fil de terre*. — L'extrémité droite du levier D' porte un cylindre creux horizontal de fer doux A', qui sert d'armature, et se trouve placé au-dessus des surfaces polaires de l'électro-aimant E'. L'autre extrémité du levier D' est comprise entre deux vis métalliques *f'*, *g'*. La vis *g'* passe dans une pièce de cuivre fixée à une co-

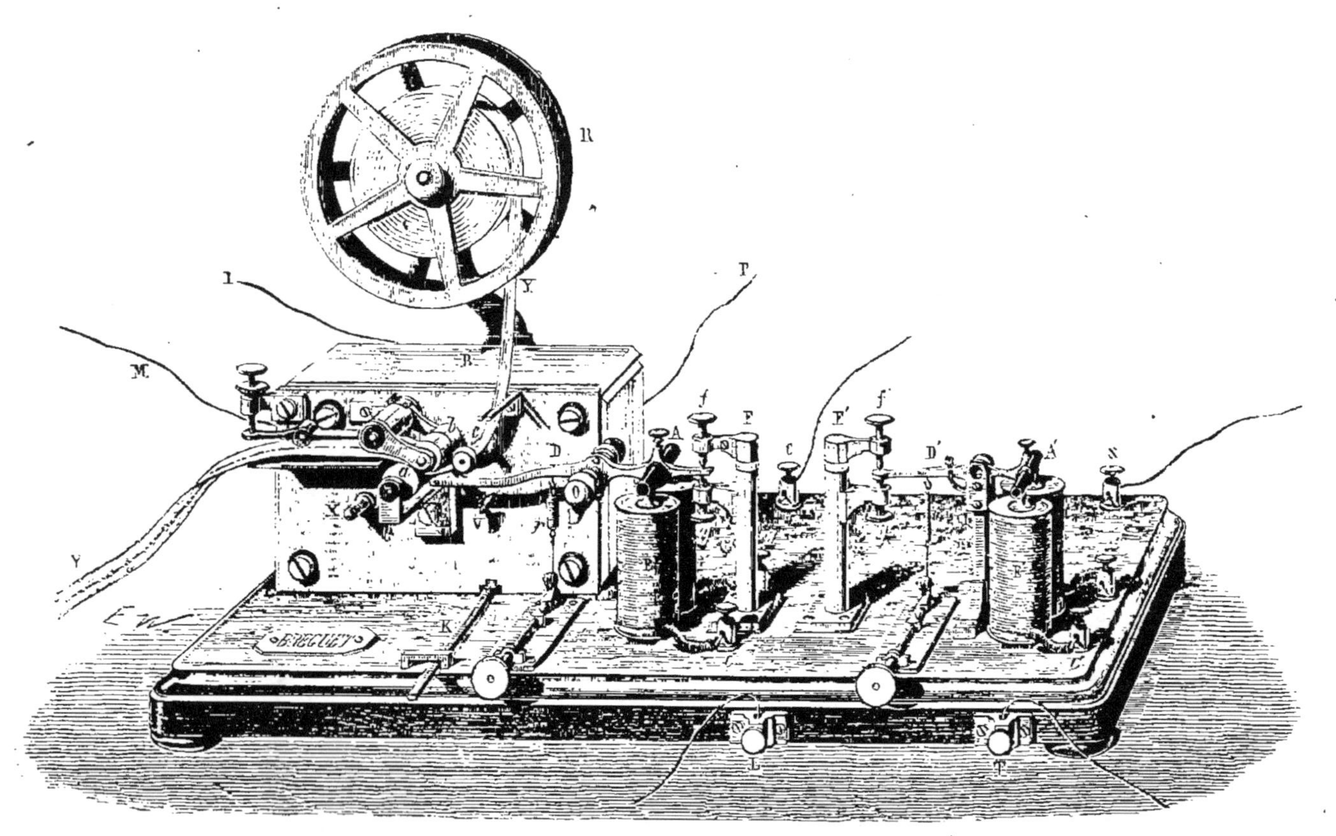

Fig. 59.

lonne métallique creuse G′; la vis f′ passe dans une pièce de cuivre fixée à l'extrémité de la colonne métallique F′ logée dans la colonne G′, et isolée de cette dernière par une rondelle d'ivoire. Ces deux vis f′, g′, électriquement isolées l'une de l'autre, servent à limiter l'amplitude des oscillations du levier D′. D'ailleurs, la vis f′ est réglée de manière que l'armature A′ puisse s'approcher très près des surfaces polaires de l'électro-aimant E′, sans jamais les toucher. — A l'état de repos, un ressort à boudin r′ maintient l'extrémité du levier D′ appuyée contre la vis inférieure g′, et l'armature A′ à une certaine distance des surfaces polaires de l'électro-aimant E′.

Les deux bornes C, Z, donnent attache à deux fils métalliques dont le premier se rend au pôle cuivre ou positif, et le second au pôle zinc ou négatif de la *pile locale*. En outre, la borne Z communique avec la colonne métallique H, et par son intermédiaire, avec le levier D′ du relais. De son côté, la borne C communique avec la borne d qui donne attache à l'une des extrémités du fil des bobines de l'électro-aimant E de l'appareil à signaux. Enfin, la borne e, qui donne attache à l'autre extrémité du fil des bobines de l'électro-aimant E, communique avec la colonne F′ du relais (voy. la figure 73, qui représente deux appareils Morse en plan), et par son intermédiaire, avec la vis f′.— Le circuit de la *pile locale* est donc ouvert toutes les fois que l'extrémité du levier D′ appuie sur la vis g′. Il est fermé quand l'extrémité de ce levier touche la vis f′.

Cela posé, la fonction du relais est facile à comprendre. — Lorsque le courant de la ligne arrive par la borne L, l'électricité traverse les bobines de l'électro-aimant E', et se perd dans le sol par la borne T. L'électro-aimant E' entre en action, l'armature A' est attirée, l'autre extrémité du levier D' se relève, butte contre la vis supérieure f', et ferme le circuit de la *pile locale* dont le courant traverse le fil des bobines de l'électro-aimant E de l'appareil à signaux. — Lorsque le courant de la ligne est interrompu, l'armature A' est relevée par le ressort antagoniste r'; l'autre extrémité du levier D' s'abaisse, butte contre la vis inférieure g', et rompt le circuit de la *pile locale;* l'électro-aimant E de l'appareil à signaux perd son magnétisme. — Bien que cet électro-aimant E de l'appareil à signaux soit exclusivement soumis à l'action du courant de la *pile locale*, il est facile de voir qu'il subit des alternatives d'aimantation et de désaimantation qui concordent exactement avec le passage et l'interruption du courant de la ligne.

Dans l'appareil à signaux, la boîte B contient un mouvement d'horlogerie compris entre deux larges plaques métalliques, verticales et parallèles; la plaque métallique antérieure X sert à fixer plusieurs pièces métalliques de l'appareil. K est un levier qui, suivant qu'il est poussé à droite ou à gauche, arrête ou laisse marcher le mouvement d'horlogerie.— Une large bande de papier YY, enroulée sur une roue R très mobile et très légère, est engagée dans une fourchette métallique et guidée par un galet c; cette bande de papier passe *à frottement* entre deux cylindres horizontaux b, a, mobiles autour de leurs axes. Le cylindre inférieur a tourne sous l'influence du mouvement d'horlogerie, et entraîne le papier avec une vitesse uniforme. Sur le cylindre supérieur *b* est tracée une rainure circulaire qui correspond au milieu de la bande de papier YY et à la pointe de la vis V implantée obliquement dans l'extrémité du levier métallique D.

Nous avons déjà dit que les extrémités du fil des bobines de l'électro-aimant E de l'appareil à signaux sont fixées aux bornes *d* et *e*; ce fil communique, d'une part avec la colonne F' et la vis *f'* du relais, d'autre part avec la borne C et le pôle positif de la *pile locale*. — Le levier métallique D de l'appareil à signaux est mobile autour d'un axe horizontal passant par les extrémités d'un système de deux vis O engagées dans une pièce métallique à fourchette fixée à la plaque métallique X de la boîte B. Une des extrémités de ce levier porte la vis métallique V, dont la pointe correspond à la rainure circulaire du cylindre *b*; l'autre extrémité est munie d'un cylindre creux de fer doux A, faisant fonction d'armature, et placé au-dessus des surfaces polaires de l'électro-aimant vertical E. Cette dernière extrémité, par un prolongement métallique, s'engage entre les pointes des deux vis *g*, *f*. La vis inférieure *g* est engagée dans une pièce de cuivre fixée à la colonne métallique creuse G; la vis supérieure *f* passe dans une pièce de cuivre fixée à l'extrémité de la colonne métallique F logée dans la colonne G, et isolée de cette dernière par une plaque d'ivoire. Les deux vis *f*, *g*, électriquement isolées l'une de l'autre, servent à limiter l'amplitude des oscillations du levier D; d'ailleurs, la vis *g* est réglée de manière que l'armature A puisse s'approcher très près des surfaces polaires de l'électro-aimant E, sans jamais les toucher.

A l'état de repos, un ressort à boudin *r* maintient l'extrémité du levier D appliquée contre la vis supérieure *f*, et l'armature à une certaine distance des surfaces polaires de l'électro-aimant E; la pointe de la vis V est éloignée du cylindre *b*, et la bande de papier YY passe librement entre ce cylindre et cette pointe. Mais, quand le courant de la ligne traverse le relais et ferme le circuit de la *pile locale*, l'armature A est attirée et le levier butte contre la vis inférieure *g*. La pointe de la vis V s'engage alors dans la rainure circulaire du cylindre *b*, refoulant devant elle la bande de papier sur laquelle elle imprime, par gaufrage, une trace visible dont la longueur dépend du temps pendant lequel l'armature A du levier D est attirée, ou de la durée du courant lancé sur la ligne. — Quand ce courant est instantané, le ressort antagoniste *r* ramène très vite le levier D à sa position de repos, l'oscillation complète de ce levier D est très rapide, et la pointe de la vis V ne trace qu'un *point* sur la bande de papier; mais si le courant dure un certain temps, la pointe de la vis V imprime un *trait*. — L'espace qui sépare deux signaux consécutifs dépend de la durée de l'interruption du courant de la ligne.

Le socle de bois de l'appareil porte, en outre, trois grosses bornes P, 1, M, placées derrière la boîte B, auxquelles aboutissent les fils P, 1, M; la position de ces trois bornes est indiquée dans la figure 73. La borne M communique avec la masse métallique du ressort d'horlogerie B, et par son intermédiaire, avec le levier D de l'appareil à signaux. La borne I communique avec la colonne intérieure F et avec la vis supérieure f; la borne P avec la colonne extérieure G et avec la vis inférieure g. Ce dernier système de communications, qui est bien visible dans la figure 73, ne sert pas dans la correspondance habituelle ; il est exclusivement destiné à la transmission des dépêches en *translation*.

Chaque poste intermédiaire de la ligne doit avoir deux appareils complets, l'un qui communique avec le fil de ligne qui vient de gauche, et l'autre avec le fil de ligne qui vient de droite. Les postes extrêmes n'ont naturellement qu'un appareil qui sert à recevoir et à transmettre les dépêches.

Alphabet. — L'employé du poste qui expédie peut faire varier à volonté la durée du courant émis sur la ligne, et, par suite, régler la durée du contact de la pointe de la vis V de l'appareil à signaux avec la bande de papier YY; il reste donc toujours maître de la longueur des traces imprimées sur cette bande de papier au poste qui reçoit. On est convenu de n'employer que deux espèces de traces : le *point* (-), qui correspond à un courant instantané, le *trait* (—), qui a toujours la même longueur et qui correspond à un courant de durée déterminée. La combinaison de ces deux signaux suffit pour faire un alphabet complet.

Les tableaux suivants donnent le système de signaux proposé par l'association télégraphique austro-allemande, et adopté depuis par toutes les administrations :

Tableau des lettres.

Lettre	Signal	Lettre	Signal
a	.—	o	———
ä	.—.—	ö	———.
b	—...	p	.——.
c	—.—.	q	——.—
d	—..	r	.—.
e	.	s	...
é	..—..	t	—
f	..—.	u	..—
g	——.	ü	..——
h	....	v	...—
i	..	w	.——
j	.———	x	—..—
k	—.—	y	—.——
l	.—..	z	——..
m	——	ch	————
n	—.		

Les lettres sont séparées par un intervalle blanc plus grand que celui qui existe entre les divers signaux cor-

Tableau des chiffres.

Chiffre	Signal	Chiffre	Signal
1	.————	6	—....
2	..———	7	——...
3	...——	8	———..
4	....—	9	————.
5	.....	0	—————

respondants à une même lettre ; l'espacement des mots doit être plus grand que celui des lettres. Ces précautions, quand elles sont bien régulièrement observées, facilitent beaucoup la lecture de la dépêche.

Tableau des signes de ponctuation.

Signe		
Point........................	.	....
Point et virgule.........	;	....
Virgule....................	,	....
Deux-points.............	:	....
Point d'interrogation...	?	....
Point-alinéa.............	.	....
Point d'exclamation....	!	....
Trait d'union............	-	....
Apostrophe..............	'	....
Barre de division........	°/₀	....

Tableau des signaux réglementaires.

Indicatif de la dépêche............	
Réception ou Compris............	
(?) ou Répétez..	
Correction ou Pas compris........	
Final............	
Attente.	
Télégraphe	

Réglage de l'appareil. — Le relais se règle sur l'intensité du courant de la ligne. Pendant que le correspondant envoie une série de courants discontinus, on détermine la position des vis f', g', et la tension du ressort antagoniste r', de manière que les oscillations du levier D' s'accomplissent facilement et régulièrement.

L'appareil à signaux se règle sans l'intervention du courant de la ligne. A cet effet, on ouvre et ferme alternativement le circuit de la pile locale en manœuvrant à la main le levier D' du relais. La position de la vis g et la longueur de la pointe libre de la vis V doivent être telles que l'armature A ne s'applique jamais sur les surfaces polaires de l'électro-aimant E, et que cependant la pointe de la vis V pénètre suffisamment dans la rainure circulaire du cylindre b pour faire une bonne empreinte sur la bande de papier YY, sans la déchirer. La vis f doit laisser assez de jeu au levier D pour que la pointe de la vis V se sépare complétement de la bande de papier quand l'armature A est relevée. La tension du ressort antagoniste r doit être réglée de manière à relever rapidement l'armature A quand le courant est interrompu, et à permettre à cette armature d'obéir facilement à l'attraction de l'électro-aimant E quand le circuit de la *pile locale* est fermé. Il faut enfin, au moyen du système O des deux vis qui pincent le levier D et déterminent son axe d'oscillation, donner à ce levier une position telle, que la pointe libre de la vis V soit bien exactement en face de la rainure circulaire du cylindre b. Cette dernière partie du réglage est toujours une opération délicate.

Appareil Digney.

MM. Digney frères ont fait subir au télégraphe Morse des modifications qui facilitent beaucoup la lecture des dépêches, et simplifient considérablement le mécanisme de l'appareil.

La figure 60 représente l'appareil à signaux adopté par **MM.** Digney. Au fond, la disposition des pièces est la

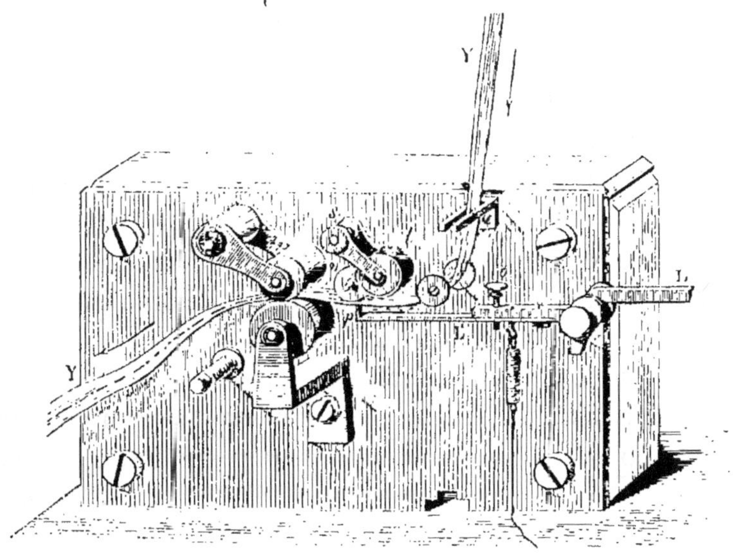

Fig. 60.

même que dans le télégraphe Morse déjà décrit; seulement, au lieu d'opérer un simple gaufrage du papier toujours difficile à lire, l'extrémité p du levier mobile L imprime sur la bande de papier mobile des *traits à l'encre* très nets et très visibles.

11.

En *t* est un gros tampon cylindrique de feutre ou de drap, imbibé d'encre oléique; ce tampon, très mobile autour d'une tige horizontale *s*, peut, sous l'influence du moindre frottement, tourner autour de son axe propre. La petite molette métallique *n* tourne autour de son centre à mesure que la bande de papier YY se déroule, frotte contre le tampon *t*, et se charge d'encre. La bande de papier YY glisse au-dessous de cette molette *n* sans la toucher, et appuie sur la tranche d'un petit marteau *p* qui termine le levier L de l'appareil à signaux.

Au moment où le courant passe, l'armature du levier L est attirée, le petit marteau *p* se relève, soulève la bande de papier contre la molette *n* qui imprime une trace très nette dont la longueur dépend, comme dans le télégraphe Morse ordinaire, de la durée du courant. — La vis *o* permet de régler très facilement et très rapidement la position du marteau *p*, de manière à obtenir une bonne impression des signaux télégraphiques.

Lorsque le tampon *t* est une fois bien imbibé d'encre, on le maintient facilement en bon état; avec un appareil constamment occupé, il suffit de déposer toutes les vingt-quatre heures quelques gouttes d'encre sur le tampon avec un pinceau.

L'appareil de MM. Digney a été soumis par l'administration française à un très long examen et à des épreuves très multipliées. L'expérience a démontré qu'il peut remplacer avec avantage le télégraphe à pointe sèche.

En raison de la force nécessaire pour produire le gaufrage de la bande de papier, l'appareil à pointe sèche ne peut marcher régulièrement que sous l'influence d'un courant de très grande intensité ; cette circonstance fait qu'à côté de l'appareil à signaux, on est obligé de placer un organe spécial, le relais, uniquement destiné à mettre le levier en mouvement au moyen du courant d'une *pile locale*. Il n'en est pas de même dans le système de MM. Digney. Pour que la molette *n* imprime un trait, il n'est pas nécessaire que le marteau *p* presse sur elle, il suffit que la bande de papier atteigne la couche d'encre ; le levier L, n'ayant pas d'effort mécanique à exercer, peut être *allégé* sans inconvénient. Il en résulte que ce nouveau système d'impression télégraphique permet de supprimer le relais et la pile locale, et de faire marcher directement l'appareil à signaux avec le courant de la ligne.

En résumé, avec le système de MM. Digney, la lecture de la dépêche est plus facile, le réglage de l'appareil à signaux plus simple, et les chances de dérangements sont diminuées par le fait de la suppression du relais. Ajoutons, enfin, que la *pile locale* étant supprimée, la dépense est moindre. Ces avantages, démontrés par une expérience de plus de deux années, ont décidé l'administration à remplacer partout les télégraphes Morse à pointe sèche par les appareils de MM. Digney.

Télégraphe électro-chimique.

Après avoir trempé une bande de papier dans une dissolution aqueuse de cyanure jaune de potassium et de fer, mettons-la en communication avec le pôle négatif d'une pile, et touchons la face opposée avec un stylet de fer qui communique lui-même avec le pôle positif de la pile. Au moment où le courant passe, le sel est décomposé, le fer se substitue au potassium, il se forme un précipité de *bleu de Prusse*, une tache d'un beau bleu foncé apparaît sur la partie du papier touchée par la pointe du stylet de fer. M. Bain a fondé sur cette réaction un moyen de reproduire les dépêches télégraphiques.

Pour que le papier imbibé de cyanure jaune de potassium et de fer soit assez bon conducteur, la dissolution doit être un peu acide. Nous donnons ici la préparation employée par M. Bain. — Dans une dissolution de cyanure jaune de potassium et de fer, on verse de l'acide azotique jusqu'à ce que la couleur du liquide devienne vert foncé, puis on ajoute de l'acide chlorhydrique qui fait passer la dissolution au blanc. C'est dans ce liquide qu'on plonge le papier.

Ce papier doit être employé à l'état humide et très peu de temps après sa préparation. Il en résulte qu'il manque de résistance, et qu'il est impossible de le faire glisser entre deux cylindres sous forme de bande.

M. Bain étend le papier préparé sur un disque de cuivre horizontal en communication avec la terre. Une pointe de fer, engagée dans un porte-stylet métallique en communication avec la ligne, appuie sur le papier ; un mouvement d'horlogerie fait tourner le disque autour d'un axe vertical passant par son centre, en même temps la pointe de fer se déplace, d'un mouvement uniforme, du centre du disque à sa circonférence. Par ce moyen, la pointe de fer ne reste pas sur un même cercle, mais décrit une spirale à la surface du papier, pendant que le disque tourne. Quand le courant passe, la pointe de fer imprime sur le papier une trace bleue dont la longueur dépend de la durée du courant. L'alphabet de M. Bain est le même que celui du télégraphe Morse.

Quand on opère sur de petites distances, on peut employer directement le courant de la ligne : la transmission se fait avec une grande rapidité et beaucoup de netteté. — Mais la décomposition du cyanure jaune de potassium et de fer exige un courant d'une assez grande intensité. Sur les longues lignes, il y a donc nécessité de recourir à une pile locale mise en activité par un relais semblable à celui du télégraphe Morse, et la rapidité de la transmission est diminuée. Cependant, comme il n'y a pas de levier à mettre en jeu, le télégraphe électro-chimique permet toujours de transmettre plus rapidement que l'appareil Morse. Dans le cas d'une transmission trop rapide, les traits se confondent, les séparations n'existent plus, et la dépêche devient confuse.

L'obligation où l'on se trouve de se servir du papier humide peu de temps après sa préparation est un obstacle sérieux à l'emploi du télégraphe de M. Bain. M. Pouget-Maisonneuve a proposé un mode de préparation du papier sensible qui pare, du moins en partie, à cet inconvénient. Le papier, découpé en bandes, est immergé dans la solution suivante :

Eau..............................	100 parties.
Azotate d'ammoniaque cristallisé......	150 —
Cyanure jaune de potassium et de fer...	5 —

Le papier ainsi préparé est suffisamment acide pour

conduire le courant. — Les traces imprimées par le stylet de fer sont nettes, fortement colorées en bleu et indélébiles. — Le papier, quoique humide, est assez résistant pour se dérouler entre deux cylindres sans se rompre. — Enfin, grâce à la présence de l'azotate d'ammoniaque, le papier retient assez fortement l'humidité pour qu'on puisse l'employer plusieurs mois après sa préparation, même en été, quand il a été conservé à l'abri du contact de l'air dans des terrines de grès.

Le télégraphe de M. Pouget n'est qu'une modification de l'appareil Morse. Le manipulateur est le même, le courant de la ligne agit sur un relais qui ferme le circuit d'une *pile locale* dont le courant sert à l'impression de la dépêche.

La figure 61 représente les organes essentiels du récepteur. — Une tige de fer S, fixée dans un porte-stylet

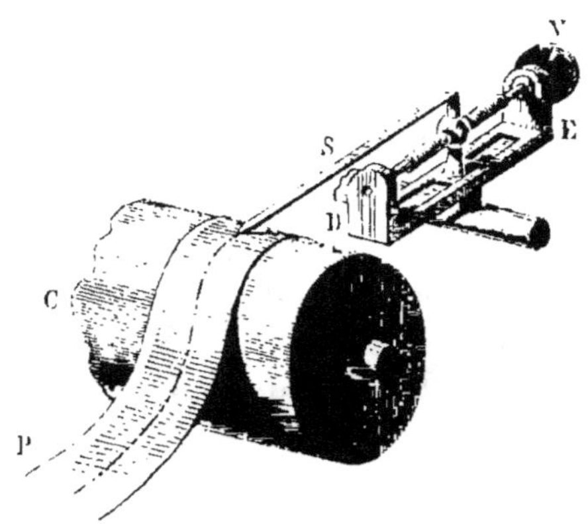

Fig. 61.

métallique DE, communique, par son intermédiaire, avec le pôle positif de la *pile locale* du relais. Le cylindre métallique C communique avec le pôle négatif de la même pile. La bande de papier P, constamment et légèrement pressée par la tige de fer S, est entraînée par un mouvement d'horlogerie et glisse sur le cylindre C. Quand le courant passe sur la ligne, le relais ferme le circuit de la pile locale, et la tige de fer S imprime sur la bande une trace bleue dont la longueur dépend de la durée du courant.

La tige de fer S s'use assez vite, la vis V permet de la pousser et de la maintenir en contact permanent avec le papier.

La résistance du papier au passage du courant varie avec son degré d'humidité, mais reste toujours considérable. Pour que l'appareil marche bien et que l'impression soit nette, la pile locale doit se composer d'environ 15 couples disposés en tension.

Cet appareil n'a été que très peu employé ; les grandes lignes télégraphiques ne l'ont jamais adopté.

Télégraphe de M. Froment.

Bien qu'il n'ait pas été adopté par les grandes administrations télégraphiques, le télégraphe écrivant de M. Froment repose sur des combinaisons trop ingénieuses et trop simples pour que nous n'en donnions pas ici une description complète.

Manipulateur. — Les figures 62 et 63 représentent ce manipulateur. La première fait connaître les détails de sa face supérieure, et la seconde ceux de sa face inférieure.

— Un socle de bois carré (fig. 62) supporte un disque circulaire de bois D, mobile autour de son centre de figure. La

circonférence de ce disque est armée de *dix* colonnettes
de bois alternativement *blanches* et *noires*, et également
espacées; en face et en dedans de chaque colonnette, le
disque est percé d'un trou circulaire auquel correspond
un chiffre gravé sur le socle de bois; une colonnette *blanche* A, fixée sur le socle, correspond au *zéro* qui représente le nombre *dix*, et sert de *repère* à l'appareil. En
avant, le socle porte deux bornes métalliques P, L, dont
la première communique avec le pôle positif de la pile de
ligne, et la seconde donne attache au fil de ligne.

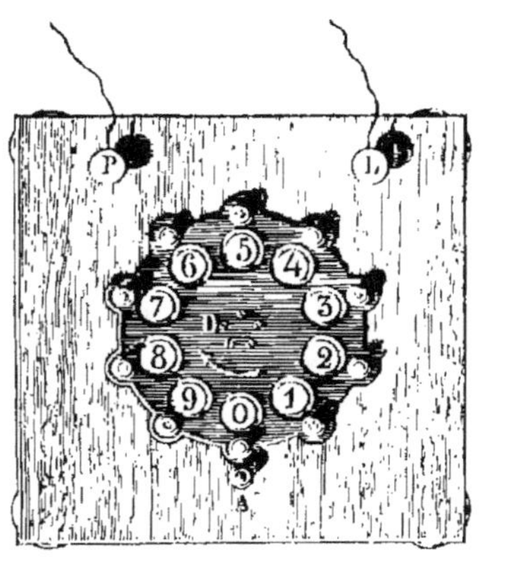

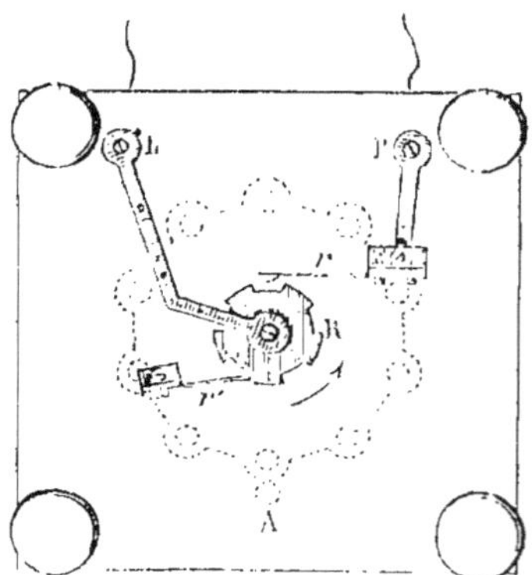

Fig. 62.   Fig. 63.

A la face inférieure du disque de bois D est fixée une
roue métallique R (fig. 63), mobile avec ce disque, dont
la circonférence présente cinq cammes de même étendue et
séparées par des intervalles égaux. La borne L communique d'une manière permanente avec le centre de la
roue R ; la borne P communique avec un ressort horizontal *r* qui frotte contre les cammes pendant le mouvement
de rotation de la roue, et reste isolé de cette roue quand

son extrémité correspond à l'intervalle de séparation de deux cammes. Un ressort r', fixé à la face inférieure du socle de bois, permet au disque D et à la roue R de se mouvoir dans le sens des flèches, et s'oppose à une rotation de sens contraire.

Les cinq colonnettes *blanches* de la face supérieure du disque D correspondent exactement au milieu des cinq cammes de la roue R; les cinq colonnettes *noires* correspondent au milieu des intervalles des cammes. Il est facile de voir que, quand une des cinq colonnettes blanches du disque D se trouve en face de la colonnette blanche de repère A, comme dans la figure 62, le ressort r ne touche pas la roue R; par conséquent la borne P ne communique pas avec la borne L, le pôle positif de la pile est isolé de la ligne et le courant est interrompu. Toutes les fois, au contraire, qu'une des cinq colonnettes noires passe devant la colonnette blanche de repère A, le ressort r appuie sur une camme de la roue R, le pôle positif de la pile communique avec la ligne et le circuit télégraphique est fermé. — Quand le disque D exécute une rotation entière, le courant de la ligne éprouve dix alternatives : le circuit est cinq fois fermé et cinq fois rompu. En général, quand une colonnette quelconque est ramenée par la rotation du disque D en face du repère A, le courant de la ligne éprouve autant d'alternatives qu'il y a d'unités dans le chiffre auquel cette colonnette correspondait. — Dans la position de repos, c'est nécessairement une colonnette *blanche* du disque, qui est en face de la colonnette *blanche* de repère A.

Récepteur. — Les figures 64 et 65 représentent le ré-

Fig. 64.

cepteur. La figure 65 montre le récepteur en projection horizontale, et permet de suivre les communications de ses diverses pièces (1).

Ce récepteur (fig. 64 et 65) marche sous l'influence d'une pile locale et d'un relais K. E' est l'électro-aimant du relais; sa palette est horizontale, terminée à gauche par une lame élastique pincée par la vis d; l'extrémité libre de cette palette peut osciller entre les pointes des deux vis v, v', et appuie à l'état de repos contre la vis v' qui communique avec la masse métallique du relais. Quand la palette est attirée par l'électro-aimant E', son extrémité libre heurte la vis v qui est isolée de la masse du relais par une plaque d'ivoire, et qui communique, par la tige métallique t, avec le bouton e. — Les extrémités du fil de l'électro-aimant E' se fixent, l'une au bouton s' qui communique avec la borne L à laquelle aboutit le fil de ligne, et l'autre au bouton s qui communique avec la borne T à laquelle est fixé le fil de terre..

L'appareil écrivant est fixé sur le socle métallique Q. L'électro-aimant E est horizontal; ses extrémités polaires passent à travers deux ouvertures circulaires pratiquées dans une pièce de cuivre dont on règle la position au moyen de la vis H appuyée par sa pointe sur une console de cuivre X. Le fil des bobines de l'électro-aimant E se fixe par un de ses bouts au bouton f et par l'autre bout au bouton f'. — L'armature de fer doux oo de l'électro-

(1) Pour bien comprendre le mécanisme de cet appareil, il est nécessaire d'en suivre la description à la fois sur la figure 64 et sur la figure 65, dans lesquelles les mêmes organes sont indiqués par les mêmes lettres.

aimant est verticale et fixée à un levier de cuivre horizontal A. Ce levier est creux et très léger ; son extrémité droite est fixée à une pièce de cuivre bb mobile autour d'un axe vertical passant par les pointes de deux vis qui la maintiennent en place. Cette pièce bb est munie à droite d'une lame élastique pincée par la vis V. — A l'état de repos, l'extrémité libre du levier A, engagée dans une coulisse de cuivre, appuie contre la pointe de la vis V'; quand l'électro-aimant E attire l'armature oo, le levier A se rapproche avec elle, tourne autour de l'axe bb, et vient s'appliquer dans toute sa longueur contre une règle de bois fixée à la pièce de cuivre à travers laquelle font saillie les extrémités de l'électro-aimant. La vis V' sert donc à limiter l'amplitude des oscillations que peut exécuter le levier A sous l'influence des actions alternantes de l'électro-aimant et de la lame élastique pincée par la vis V.

A l'extrémité libre du levier A est fixé un porte-crayon c, légèrement incliné de haut en bas et d'avant en arrière, fileté dans toute sa longueur, et muni à sa partie supérieure d'une roue métallique r dont la tranche est découpée en dents très fines. Un crayon ordinaire de mine de plomb, engagé dans l'extrémité inférieure du porte-crayon c, appuie obliquement sur une bande de papier déposée à la surface du tambour P. A chaque mouvement de va-et-vient du levier A, le crayon trace sur le papier une ligne droite dont la longueur est réglée par l'amplitude des oscillations du levier. Pour remédier à l'usure du crayon de mine de plomb, on a fixé à la coulisse, au-dessous de la vis V', une petite lame élastique contre laquelle la roue r vient heurter toutes les fois que le levier A est ramené à sa position d'équilibre. De cette manière, à chaque double oscillation du levier A, le crayon tourne, se taille et avance vers le papier.

La boîte B contient un mouvement d'horlogerie compris entre deux larges plaques métalliques verticales et parallèles; un levier coudé, placé à la partie supérieure de la boîte, agit sur le volant, et permet d'arrêter ou de laisser marcher à volonté le mouvement d'horlogerie. — Une longue bande de papier YY est enroulée sur une roue R très mobile et très légère; guidée par le galet p, elle passe à *frottement* entre le galet h et le tambour P mobiles autour de leurs axes, s'applique contre la partie supérieure du tambour P, et passe à *frottement* entre le tambour P et le galet g. — Ce dernier galet g tourne sous l'influence du mouvement d'horlogerie B par l'intermédiaire de l'axe horizontal g' (fig. 65), et entraîne la bande de papier avec une vitesse uniforme. — Quand le levier A est au repos, le crayon imprime sur la bande de papier en mouvement une ligne droite parallèle au levier lui-même; lorsqu'au contraire le levier A oscille, le crayon imprime sur la bande de papier une succession de lignes droites obliques dirigées d'avant en arrière.

Les boutons f, f'', qui reçoivent les extrémités du fil de la bobine de l'électro-aimant E, communiquent, le premier avec la borne C, le second avec le contact métallique m. La manivelle métallique M communique elle-même avec la masse métallique du relais K et avec sa palette. La borne C communique avec le pôle positif, et la borne Z avec le pôle négatif de la pile locale destinée à faire marcher l'appareil écrivant. La borne Z est, en outre, reliée

métalliquement au bouton e, qui, par l'intermédiaire de
la tige métallique t, communique avec la vis isolée v du
relais **K**.

Quand la manivelle **M** est poussée sur le contact m,
l'appareil est en position de réception; mais le circuit de
la pile locale est rompu en v, puisque la palette du relais
appuie contre la vis supérieure v'. Dans ce cas, l'électro-
aimant **E** est à l'état neutre, le levier **A** reste au repos,
appuyé contre la vis **V'**; et si le volant du mouvement
d'horlogerie est dégagé, le crayon imprime sur la bande
de papier **YYY** une ligne droite dirigée de gauche à droite
et parallèle au levier **A**.

Les choses étant ainsi disposées, supposons que la ligne
transmette une série de courants interrompus. Le courant
de la ligne arrive en **L**, gagne s', traverse les bobines de
l'électro-aimant **E'** du relais, passe en s, en **T**, et se perd
dans le sol; mais la palette du relais, attirée par l'électro-
aimant, vient heurter la pointe de la vis inférieure v; le
circuit de la pile locale est fermé, son courant part de
la borne **C**, gagne le bouton f, traverse les bobines de l'é-
lectro aimant **E** de l'appareil écrivant, sort par le bouton f', passe en m, en **M**, dans la masse métallique du
relais **K**, dans sa palette, et se rend, par la vis v, la tige t,
le bouton e et la borne **Z**, au pôle négatif de la pile locale.
La palette oo et le levier **A** de l'appareil écrivant sont atti-
rés, et ne reprennent leur position d'équilibre que quand
le courant de la ligne est interrompu. — Ainsi, tant que
dure le passage des courants interrompus sur la ligne, le
levier **A** de l'appareil écrivant oscille sous l'influence des
actions alternantes de sa lame élastique et de l'électro-

aimant E ; le crayon dont il est armé imprime sur la
bande de papier une série de lignes obliques disposées
en zigzag.

La ligne qui précède et celle qui suit le zigzag correspondent à la position de repos du levier avant et après la
transmission.

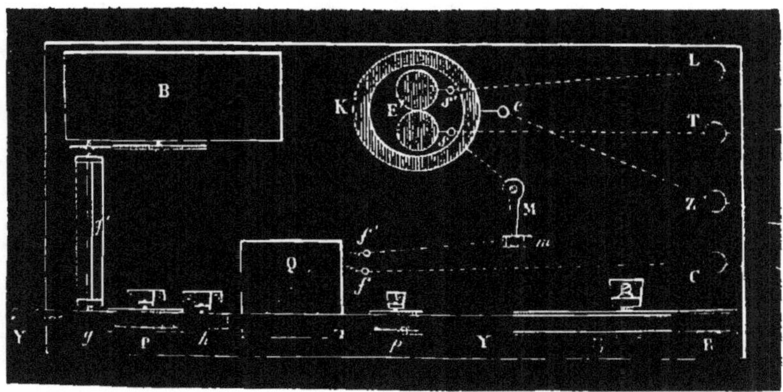

Fig. 65.

Quand les courants interrompus n'ont pas la même
durée et ne sont pas séparés par des intervalles égaux, la
ligne tracée par le crayon prend la forme suivante :

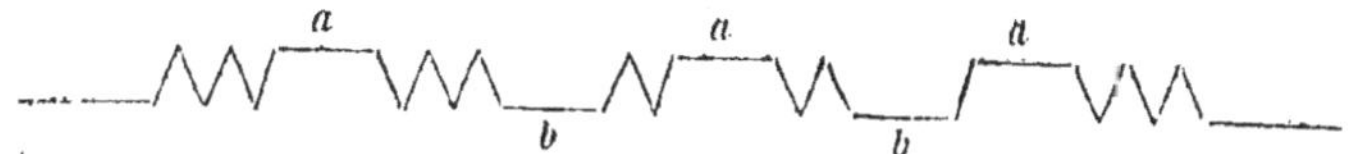

les traits a, a, a, correspondent à des courants prolongés ;
les traits b, b, à des interruptions maintenues un certain
temps.

D'après ce que nous avons dit de la composition du

manipulateur, l'employé qui expédie est toujours maître de régler le nombre des alternatives du courant transmis ; il lui suffit pour cela de ramener en face du repère A la colonnette du disque D qui correspond au chiffre représentatif de ce nombre d'alternatives. En outre, l'employé, en maintenant plus ou moins longtemps une colonnette blanche ou une colonnette noire du disque D en face du repère A, peut à volonté prolonger la durée des interruptions ou celle du passage du courant. Nous avons vu que les traits imprimés par le crayon de l'appareil écrivant du récepteur reproduisent exactement toutes ces variations du mode de transmission. Il sera donc toujours facile de combiner les traits en zigzag et les lignes droites qui correspondent aux interruptions et aux passages prolongés du courant, de manière à faire un alphabet analogue à celui du télégraphe Morse.

Appareil d'induction de M. Siemens.

Les appareils d'induction sont souvent employés dans la télégraphie sous-marine. Mais les courants ainsi obtenus sont instantanés, et ne peuvent pas servir à faire marcher un télégraphe Morse ordinaire dont le jeu régulier exige que la durée du flux d'électricité lancé sur la ligne puisse varier à volonté. M. Siemens a montré qu'il suffit de changer les dispositions du relais pour que les courants induits, malgré leur instantanéité, permettent d'imprimer à volonté de simples points ou des traits avec le récepteur Morse ou le récepteur Digney, tels que nous les avons décrits précédemment (pages 179 et 189).

Transmetteur. — Le transmetteur (fig. 66) comprend une pile locale P, un appareil d'induction électro-magnétique BB', et un manipulateur Morse ordinaire M.

Les parties constituantes de l'appareil d'induction sont au nombre de trois. — Un noyau de fer doux, composé d'un cylindre de forte tôle fendu dans toute sa longueur, rempli de fils de fer recuits, et placé dans l'axe de la bobine. — Une spirale de gros fil entoure immédiatement le cylindre de fer doux dans toute sa longueur; cette spirale inductrice, que doit traverser le courant de la pile locale, est divisée en deux portions distinctes dont l'une correspond à la partie B et l'autre à la partie B' de la bobine. — Enfin une spirale induite de fil très fin et très long, divisée de même en deux parties égales, est enroulée sur la spirale inductrice. Une cloison isolante de bois placée au milieu de la bobine sépare les deux moitiés des spirales inductrice et induite.

Le socle de bois de l'appareil d'induction porte huit boutons métalliques isolés les uns des autres et séparés en deux groupes. — Le groupe ab, $a'b'$ appartient à la spirale inductrice; les extrémités du fil de la moitié de la bobine inductrice correspondante à B se fixent, l'une à la pièce a, l'autre à la pièce a'; les extrémités du fil de l'autre moitié de la bobine inductrice correspondante à B' se fixent, l'une à la pièce b, l'autre à la pièce b'. — Le groupe cd, $c'd'$ appartient à la spirale induite; les extrémités du fil de la moitié de la spirale induite correspondante à B se fixent, l'une à c, l'autre à c'; les extrémités du fil de l'autre moitié de cette spirale induite se fixent, l'une à d, l'autre à d'.

Les trois chevilles métalliques O servent à établir des communications entre les diverses pièces du groupe *ab*, *a'b'*; il suffit pour cela de les enfoncer entre deux pièces

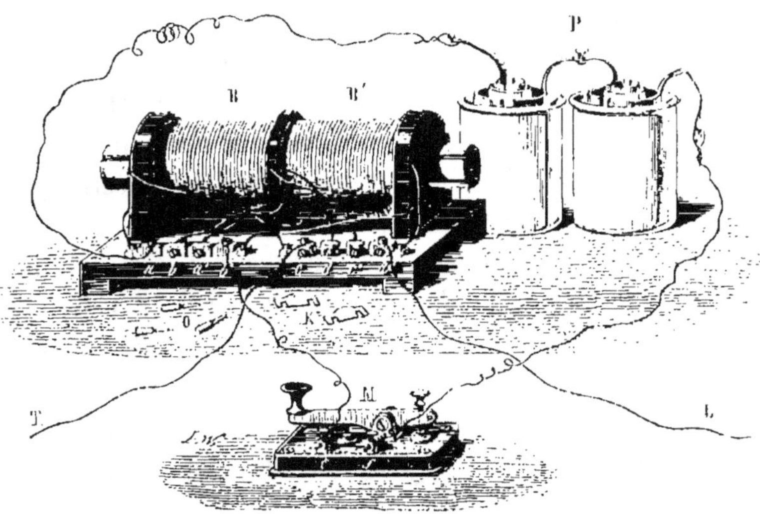

Fig. 66.

consécutives. — On établit des communications entre les diverses pièces du groupe *cd*, *c'd'*, à l'aide des deux lames métalliques K, dont les extrémités échancrées peuvent être fixées à deux pièces consécutives avec les vis dont sont armées leurs faces antérieures.

La première pièce *c* du groupe relatif à la bobine induite communique avec le sol par le fil métallique T; le fil de ligne L vient se fixer à la dernière pièce *d'* du même groupe. La bobine induite est ainsi placée dans la situation d'une pile de ligne dont elle remplit les fonctions. Elle communique par un de ses pôles avec la terre, par l'autre avec la ligne.

Le manipulateur M est un manipulateur Morse qui n'a que deux bornes ; l'une d'elles, *f*, communique avec le support fixe du levier et avec le levier lui-même, l'autre borne, *e*, communique avec le contact placé au-dessous du levier M du côté de sa poignée.

Un des pôles de la pile communique avec la borne *f* et avec le levier du manipulateur, l'autre pôle de la pile communique avec la première pièce *a* du groupe relatif à la bobine inductrice. Enfin, la dernière pièce *b'* du même groupe communique avec la borne *e* et avec le contact placé du côté de la poignée du levier du manipulateur.

On ferme le circuit de la pile en pesant sur la poignée du levier du manipulateur; on interrompt le circuit en laissant le levier se relever. La spirale inductrice envoie sur la ligne un courant instantané inverse à chaque fermeture, et un courant instantané direct à chaque rupture du circuit.

L'appareil permet d'employer à volonté soit une des deux moitiés seulement de la bobine inductrice, soit les deux moitiés associées en tension, soit les deux moitiés associées en quantité.— Plaçons une des chevilles O entre les pièces *a'*, *b'*, le courant arrive par *a*, traverse la moitié B de la bobine inductrice, arrive en *a'*, passe en *b'* par la cheville, et va à l'autre pôle de la pile ; si la cheville était placée entre les pièces *a*, *b*, le courant ne traverserait que la moitié B' de la spirale inductrice. Plaçons une cheville entre les pièces *b*, *a'*, le courant entre par *a*, traverse la moitié B de la spirale inductrice, arrive en *a'*, passe à *b* par la cheville, traverse la moitié B' de la spirale inductrice, arrive à *b'*, et se rend à l'autre pôle de la pile. Plaçons une cheville entre les pièces a, b, et une autre entre les pièces a', b', le courant arrive aux pièces réunies a, b, se partage entre les deux moitiés B, B′ de la bobine inductrice, arrive aux pièces a', b' réunies, et se rend à l'autre pôle de la pile.

On peut de même recueillir sur la ligne, soit le courant développé dans une des deux moitiés seulement de la spirale induite, soit le courant développé dans les deux moitiés de cette spirale associées en tension, soit le courant développé dans ces deux moitiés associées en quantité. Faisons communiquer les pièces c', d', avec une des lames K, la ligne ne reçoit que le courant développé dans la moitié B de la spirale induite; quand la communication est établie entre les pièces c, d, la ligne ne reçoit que le courant développé dans la moitié B′ de cette spirale induite.—Pour faire circuler sur la ligne le courant développé dans les deux moitiés de la spirale induite associées en tension, il faut faire communiquer les pièces d, c'. — Enfin on recueille sur la ligne le courant développé dans les deux moitiés de la spirale induite associées en quantité, quand on fait communiquer les pièces c, d, et les pièces c', d'.

Relais. — La figure 67 nous permettra d'expliquer la disposition des pièces intérieures de ce relais. A est un fort barreau aimanté, courbé à angle droit; son pôle austral a occupe l'extrémité de la portion verticale, et son pôle boréal b l'extrémité de la portion horizontale fortement serrée entre deux plaques de fer doux. La plaque supérieure sert de culasse à un électro-aimant en fer à cheval. Chacune des armatures E, E′, de cet électro-aimant, représente nécessairement un pôle boréal. *f* est un levier de fer doux terminé par un prolongement *d* de platine, et mobile autour de la cheville de fer *c* implantée dans l'aimant fixe A ; ce levier représente nécessairement un pôle austral.

La figure 68 représente le relais H et ses communications avec la pile locale P, le fil de ligne L, et le récepteur Morse R. Le socle de bois du relais porte quatre boutons.

Le bouton F donne attache au fil de ligne L, et à une des extrémités du fil des bobines de l'électro-aimant ; le bouton D donne attache au fil de terre T, et à l'autre extrémité du fil des bobines de l'électro-aimant. Le bouton I communique avec le levier *fd* à travers la masse métal-

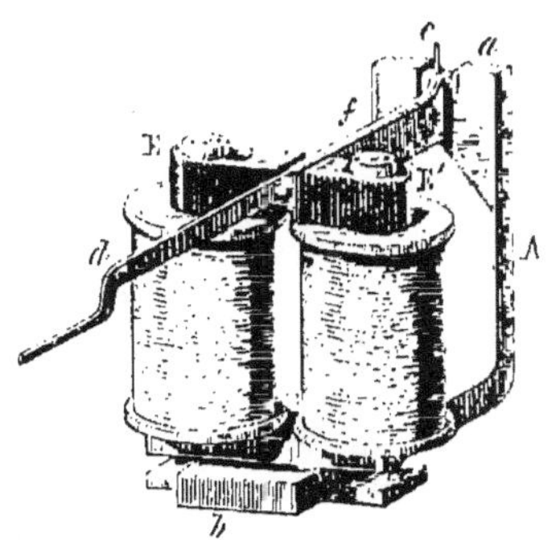

Fig. 67.

lique de l'appareil, et donne attache à un fil métallique fixé par son autre bout à la borne K, qui est en communication avec une des extrémités du fil des bobines de l'électro-aimant du récepteur. Le bouton G communique avec le pôle négatif de la pile locale P, et par un fil placé dans l'intérieur de l'appareil avec la vis *v* isolée de la masse métallique du relais. Le pôle positif de la pile est relié à la borne S qui communique avec une des extrémités du fil des bobines de l'électro-aimant du récepteur. Le bouton B, isolé de l'appareil par un cylindre d'ivoire, sert à imprimer un mouvement commun à la pièce *n* et à la vis *v*, isolées l'une de l'autre et de la masse métallique

du relais, et entre lesquelles passe le levier mobile
fd (fig. 67 et 68).

Le levier *fd* représente un pôle austral, et, par suite, est
attiré à la fois par les deux armatures E, E', puisque
chacune d'elles est un pôle boréal. A l'état de repos, on

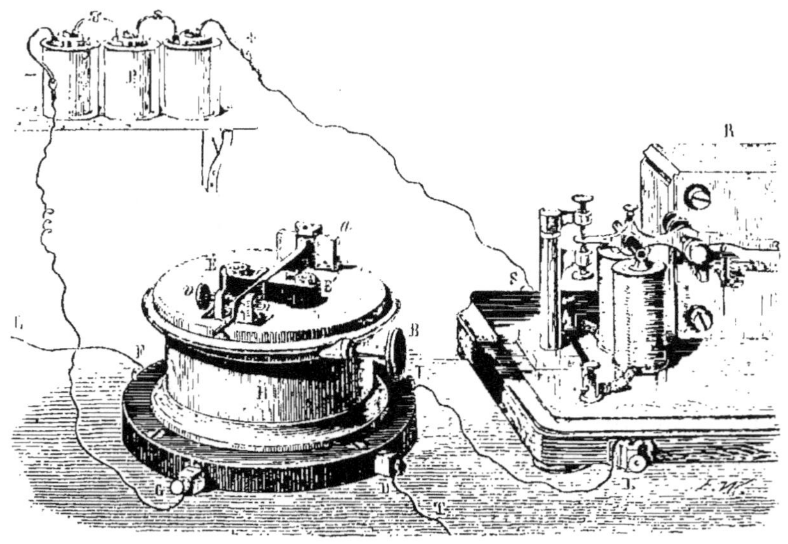

Fig. 68.

donne au système *vn* une position telle que le levier *fd*,
plus rapproché de E' que de E, appuie contre la pièce *n*;
plus la différence de distance du levier aux deux armatures est faible, plus l'appareil est sensible. Dans cette
position, le circuit de la pile locale est ouvert en *v*.

Au moment où l'on presse la poignée du manipulateur
M (fig. 66), le circuit du courant inducteur est fermé, la
bobine induite envoie sur la ligne un courant inverse
instantané. Ce courant arrive au bouton F, traverse le fil

des bobines de l'électro-aimant du relais, gagne le bouton D et se perd dans le sol. L'effet de ce courant inverse est de transformer E′ en un pôle austral, et d'augmenter la polarité boréale de l'armature E. Le levier *fd*, qui reste toujours un pôle austral, cède à l'attraction de l'armature E, vient butter contre la vis *v*, et ferme le circuit de la pile locale P. Immédiatement le levier imprimant du récepteur R entre en jeu. Bien que le courant induit qui traverse les bobines du relais soit instantané, et que, par suite, les deux armatures E, E′, reprennent très rapidement leur polarité primitive; cependant, comme le levier *fd* est plus rapproché de E que de E′, il reste appuyé contre la vis *v*, et tient le circuit de la pile locale fermé tant que le levier du manipulateur reste lui-même abaissé. Mais, au moment où le levier de ce manipulateur M (fig. 66) se relève, le courant inducteur est interrompu, et la bobine inductrice envoie sur la ligne un courant direct instantané. Ce courant direct transforme nécessairement E en pôle austral, et augmente la polarité boréale de E′. Dès lors le levier *fd* cède à l'attraction de E′, se détache de la vis *v*, rompt le circuit de la pile locale P, permet au levier du récepteur de se relever, et vient lui-même reprendre la position de repos contre la pièce *n*.

Il est facile de voir qu'en réglant d'une manière convenable les mouvements du manipulateur M du transmetteur, on reste toujours maître de la durée du courant sous l'influence duquel marche le levier imprimant du récepteur, et des intervalles qui séparent deux passages consécutifs de ce courant. On peut donc à volonté imprimer sur la bande du papier des points ou des traits, et conserver entre ces signaux les intervalles convenables.

Ce relais, très sensible, peut servir à correspondre avec des courants ordinaires. Dans ce cas, on donne au système *vn* une position telle que, lorsque le levier *fd* appuie contre *v*, il reste plus rapproché de E′ que de E. Au moment où le courant arrive par la ligne, la polarité boréale de E est augmentée et celle de E′ est diminuée ; le levier *fd* cède à l'attraction de E, butte contre la vis *v′* et ferme le circuit de la pile locale P. Mais quand le courant est interrompu sur la ligne, les armatures E, E′, reprennent leur polarité primitive ; le levier *fd*, plus rapproché de E′ que de E, cède à l'attraction de E′, se détache de la vis *v*, rompt le circuit de la pile locale, et reprend sa position primitive contre la pièce *n*.

On peut se demander si, sur les lignes exposées à de fortes perturbations de l'état électrique de l'atmosphère, l'excès de sensibilité de ce relais et la présence d'un aimant fixe ne deviendraient pas la source de difficultés sérieuses.

Appareil de **M. Hughes**.

Le professeur américain Hughes vient d'apporter en France un appareil télégraphique qui imprime directement les dépêches en caractères romains. Nous empruntons à une note de M. Bergon, inspecteur divisionnaire des lignes télégraphiques (1), l'indication sommaire des principales dispositions de cet appareil que l'administration française s'est empressée de mettre à l'étude.

(1) *Annales télégraphiques*, 1860, t. III, p. 393.

La roue des types est verticale; sa tranche porte les lettres de l'alphabet, et frotte continuellement contre un tampon imbibé d'encre. Un système de rouages, mis en jeu par un poids et dont la marche est régularisée par une lame vibrante, met la roue des types en mouvement; il entraîne, en outre, un organe destiné à établir les contacts électriques, qui tourne avec une grande vitesse au-dessus d'un disque métallique fixe, *sans le toucher*. Un clavier de piano porte, comme la roue des types, toutes les lettres de l'alphabet, un point et un blanc. — Un peu au-dessous de la roue des types, se trouve une bande de papier immobile, sur laquelle se fera l'impression des dépêches.

Sur le socle de l'appareil est fixé un aimant *permanent* en fer à cheval. Ses branches sont entourées de bobines; une armature de fer doux, sollicitée par un fort ressort antagoniste, est appliquée sur ses surfaces polaires. Lorsque le courant passe dans le fil des bobines, l'intensité magnétique de l'aimant s'affaiblit; l'armature mobile, sollicitée par le ressort, se détache des surfaces polaires, et agit sur un excentrique qui soulève la bande de papier, la fait butter contre la tranche de la roue des types, et la fait avancer d'un intervalle déterminé.

Lorsqu'on appuie le doigt sur une touche du clavier, une languette métallique fait saillie au-dessus du disque fixe, au point correspondant à la lettre gravée sur la touche abaissée; l'organe des contacts, en passant, ferme le circuit *sans s'arrêter*, et le courant s'élance sur la ligne.

Supposons deux postes munis chacun d'un appareil et réunis par un fil de ligne. Les appareils marchent synchroniquement; tout est réglé de manière que, pendant toute la durée de la rotation des deux roues des types, la *même* lettre passe toujours de part et d'autre dans la verticale au-dessus de la bande de papier. La solution du synchronisme obtenue par des lames vibrantes paraît bonne, et rendue suffisamment pratique au moyen d'une correction qui s'opère toutes les fois qu'une lettre s'imprime.

L'employé qui expédie abaisse une touche du clavier; au moment où le circuit est fermé par l'organe des contacts, la lettre gravée sur la touche abaissée passe par le diamètre vertical de la roue des types dans les deux postes correspondants. Au même moment, le courant affaiblit l'intensité magnétique de l'aimant permanent du poste qui reçoit; l'armature de fer doux est détachée par le circuit antagoniste; la bande de papier est soulevée, pressée contre la roue des types; et, puisque le synchronisme est maintenu, c'est la lettre gravée sur la touche abaissée dans le poste de départ qui est imprimée sur la bande de papier du poste d'arrivée.

L'électricité a peu à faire; le rôle du courant se borne à affaiblir assez l'aimant permanent pour permettre à l'armature de céder à la traction du ressort antagoniste. Aussi cet appareil peut-il marcher sous l'influence de courants d'intensité relativement faible et même peu constante, pourvu que les variations ne dépassent pas certaines limites assez éloignées. Enfin, et c'est le point le plus remarquable, il ne faut qu'*une* émission de courant pour faire une lettre, tandis que le système Morse en exige *trois* en moyenne. Dans l'article 3 du chapitre III, nous étudierons l'influence des lois de la propagation de l'électricité sur la rapidité de la correspondance télégraphique sur les longues lignes aériennes et sur les lignes souterraines et sous-marines. Nous montrerons alors que, dans des conditions de lignes entièrement semblables, le système du professeur Hughes fait espérer qu'on pourra atteindre une rapidité de travail *triple* de celle que permet le télégraphe Morse.

L'administration française, frappée de ces avantages, s'est empressée de faire construire deux modèles de cet appareil, qui pourra ainsi être bientôt soumis à une étude approfondie. Avant de substituer ce nouveau système à un appareil aussi éprouvé et d'une marche aussi sûre que le télégraphe Morse, il reste encore bien des questions importantes à résoudre.

« Comment le nouvel appareil, dit M. Bergon, se com-
» portera-t-il en service sur les longues lignes? Comment
» des employés parviendront-ils à conduire et régler un
» instrument tout à fait différent de celui qu'ils ont au-
» jourd'hui entre les mains, et bien plus compliqué que
» lui? Il importe surtout de vérifier avec quelle facilité
» le synchronisme, une fois perdu, peut être retrouvé par
» deux stationnaires que sépare toute la longueur d'une
» ligne, et qui n'ont aucun moyen de se parler. Sera-t-il
» facile d'obtenir les corrections des erreurs, les commu-
» nications directes et simultanées, enfin toutes les con-
» ditions d'une exploitation télégraphique? Toutes ques-
» tions auxquelles l'expérience peut seule donner une
» réponse qu'il est prudent d'attendre avant de se pro-
» noncer sur la valeur réelle du nouveau procédé. »

On ne peut donc pas encore affirmer que le professeur Hughes soit parvenu à substituer les caractères ordinaires aux signes conventionnels dans la reproduction des dépêches télégraphiques imprimées; mais, en présence des résultats déjà acquis, il est permis d'espérer qu'une solution complète et satisfaisante de ce beau problème ne se fera pas longtemps attendre.

ARTICLE IV.

TÉLÉGRAPHIE SPÉCIALE DES CHEMINS DE FER.

Sur une voie ferrée, toutes les stations sont reliées par des fils conducteurs, et munies d'appareils télégraphiques à cadran du modèle décrit page 113 et suivantes. Les chefs de station peuvent ainsi se tenir en correspondance, et se transmettre mutuellement tous les renseignements exigés par une bonne exploitation. Ces télégraphes à cadran rendent certainement de grands services aux compagnies de chemins de fer; mais ils sont insuffisants pour assurer, dans tous les cas, la sécurité de la voie ferrée. Dans le but de diminuer autant que possible les chances de collision, on a imaginé, dans ces derniers temps, une foule d'appareils télégraphiques spéciaux destinés à indiquer le nombre et le sens des trains en marche, à signaler les accidents survenus sur la voie et à hâter l'arrivée des secours; nous ne parlerons ici avec quelques détails que de ceux de ces appareils dont l'efficacité a été démontrée par l'expérience.

Appareil mobile.

M. Bréguet a modifié son appareil à cadran de manière à en faire un poste tout organisé à l'avance, qui peut être placé sur un train en marche. Lorsqu'un accident arrive sur un point quelconque de la voie, le chef de train peut en avertir le chef de la station voisine et demander des secours.

L'appareil (fig. 69) est contenu tout entier dans une boîte de bois cubique, de 27 centimètres de côté. La pile, composée de dix-huit petits couples, est constamment chargée et logée dans le fond MM de la boîte, au-dessous du manipulateur. La lame P communique avec le pôle positif, et la lame N avec le pôle négatif de la pile ; une boussole B est placée dans le circuit. Le mouvement d'horlogerie et l'électro-aimant du récepteur sont logés derrière la planche verticale qui porte le cadran.

Des boutons métalliques et des bandes de cuivre incrustées dans les planches de la boîte complètent les communications ainsi qu'il suit :

La vis de contact v communique d'une manière permanente avec le pôle positif P de la pile.

La vis de contact v', contre laquelle appuie le levier mobile du manipulateur à l'état de repos, communique avec le bouton V', et par son intermédiaire, avec une des extrémités du fil des bobines de l'électro-aimant du récepteur.

Le levier mobile du manipulateur communique, à travers la masse métallique de l'appareil, avec la bobine C et le fil L.

Le pôle négatif N de la pile communique avec un bouton V, auquel aboutit l'autre extrémité du fil des bobines de l'électro-aimant du récepteur; ce bouton V, d'ailleurs, communique avec la boussole B, la bobine C' et le fil T.

Lorsque le train muni de cet appareil est arrêté dans sa marche par un accident quelconque, on exécute la manœuvre suivante :

Un employé soulève le couvercle K de la boîte de l'appareil, attache le bout libre du fil L de la bobine C à l'extrémité d'une canne à tirage, et va fixer le crochet métallique de l'autre extrémité de la canne au fil qui établit la communication entre les diverses stations des chemins de fer. Le fil T de la bobine C' est mis en communication avec la terre, au moyen d'un coin de fer enfoncé entre deux rails. Dans cet état, l'appareil est prêt à marcher; il est en communication avec les récepteurs des deux stations entre lesquelles le train est arrêté.

L'employé tourne alors la manivelle du manipulateur, et l'arrête sur une position telle que l'extrémité du levier mobile appuie contre la vis de contact v; si les communications sont bien établies, le courant passe, et l'aiguille de la boussole est déviée. Cette vérification étant faite, il ramène la manivelle sur la croix du cadran.

Le courant envoyé par le poste mobile s'est nécessairement bifurqué, et a mis en mouvement les sonneries des deux stations entre lesquelles le train est arrêté. L'une des deux stations répond la première; les signaux arrivent à la fois à l'appareil du train et à celui de l'autre station. L'employé du train empêche alors les deux sta-

tions d'entrer en correspondance ; il *coupe* leur conver-
sation en faisant exécuter à la manivelle de son manipulateur un tour entier de cadran ; puis il prévient que

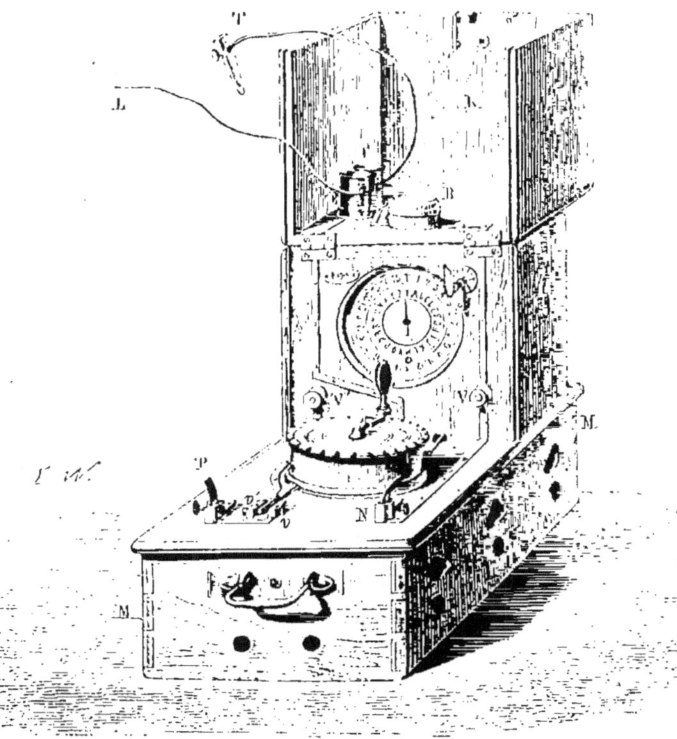

Fig. 69.

c'est le télégraphe du train qui demande la correspondance.

Un fil supplémentaire, qui vient se fixer entre la boussole B et la bobine C', permet d'établir la communication
directe avec la terre, sans que la bobine C' entre dans le

circuit. On reste donc toujours maître de régler l'intensité des courants échangés entre le poste mobile et la station correspondante.

La pile devait nécessairement être modifiée et protégée contre les effets des secousses qu'elle éprouve quand le train est en marche. M. Bréguet emploie des couples de Daniell dont l'élément zinc est entouré de sable humecté avec de l'eau, et l'élément cuivre de sable mouillé avec une dissolution saturée de sulfate de cuivre. On peut aussi se servir d'une pile de Daniell ordinaire, en ayant soin de fermer exactement les ouvertures des vases de verre et des cylindres de terre poreuse avec des bouchons de liége.

Les appareils télégraphiques mobiles de M. Bréguet peuvent encore recevoir une autre destination : ils permettent d'improviser un poste provisoire sur un point quelconque de la ligne. Ces appareils sont donc appelés à rendre de grands et nombreux services aux compagnies des chemins de fer, qui doivent toujours en avoir un certain nombre à leur disposition sur toutes les lignes.

Appareils de M. Regnault.

Dès 1847, M. Regnault, chef du mouvement au chemin de fer de l'Ouest, proposa l'emploi d'appareils destinés à assurer la sécurité des voies ferrées. Son système comprend un *indicateur des trains* et un *appareil de demande de secours*.

Indicateur des trains. — Le but de cet appareil est : 1° d'empêcher deux trains de marcher en sens contraires entre deux stations consécutives d'un chemin de fer à voie unique ; 2° d'empêcher toute collision entre deux trains marchant dans le même sens, sur une même voie ; 3° d'indiquer d'une manière permanente, visible pour tous les agents des deux gares entre lesquelles circule un train, la présence de ce train, ainsi que le sens de sa marche. M. Regnault a donné de ce triple problème une solution très simple et très satisfaisante.

La figure 70 représente l'appareil dans sa boîte de bois, tel qu'il existe dans les gares des chemins de fer. A la

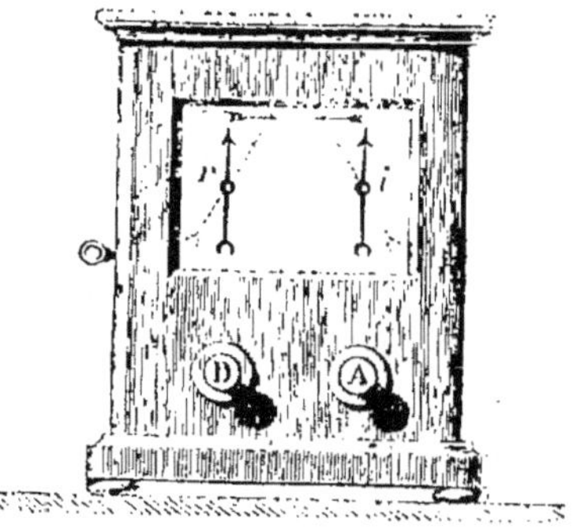

Fig. 70.

partie inférieure sont deux boutons poussoirs : le bouton marqué D sert à signaler à la gare correspondante le départ d'un train qui marche vers elle ; le bouton marqué A sert à avertir la gare correspondante que le convoi signalé est arrivé. A la partie supérieure de l'appareil sont deux aiguilles i, r, verticales à l'état de repos, et qui ne peuvent s'incliner que dans le sens indiqué par les flèches. L'aiguille i, placée au-dessus du bouton A, prend le nom d'*aiguille indicateur ;* c'est elle qui sert à signaler l'approche d'un convoi. L'aiguille r, placée au-dessus du bouton D, prend le nom d'*aiguille répétiteur;* elle sert à indiquer que le signal transmis est arrivé. Une gare tête de ligne n'a qu'un appareil ; une gare intermédiaire en a deux indépendants, l'un communiquant avec la gare qui la précède, l'autre avec la gare qui la suit.

La figure 71 représente l'intérieur de l'indicateur, la composition d'un poste A tête de ligne, d'un poste B intermédiaire, et les moyens de communication de ces postes. Le poste A tête de ligne n'a qu'un appareil X qui correspond avec l'appareil Y du poste B par le fil de ligne L, L, L; indépendamment de l'appareil Y, le poste B a un second appareil X′ complétement indépendant du premier, et destiné à communiquer avec la gare suivante.

Chacun de ces appareils se compose d'un manipulateur fixé sur un socle de bois horizontal, et d'un récepteur à deux aiguilles fixé sur une planche de bois verticale (1).

Le *manipulateur* se compose de trois lames métalliques élastiques V, V′, V″, fixées au socle de bois par une de leurs extrémités. A l'état de repos, leurs extrémités libres appuient contre les contacts métalliques isolés a, a', a''. Le contact a communique avec la borne p', le contact a' avec le bouton f et la borne T, le contact a'' avec la borne L. Par leurs extrémités fixes, les ressorts communiquent : V avec la borne Z, V′ avec la borne C, V″ avec le bouton f', qui lui-même est en communication permanente avec le levier l du récepteur. On voit en A et en D les

(1) Les mêmes lettres indiquent les mêmes organes dans l'appareil X et dans l'appareil Y.

projections des deux boutons poussoirs dont nous avons déjà parlé.

Le bouton poussoir D agit sur ces trois ressorts au moyen d'un peigne isolant d'ivoire ; quand ce bouton est pressé, V butte contre le contact a', V' contre le contact a'', et le ressort V'' est isolé par son extrémité libre. Au moment où le bouton poussoir D est abandonné à lui-même, les ressorts reprennent spontanément leur position de repos indiquée dans la figure.

Sur le socle du manipulateur sont fixées quatre bornes L, T, C, Z. La borne L donne attache au fil de ligne, et la borne T au fil de terre ; la borne C communique avec le pôle positif et la borne Z avec le pôle négatif de la pile.

Le *récepteur* se compose essentiellement de deux électro-aimants horizontaux e, e', mobiles sur leurs pivots, et dont le jeu est le même que celui de l'électro-aimant palette du télégraphe à renversement des courants (p. 139, fig. 42).

L'électro-aimant e est destiné à faire marcher l'*aiguille indicateur* i. Son barreau de fer doux se termine par deux armatures plates et verticales de fer doux, qui viennent se placer entre les pôles de noms contraires de deux aimants fixes o, o'. A l'état de repos, ces armatures de fer doux appuient contre les pôles de l'électro-aimant o, et l'aiguille i est verticale. Lorsque le courant qui traverse la bobine e polarise son barreau de fer doux dans le même sens que l'aimant fixe o, les armatures sont repoussées vers l'aimant fixe o', et la bobine tourne sur son axe horizontal. A l'une de ses extrémités, cette bobine est armée de deux leviers verticaux t, l. Le levier supérieur t, engrène une petite roue dentée *s* à laquelle est fixé l'axe de l'aiguille *i*. Quand les armatures sont repoussées vers l'aimant fixe *o'*, l'aiguille *i* s'incline dans le sens de la flèche. En même temps, le levier inférieur *l*, qui à l'état de repos appuie contre la borne métallique *p*, est entraîné par la bobine et vient heurter contre la borne *p'*. Quand le courant cesse de traverser la bobine, ses armatures sont retenues par les surfaces polaires de l'aimant fixe *o'*, l'aiguille *i* reste inclinée, et le levier *l* reste en contact avec la borne *p'*, jusqu'à ce que, par une pression mécanique, on rétablisse la bobine dans sa position du repos et qu'on ramène ses armatures à leur position verticale contre les surfaces polaires de l'aimant fixe *o*.

L'électro-aimant *e'* est destiné à faire marcher l'*aiguille répétiteur r*, il est disposé comme l'électro-aimant *e*. Seulement ses armatures verticales de fer doux sont placées entre un aimant fixe *d* et une pièce de fer doux *d'*. A l'état de repos, les armatures sont maintenues verticales par l'attraction des surfaces polaires de l'aimant fixe *d*, et l'aiguille *r* est aussi verticale. Quand le courant qui traverse la bobine *e'* polarise son barreau de fer doux dans le même sens que l'aimant fixe *d*, les armatures sont repoussées vers la pièce de fer doux *d'*, et l'aiguille *r* s'incline dans le sens de la flèche. Les armatures et l'aiguille conservent cette position tant que le courant continue à passer ; mais du moment que le courant est interrompu, les armatures se désaimantent, cèdent à l'attraction des surfaces polaires de l'aimant fixe *d*, et ramènent spontanément la bobine *e'* et l'aiguille *r* à leur position de repos.

Les deux bobines *e*, *e'*, communiquent entre elles; en

outre, la première communique d'une manière permanente avec la borne p, et la seconde avec le bouton f. Quand le courant traverse les deux bobines de p en f, les deux barreaux de fer doux sont polarisés comme l'aimant fixe o; par conséquent les armatures de la bobine c sont *seules* repoussées, et l'aiguille indicateur i est *seule* inclinée; la bobine c' et l'aiguille répétiteur r conservent leur position de repos. Quand, au contraire, le courant change de sens et traverse l'appareil de f en p, les deux barreaux sont polarisés comme l'aimant fixe d; alors les armatures de la bobine c' sont *seules* repoussées, et l'aiguille répétiteur r est *seule* inclinée. Quant à la bobine c et à l'aiguille indicateur i, elles conservent leur position de repos sous l'influence du courant dirigé de f en p.

Il est facile maintenant de comprendre le jeu de cet appareil.

Supposons qu'un train parte de la gare A pour se rendre à la gare B. L'employé de la gare A appuie le doigt sur le bouton *poussoir* D de l'appareil X. Les lames élastiques du manipulateur sont déplacées; V touche le contact a', V' le contact a'', et V'' est isolé. Le pôle négatif de la pile de l'appareil X communique avec la terre par la borne Z, la lame V, le contact a' et la borne T. Le courant part de la borne C, gagne la lame V', le contact a'', la borne L, traverse le fil de ligne L, L, L, et aboutit à la borne L de l'appareil Y du poste B. De là il gagne le contact a'', la lame V'', le bouton f' et le levier l, la borne p, traverse les bobines de p en f et se perd dans le sol par le contact a' et la borne T. Dès lors les barreaux des deux bobines c, c' de l'appareil Y acquièrent la même polarité que l'aimant fixe o; la bobine e' conserve sa position, et l'aiguille r reste verticale; mais l'armature de la bobine e est repoussée vers l'aimant o', et l'aiguille indicateur i s'incline dans le sens indiqué par la flèche, c'est-à-dire dans le sens de déplacement du train. Le levier l se détache de la borne p, heurte la borne p', et le courant est interrompu. L'armature de la bobine e est maintenue par l'attraction de l'aimant fixe o', et l'aiguille i reste inclinée malgré la cessation du courant.

Au moment où le levier l de l'appareil Y appuie contre la borne p', le circuit de la pile de cet appareil est fermé. Le pôle positif de cette pile communique avec la terre par la borne C, la lame V', le contact a' et la borne T. Le courant du pôle négatif de la pile part de la borne Z, passe à la lame V, au contact a, à la borne p', au levier l qui appuie contre p', au bouton f', à la lame V'', au contact a'', à la borne L; de là il traverse la ligne L, L, L, aboutit à la borne L de l'appareil X de la gare de départ A, passe au contact a'', à la lame V'', au bouton f', au levier l, à la borne p, traverse les bobines de p en f, et se perd dans le sol par la borne f, le contact a' et la borne T. Les bobines e, e' de l'appareil X étant traversées par un courant *négatif* de p en f, leurs barreaux et leurs armatures prennent la polarité de l'aimant fixe d; dès lors la bobine e et l'aiguille *indicateur* i conservent leur position; mais l'armature de la bobine e' est repoussée vers la pièce de fer doux d', et l'aiguille *répétiteur* r est inclinée dans le sens de la flèche, c'est-à-dire dans le sens de la marche du train. Cette bobine e' et l'aiguille répétiteur r restent ainsi déplacées tant que le courant continue,

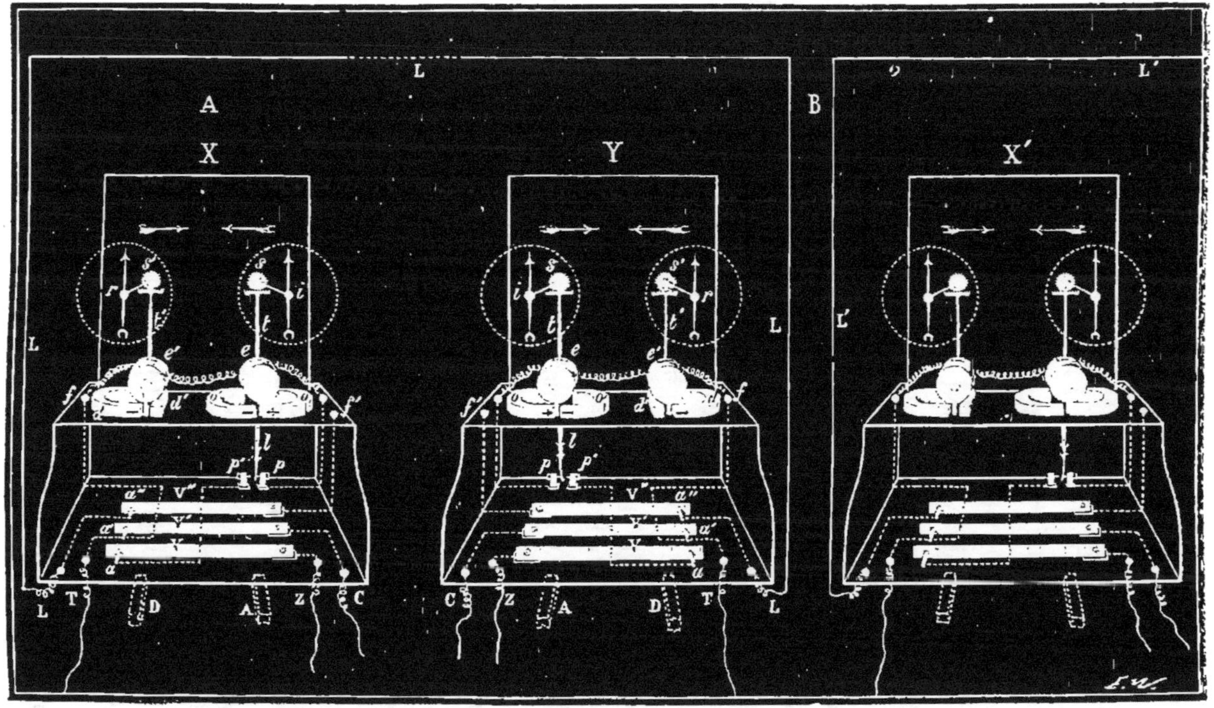

Fig. 71.

c'est-à-dire tant que dure le trajet du train entre les deux gares A et B.

Par ce moyen, l'employé du poste A, qui a donné le signal de départ du train, est sûr que l'employé de la gare B est averti, puisque l'aiguille *répétiteur r* de la gare A entre en mouvement sous l'influence de la pile de l'appareil Y, dont le circuit a été fermé en p' par le courant expédié de la gare A.

Tant que le train est entre les deux gares, l'aiguille *indicateur i* de l'appareil Y et l'aiguille *répétiteur r* de l'appareil X restent inclinées ; les employés de ces deux gares sont avertis que la voie est occupée par un train marchant de A en B.

Quand le train est arrivé en B, l'employé de cette gare appuie sur le bouton poussoir A de l'appareil Y. Ce bouton agit sur un levier coudé qui détache le levier l de la borne p' et le ramène contre la borne p. L'aiguille *indicateur i* de l'appareil Y est ramenée à la verticale, et l'armature de la bobine e à sa position de repos, contre les surfaces polaires de l'aimant fixe o. Mais alors le circuit de la pile de l'appareil Y est rompu en p', le courant cesse ; l'armature de la bobine e' de l'appareil X est désaimantée, cède à l'attraction de l'aimant fixe d, et ramène l'aiguille *répétiteur r* à la position verticale. De cette manière, l'employé de la gare A est averti que le train est arrivé en B, et que la voie est libre entre les deux gares.

Ces détails suffisent pour faire comprendre tous les services que des appareils de ce genre installés dans les gares des chemins de fer peuvent rendre, et combien ils contribuent à la sécurité des voyageurs.

Appareil de demande de secours. — Les lignes ferrées sont divisées en un certain nombre de sections servies par un bureau de dépôt placé en leur milieu. M. Regnault a eu la pensée de mettre chacun de ces dépôts en communication permanente avec des appareils fixes distribués dans l'étendue de ces sections, et qui permettent aux trains en détresse de communiquer avec les dépôts pour demander du secours.

A cet effet, une pile est placée dans chaque dépôt; de son pôle positif part un fil qui dessert la moitié droite de la section correspondante, et de son pôle négatif, un second fil qui dessert la moitié gauche de la section. Les bouts libres de ces fils plongent en terre aux extrémités de la section, qui est ainsi traversée par un courant continu dans toute sa longueur; les *avertisseurs* sont tous placés dans ce circuit électro-dynamique.

Un *avertisseur* (fig. 72) se compose d'un galvanomètre récepteur G et d'un manipulateur semblable à celui du télégraphe à cadran de M. Bréguet. Le fil de ligne est coupé; l'un de ses bouts F descend du poteau et vient se fixer à la borne B, qui communique avec une extrémité du fil du galvanomètre; l'autre extrémité de ce dernier fil communique avec la borne E reliée elle-même par un fil à un bouton à vis p du manipulateur. De l'autre côté de l'appareil, l'autre bout F' du fil de ligne vient se fixer au bouton H qui communique, en o, avec le centre de mouvement du levier du manipulateur. La manivelle M entraîne dans son mouvement de rotation une roue métallique R à gorge sinueuse; le levier du manipulateur est lui-même entraîné, et exécute des oscillations qui éloignent et rapprochent alternativement son extrémité libre du bouton *p*.

A l'état de repos, la manivelle **M** est verticale, le levier appuie contre le bouton *p*, le circuit est fermé, le fil de ligne est traversé par un courant continu ; l'aiguille *a* est déviée, et appuie, par son extrémité inférieure, contre le timbre *t* ; *t'* est un second timbre placé symétriquement du côté opposé.

Les *avertisseurs* sont séparés l'un de l'autre et du poste de dépôt lui-même par un intervalle de *quatre* kilomètres. La gorge de la roue R porte un nombre de sinuosités qui représente le numéro d'ordre de l'avertisseur, à partir du dépôt. La roue du troisième avertisseur est à trois sinuosités, celui du cinquième à cinq sinuosités, et ainsi de suite. Quand la manivelle du manipulateur d'un avertisseur quelconque fait un tour entier, le nombre des interruptions du courant est égal au nombre des sinuosités de la roue, et correspond exactement au numéro d'ordre de l'appareil.

Dans le bureau du chef de dépôt, le courant traverse un récepteur à cadran dont les lettres sont remplacées par des chiffres en nombre égal à celui des avertisseurs avec lesquels il communique. Quand le circuit est fermé, l'aiguille du récepteur est sur la *croix* du cadran ; mais à chaque interruption du courant, cette aiguille avance d'une division.

Supposons qu'un train lancé sur la voie soit arrêté par un accident quelconque. Le chef du train court à l'avertisseur le plus voisin, dont la distance ne peut pas excéder *deux* kilomètres, saisit la manivelle du récepteur et

lui fait exécuter un tour entier. Immédiatement l'aiguille du récepteur du dépôt se déplace, et s'arrête sur la division qui indique le numéro d'ordre de l'avertisseur qui demande du secours. D'ailleurs la première interrup-
tion du circuit détermine le déclanchement d'une sonnerie qui donne l'éveil au chef du dépôt.

Après avoir pris connais-
sance de l'indication de son récepteur, le chef du dépôt répond qu'il a *reçu*. Pour cela, il *renverse* le sens du courant à l'aide d'un commutateur placé dans son bu-
reau ; puis il ramène l'ai-
guille de son récepteur à la croix. Au moment où le cou-
rant de la ligne est renversé, l'employé qui demande du secours voit l'aiguille *a* de l'avertisseur prendre une déviation inverse, et frapper contre le timbre *t'*; il sait

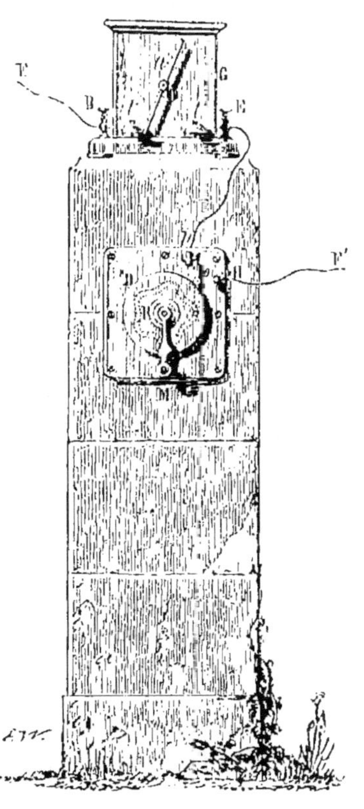

Fig. 72.

que son signal a été reçu. Pour éviter toute confusion, cet employé fait de nouveau exécuter un tour entier à la manivelle de son avertisseur.

Moniteurs électriques.

Les moniteurs électriques sont de deux ordres. Les uns servent à indiquer aux gares la marche d'un convoi engagé sur la voie, en leur envoyant une série de signaux qui leur font connaître la direction du train et l'instant précis où il passe devant chaque poteau kilométrique. Les autres sont disposés de manière à prévenir le mécanicien qu'un danger le menace, et à lui donner le signal d'arrêt.

En 1853, MM. Bianchi et Lejeune proposèrent un système très complet destiné à prévenir les accidents sur les chemins de fer à une voie. Deux stations A, B, sont reliées par deux fils spéciaux dont chacun est traversé par un courant électrique. Les stations sont munies chacune d'un cadran portant un nombre de divisions égal à celui des kilomètres qui les séparent, et deux aiguilles indépendantes. Une aiguille du cadran de la station A et une aiguille du cadran de la station B avancent d'une division à chaque interruption de l'un des courants; les deux autres aiguilles sont soumises à l'action du second courant. En face de chaque poteau kilométrique, on dispose, à droite de la voie ferrée, un interrupteur pour l'un des courants, et à gauche un interrupteur pour l'autre courant. Les locomotives sont toutes armées d'un appendice latéral placé de manière que, quand le train est en marche, cet appendice mette en jeu le système d'interrupteurs disposé sur la voie à gauche du convoi, dans le sens de son déplacement. Il en résulte que, suivant que le

convoi marche de A en B ou de B en A, c'est l'un ou l'autre
groupe d'aiguilles correspondantes qui est mis en mouvement. D'ailleurs les aiguilles marchent toujours dans
le sens du déplacement du convoi qui détermine les interruptions du courant.

Un convoi part de A pour se rendre en B. Au moment
où la locomotive passe devant un poteau kilométrique
quelconque, son appendice agit sur l'interrupteur correspondant; le circuit est rompu un instant et se rétablit de
lui-même. Il en résulte que les deux aiguilles des stations
A et B avancent d'une division dans le sens du déplacement du convoi. Par ce moyen, il n'y a qu'à consulter les
cadrans dans les deux stations pour savoir s'il y a un
convoi en marche, connaître le sens de son déplacement,
et sa position sur la voie à moins d'un kilomètre près.
Ajoutons d'ailleurs qu'en passant devant le premier
poteau kilométrique à son départ, la locomotive fait non-
seulement marcher les deux aiguilles, mais déclanche une
sonnerie qui prévient l'employé du poste vers lequel le
train se dirige.

Supposons que, malgré l'avertissement qu'il a reçu de
la présence d'un train sur la voie, l'employé de la station B laisse engager sur la même voie un second train
en sens inverse, de B en A. Ce nouveau train va agir sur
le second système d'interrupteurs, mettre en mouvement
le second système de deux aiguilles concordantes sur les
cadrans des deux stations; d'ailleurs les aiguilles de ce
second système se meuvent aussi dans le même sens que
le train qui détermine leur mise en action. Les employés
des deux stations se trouvent ainsi avertis que deux train

marchent sur une même voie en sens inverses, qu'une collision est imminente.

A côté des cadrans indicateurs, il existe un bouton qui donne à l'employé le moyen de signaler le danger sur toute la voie; en pressant sur le bouton, il agit sur un troisième courant qui règne entre les deux stations, et fait tourner les signaux d'alarme. Les chefs de train, prévenus du danger, donnent le signal d'arrêt.

M. Bonelli a cherché la solution du problème suivant : Des trains en nombre quelconque étant engagés sur une voie ferrée, leur donner le moyen d'entretenir une correspondance suivie entre eux et avec les postes télégraphiques de la ligne. Ce système a été essayé en Sardaigne et en France. Les expériences, exécutées sur des distances de plus de 12 kilomètres, en présence de témoins nombreux et très compétents, donnèrent des résultats satisfaisants. Cependant l'appareil de M. Bonelli n'a jamais été adopté par les administrations des chemins de fer; nous devons nous contenter de mentionner ce système, qui n'a pas été soumis à des épreuves suffisantes pour qu'il soit permis d'en apprécier complétement la valeur.

Le système de M. Guyard fournit le moyen de faire parvenir un signal d'arrêt à un convoi en marche. Parallèlement aux rails de la voie ferrée, on dispose deux fils métalliques *isolés;* ces fils sont fractionnés en sections de 1600 mètres de longueur, de manière que les interruptions de l'un des fils correspondent au milieu des sections de l'autre. La locomotive de chaque convoi porte une pile dont le pôle négatif communique avec le sol par les roues et par les rails, et dont le pôle positif communique constamment, au moyen de frotteurs, avec les deux fils parallèles aux rails; une sonnerie, placée sur chaque locomotive, reste constamment intercalée dans le circuit. Dans l'état normal, les fils étant isolés du sol, les courants des piles ne peuvent pas circuler.

Si un accident de quelque gravité arrive sur la voie, le cantonnier met un des fils en communication avec le sol. Au moment où les frotteurs de la pile du convoi en marche atteignent l'extrémité de la section de ce fil, le circuit est fermé; la sonnerie d'alarme entre en jeu, et prévient le mécanicien qu'il doit arrêter.

Supposons deux trains engagés sur la même voie et allant à la rencontre l'un de l'autre. Au moment où les frotteurs de leurs piles touchent la même section de l'un des deux fils, c'est-à-dire à au moins 800 kilomètres de distance, les deux circuits sont fermés. Les deux piles sont en opposition, et, par suite, rien ne devrait passer; mais chacune d'elles est armée d'un commutateur qui marche sous l'influence d'un mouvement d'horlogerie, et renverse continuellement les communications des pôles de ces piles avec les conducteurs. De cette manière, le circuit de chacune des deux piles se complète par la sonnerie de l'autre; les deux mécaniciens reçoivent en même temps le signal, ont le temps de serrer les freins et d'éviter une collision.

Quelquefois la locomotive porte une pile qui, par ses deux pôles, communique avec deux longs fils placés le long des waggons, et réunis à l'arrière du train. Une sonnerie intercalée dans le circuit entre en jeu au moment où le courant est interrompu, et reste au repos tant que le courant passe. Si, pendant la marche, le train se divise, les fils sont brisés, le circuit électro-dynamique est rompu, et la sonnerie donne le signal d'alarme. Quand le chef de train veut donner au mécanicien le signal d'arrêt, il lui suffit d'interrompre le courant, en rompant le circuit.

CHAPITRE III.

CORRESPONDANCE TÉLÉGRAPHIQUE.

Dans les deux chapitres précédents nous avons décrit avec détail les divers appareils qui permettent d'utiliser l'électricité dynamique pour la transmission des signaux à grande distance. Pour compléter cette étude de la télégraphie électrique, il nous reste à traiter trois questions importantes : nous devons faire connaître les divers modes de communication des postes télégraphiques, rechercher la nature et les origines des perturbations qu'éprouve la transmission sur les longues lignes, enfin déterminer les conditions imposées à la correspondance télégraphique par le mode de propagation de l'électricité dans les conducteurs linéaires, et les moyens d'y satisfaire.

ARTICLE PREMIER.

MODES DIVERS DE COMMUNICATION DES POSTES.

Pour satisfaire à tous les besoins du service télégraphique, les appareils doivent être disposés de manière à permettre de modifier à volonté le mode de communication des postes d'une même ligne. Après avoir exposé les procédés très simples et peu nombreux généralement adoptés, nous nous occuperons de quelques modes de communication qui n'ont pas été appliqués en grand, mais dont l'examen présente un grand intérêt théorique.

Communication directe. — Nous avons vu (page 134) comment, avec l'appareil à cadran, la communication directe peut être établie entre deux postes quelconques à travers les postes intermédiaires auxquels la dépêche ne s'adresse pas. Nous montrerons plus bas (page 239) que l'appareil Morse se prête très facilement au même mode de transmission.

Translation. — Lorsque la correspondance doit s'établir entre deux postes très éloignés, la pile du poste qui expédie n'est plus assez puissante pour faire parvenir un courant efficace à une si grande distance ; le courant qui traverse le poste auquel la dépêche est destinée est tellement affaibli par la résistance et les pertes de la ligne, qu'il est incapable de faire marcher le récepteur. Dans ce cas, on dispose les fils de communication des postes intermédiaires de manière que leurs piles de ligne entrent dans le circuit et fassent l'office d'autant de relais de ligne. Avec cette disposition, appelée translation, chaque pile ne fonctionne en réalité qu'entre deux postes successifs, et la dépêche est transmise d'une manière certaine d'un poste extrême à l'autre, quelle que soit leur distance.

La figure 73 représente un poste intermédiaire avec les deux appareils Morse disposés de manière à satisfaire à tous les modes de transmission.

Le fil V de la ligne de droite vient se fixer au commutateur K, et le fil V' de la ligne de gauche au commutateur K'. — N est le commutateur de la pile de ligne de l'appareil de droite, et N' le commutateur de la pile de ligne de l'appareil de gauche. Des lignes blanches indiquent les communications des appareils entre eux et avec les quatre commutateurs. D'ailleurs les lettres déjà employées dans la figure 59 (page 180) indiquent les mêmes organes dans les deux appareils.

Dans chacun des appareils, la borne M communique avec la masse métallique B du mouvement d'horlogerie, et par son intermédiaire, avec le levier D de l'appareil à signaux du récepteur ; la borne I communique avec la vis supérieure de la colonne G, et la borne P avec la vis inférieure de cette même colonne. Nous savons d'ailleurs que, dans l'état de repos, le levier D appuie contre la vis supérieure de la colonne G, et que, dans ses mouvements d'oscillation, il butte alternativement contre la vis inférieure et la vis supérieure de cette colonne.

Quand les ressorts des commutateurs K, K', appuient sur les contacts a, a', l'appareil de droite communique exclusivement avec la ligne de droite V, et l'appareil de gauche avec la ligne de gauche V'. L'appareil de droite peut à volonté recevoir par la ligne V et transmettre sur cette ligne ; il en est de même de l'appareil de gauche par rapport à la ligne V'.

Pour établir la *communication directe*, c'est-à-dire pour faire que le courant lancé sur l'une des deux lignes V, V' passe sur l'autre sans agir sur les appareils du poste, il suffit évidemment de pousser les ressorts des commutateurs K, K' sur les contacts b, b' reliés par un fil métallique.

Enfin la transmission en *translation* s'établit en poussant les deux ressorts des commutateurs K, K' sur les contacts métalliques d, d'.

Supposons, en effet, que le courant de la ligne arrive à droite par **V** ; ce courant, dont le trajet est indiqué par des flèches empennées, passe du commutateur **K** à la borne **M** de l'appareil de gauche, à la masse métallique **B**, au levier **D**, à la vis supérieure de la colonne **G**, à la borne **I**, et gagne la borne **C** du manipulateur de l'appareil de droite, d'où il se rend à la borne **L** du même appareil. De la borne **L**, ce courant part pour traverser la bobine de l'électro-aimant **E'** du relais de droite, se rend à la borne **T** et se perd dans le sol. Mais, en traversant la bobine de l'électro-aimant **E'**, ce courant a fermé le circuit de la pile locale **S**. Le courant de cette pile locale, indiqué par des flèches non empennées, traverse la bobine de l'électro-aimant **E** du récepteur de droite ; l'extrémité du levier **D** s'abaisse, et le signal transmis est imprimé.

L'extrémité de ce levier **D** de l'appareil de droite, en s'abaissant, appuie sur la vis inférieure de la colonne **G** qui communique avec la borne **P**, et par son intermédiaire, avec le commutateur **N** de la pile de ligne de droite. Dès lors le courant de cette dernière pile part du commutateur **N**, gagne la borne **P** de l'appareil de droite, la vis inférieure de la colonne **G**, le levier **D**, passe dans la masse métallique **B**, se rend à la borne **M**, au contact *d'* du commutateur **K'**, et de là s'élance sur la ligne de gauche **V'** pour transmettre la dépêche au poste suivant.

Il est facile de voir que, si le courant arrivait au poste par la ligne de gauche **V'**, le récepteur de gauche imprimerait la dépêche, et la pile de ligne de l'appareil de gauche fournirait un courant qui se rendrait du commutateur **N'**

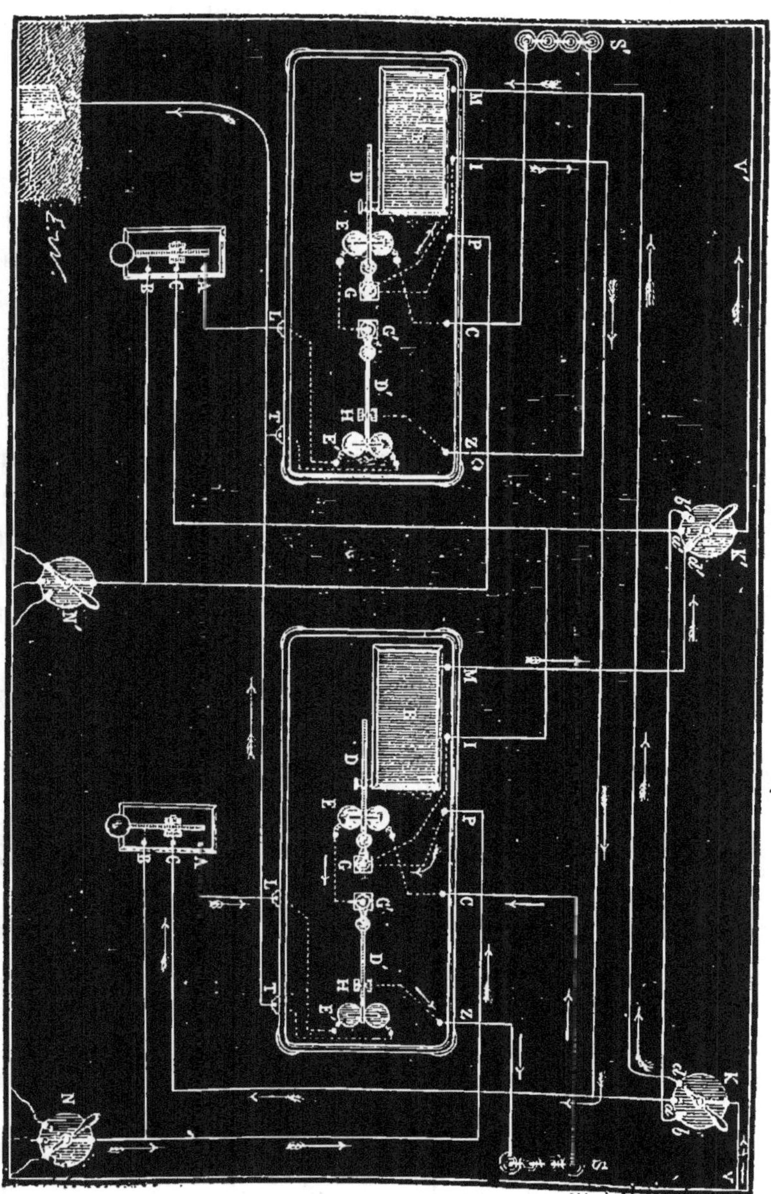

Fig. 75.

au commutateur K, pour continuer la transmission sur la ligne de droite V.

Lorsque, dans un poste, les appareils sont disposés en translation, tout courant qui lui arrive se perd dans le sol, et est remplacé par un nouveau courant capable de continuer la transmission. Le récepteur de l'un des appareils se conduit comme un simple conducteur, tandis que le récepteur de l'autre appareil joue à la fois le rôle d'*imprimeur* et de *relais de ligne*.

Il est facile de voir qu'en disposant les appareils de postes intermédiaires en translation, on peut reproduire à la fois la dépêche dans tous les postes et la transmettre avec certitude d'une extrémité à l'autre de la ligne, quelle que soit sa longueur.

Communication simultanée. — En général, chaque ligne télégraphique est desservie par une pile qui lui est spécialement affectée. Cependant, quand deux fils de longueur considérable, bien isolés et de résistance sensiblement égale, aboutissent à un même poste, on peut, sans inconvénient, correspondre à la fois sur les deux lignes avec la même pile, et, dans ce cas, il y a économie évidente. Soient, en effet :

E, la force électro-motrice d'un couple ;
R, la résistance de chaque couple ;
n, le nombre des couples employés ;
r, la résistance de chacun des fils de la ligne ;
r_1, la résistance de chacun des récepteurs.

Quand la pile ne dessert qu'un fil, la résistance du

circuit complet est $n\mathrm{R} + (r + r_1)$, et l'intensité I du courant transmis est

$$(1) \qquad \mathrm{I} = \frac{n\mathrm{E}}{n\mathrm{R} + (r + r_1)}.$$

Quand la pile dessert les deux lignes à la fois, la résistance du circuit complet devient $n\mathrm{R} + \left(\dfrac{r + r_1}{2}\right)$, et l'intensité *totale* I' du courant transmis est

$$\mathrm{I}' = \frac{n\mathrm{E}}{n\mathrm{R} + \left(\dfrac{r + r_1}{2}\right)} = \frac{2\,n\mathrm{E}}{2\,n\mathrm{R} + (r + r_1)}.$$

Ce courant *total* se partage en deux courants *partiels égaux*, et chacun des fils est traversé par un courant d'intensité

$$(2) \qquad i = \frac{n\mathrm{E}}{2\,n\mathrm{R} + (r + r_1)}.$$

La comparaison des deux formules (1) et (2) montre que l'intensité i est toujours plus faible que l'intensité I, et que ces deux intensités n'ont la même valeur que lorsque la résistance $n\,\mathrm{R}$ de la pile est négligeable en présence de la résistance $(r + r_1)$ de la ligne; elle montre en même temps que ces deux intensités i, I, très différentes l'une de l'autre quand la ligne est courte, se rapprochent de l'égalité à mesure que la ligne s'allonge, et que sa résistance augmente.

Mais, dans ce mode de communication, chacun des deux fils peut travailler seul, ou en même temps que son congénère; l'intensité du courant transmis au poste correspondant est donnée dans le premier cas par la formule (1), et dans le second cas par la formule (2). Or, pour que la transmission télégraphique s'exécute régulièrement, il est nécessaire que l'intensité du courant reçu par un poste quelconque reste constante, ou du moins ne varie que dans des limites très rapprochées. Il résulte de ces considérations que, sur les courtes lignes, il y aurait désavantage à desservir deux fils à la fois avec la même pile, et que ce mode de communication doit être réservé pour les lignes dont la longueur s'élève au moins à 100 kilomètres.

Il est d'ailleurs évident qu'en desservant ainsi deux fils avec une seule pile, on rend plus sensible l'influence des perturbations de toute nature qui peuvent se produire sur la ligne.

Dans les premiers temps où la télégraphie électrique fut employée, on essaya d'établir la communication simultanée entre tous les postes d'une même ligne. A cet effet, on fit entrer *directement* dans le circuit de la pile, tous les récepteurs de la ligne. Les bobines d'un récepteur ordinaire de télégraphe à cadran ou d'un relais Morse représentant une résistance de 200 kilomètres, l'introduction de ces bobines dans le circuit de la pile créait, sur le passage des courants, des résistances passives très considérables qui firent bientôt renoncer à ce mode de communication simultanée. Ce système avait un autre inconvénient : la transmission simultanée ne pouvait, dans tous les cas, s'étendre qu'aux postes de la ligne principale, sans pouvoir atteindre les divers embranchements.

Dans ces derniers temps, M. Gaillard (1) a proposé un nouveau mode de communication simultanée fondé sur les lois des courants dérivés, et qui peut s'étendre d'une station centrale à tous les postes d'un réseau télégraphique de forme quelconque. A cet effet, un fil conducteur direct étant tendu entre la station centrale et le poste le plus éloigné, les récepteurs de tous les autres postes du réseau sont reliés à cette ligne principale par des fils qui forment autant d'embranchements ou de circuits de dérivation.

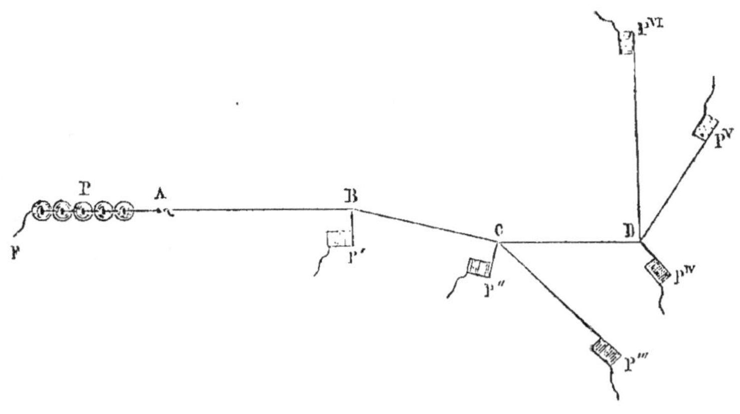

Fig. 74.

Ainsi P (fig. 74) étant la station centrale, et P', P''... Pᵛᴵ les diverses stations du réseau, la pile du poste P communique avec le sol par son pôle négatif. Du pôle positif A de cette pile part un fil conducteur ABCDPᵛᴵ qui le relie directement au récepteur du poste Pᵛᴵ le plus éloigné ; ce fil est la ligne principale. Le récepteur de chacun des

<hr>

(1) *Annales télégraphiques*, 1855, p. 52.

autres postes est relié à cette ligne principale par un fil qui lui fournit un courant de dérivation.

Le courant principal, parti du pôle positif A de la pile du poste central P, se divise au point B; il fournit un courant dérivé au récepteur du poste P' et un courant partiel qui va de B en C. En C, le courant fournit un premier courant dérivé au récepteur du poste P'', un second au récepteur du poste P''', et un courant partiel qui parcourt le fil CD. Enfin en D, le courant fournit un dernier courant partiel au récepteur du poste P^{vi}, et un courant dérivé à chacun des récepteurs des deux postes P^{iv}, P^{v}. De cette manière, la dépêche expédiée par le poste central P est simultanément reçue dans tous les postes du réseau télégraphique.

Avec la disposition telle que nous venons de la décrire, les courants qui traversent les récepteurs des divers postes du réseau n'auraient pas la même intensité, et les résultats seraient mauvais. Pour assurer la correspondance, il est nécessaire d'ajouter aux divers récepteurs des bobines supplémentaires dont les résistances varient d'un poste à l'autre, et soient calculées de manière que tous les récepteurs du réseau soient traversés par des courants de même intensité. L'expérience s'accorde avec la théorie pour démontrer qu'en procédant ainsi, il est toujours possible, sans employer un nombre trop considérable d'éléments, de mettre une station quelconque en communication simultanée avec tous les postes d'un même réseau télégraphique (1).

(1) Voyez la note D pour le développement de ce système de communication télégraphique.

Transmission simultanée de deux dépêches en sens contraires par le même fil. — Le problème de la transmission simultanée de deux dépêches en sens contraires par le même fil a beaucoup préoccupé les constructeurs de télégraphes électriques ; il a été résolu d'une manière très élégante par M. Siemens. Nous devons nous borner à reproduire ici les principes fondamentaux d'un appareil qui, malgré sa perfection, n'a pas été adopté dans la pratique.

M. Siemens emploie un relais de forme particulière, dont la marche est très régulière et dont nous devons exposer sommairement le mécanisme. — E, E' (fig. 75) sont deux électro-aimants droits et indépendants l'un de l'autre. Le fil de la bobine de l'électro-aimant E aboutit en L au fil de la ligne, et en T au fil de terre. Le fil de la bobine de l'électro-aimant E' est enroulé dans le même sens et aboutit aux mêmes points L, T. Les noyaux métalliques de ces électro-aimants sont mobiles sur deux pivots fixés à leurs extrémités, et peuvent tourner autour de leurs axes. — A l'extrémité supérieure de l'électro-aimant E est fixée invariablement une armature de fer doux *ad*; une armature semblable est fixée à son extrémité inférieure. L'électro-aimant E' porte aussi deux armatures semblables, l'une, *bc*, fixée invariablement à sa base supérieure, et l'autre à sa base inférieure. Les branches en regard *a, b* de ces armatures supérieures et inférieures sont séparées par un intervalle de *deux* ou *trois* millimètres. Quand l'armature *ad* est sollicitée par une force horizontale, elle tourne autour de l'axe de l'électro-aimant E en même temps que le noyau lui-même avec lequel elle fait corps ; il en est de même de l'armature *bc* par rapport au noyau de l'électro-aimant E′.

L'extrémité *c* de l'armature de l'électro-aimant E′ est fortement pincée entre deux vis *o, i*, qui maintiennent l'armature de cet électro-aimant dans une position invariable. A l'état de repos, un ressort antagoniste *r* maintient l'extrémité *d* de l'armature de l'électro-aimant E appli-

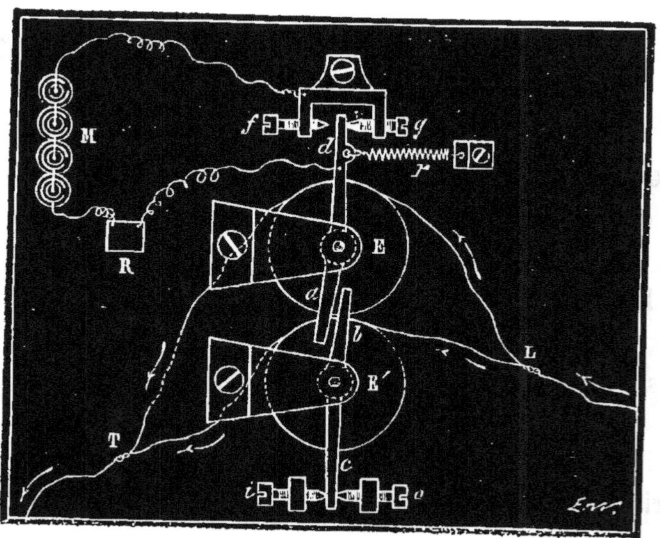

Fig. 75.

quée contre la pointe *isolante* d'une vis *g*. Une autre vis *métallique f* sert à limiter l'amplitude des oscillations de l'armature *ad*. La vis *f* et la branche *d* de l'armature *ad* communiquent avec les deux pôles d'une pile locale M dans le circuit de laquelle est placé un récepteur quelconque R. — Toutes les fois que la branche *d* touche la vis *f*, le circuit de la pile M est fermé et le récepteur

R est mis en mouvement. Quand, au contraire, la branche *d* s'éloigne de la vis *f*, le circuit de la pile M est rompu et le courant cesse de traverser le récepteur R. Les vis *o, i, g, f*, et le ressort antagoniste *r*, servent à régler le jeu du relais.

Le courant de la ligne, arrivé en L, se bifurque et fournit un courant à chacune des bobines des deux électro-aimants E, E' ; ces deux courants se réunissent en T et se perdent dans le sol. Comme les courants sont de même sens dans les deux bobines, il en résulte que les deux armatures *ad, bc*, représentent des pôles de même nom. Si ces deux courants sont égaux, les intensités magnétiques des branches *a, b* sont nécessairement égales ; ces deux surfaces polaires se repoussent, et par conséquent, restent immobiles.— Mais supposons qu'on place une résistance additionnelle sur le trajet du fil d'une des deux bobines ; alors nécessairement le courant de cette bobine est plus faible. Dans ce cas, les armatures *a, b*, représentent deux pôles magnétiques de même nom, mais d'intensités différentes. Si cette différence d'intensité est suffisante, l'armature *ad* est attirée et se rapproche de *bc* ; la branche *d* appuie contre la vis *f*, et le circuit de la pile locale M reste fermé tant que le courant de la ligne continue à passer. Quand le courant de la ligne est interrompu, l'armature *ad* cède à la traction du ressort antagoniste *r*, vient butter contre la vis isolante *g*, et rompt le circuit de la pile locale. D'ailleurs les armatures de la partie inférieure des deux électro-aimants agissent dans le même sens que les armatures supérieures *ad, bc*.

Il serait facile de disposer les fils des bobines de ma-

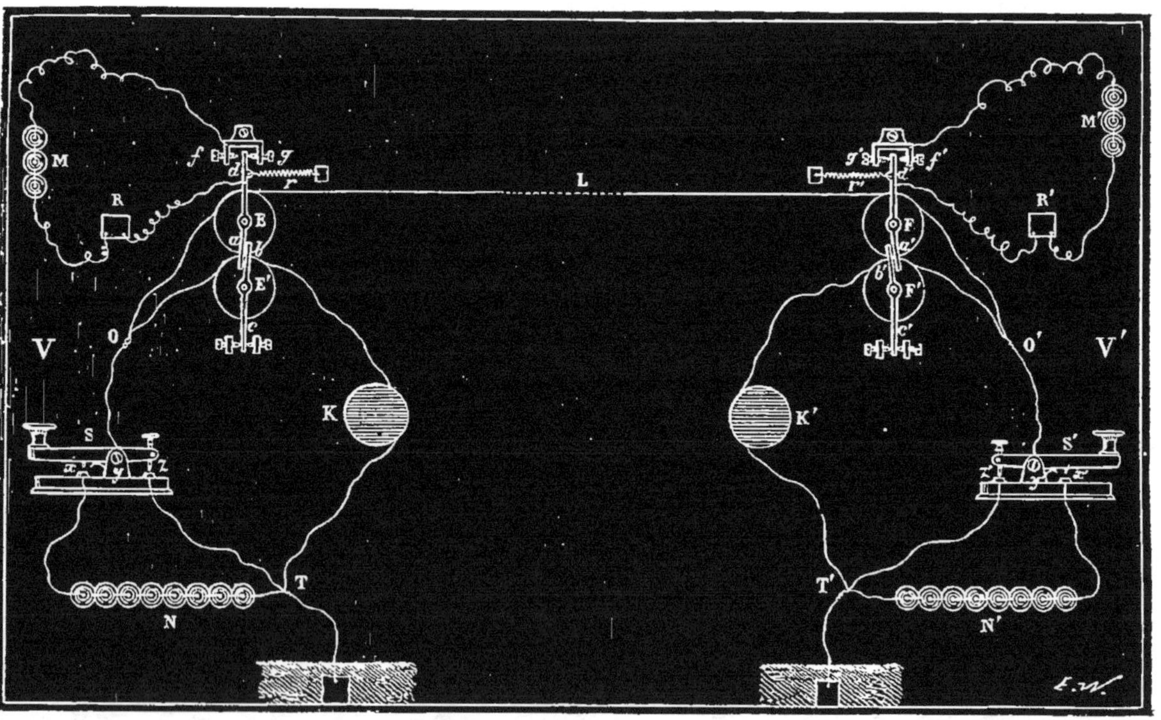

Fig. 76.

nière à communiquer des aimantations de noms contraires aux armatures de fer doux ad, bc. Le relais à quatre armatures de M. Siemens, au lieu de marcher sous l'influence de la différence d'intensité des deux courants partiels, obéirait à la somme de ces intensités. Dans la transmission simultanée, on l'emploie toujours comme appareil différentiel.

Soient V, V′ (fig. 76), deux postes télégraphiques réunis par un seul fil de ligne L, aboutissant d'une part à la bobine de l'électro-aimant E, et d'autre part à la bobine de l'électro-aimant F.

Dans le poste V, S est le levier d'un manipulateur Morse. A l'état de repos, le levier métallique S appuie sur le contact z ; en pressant sur la poignée de son extrémité opposée, on le sépare de la pièce z et on le met en contact avec la pièce x. z communique avec le fil de terre en T, et x avec le pôle positif de la pile de ligne N dont le pôle négatif communique en T avec le fil de terre. De l'axe y du levier S part un fil métallique auquel aboutissent, en O, les fils des bobines des deux électro-aimants E, E′ du relais. Le fil de la bobine E se continue avec la ligne L ; le fil de la bobine E′ aboutit à une bobine de résistance K, qui elle-même communique en T avec le fil de terre. La bobine K doit être réglée de telle manière que sa résistance soit égale à celle de la ligne télégraphique. La vis f et la branche d de l'armature de l'électro-aimant E communiquent avec les deux pôles d'une pile locale M, dans le circuit de laquelle est placé un récepteur télégraphique quelconque R.

La disposition des appareils est exactement la même

dans le second poste V′. Les deux piles de ligne N, N′ sont composées d'un même nombre de couples égaux ; par conséquent elles fournissent des courants de même intensité, et ont *même force électromotrice*. La correspondance s'établit au moyen des deux manipulateurs S, S′.

Supposons que le poste V expédie seul sur la ligne. — Au moment où le levier du manipulateur S touche le contact x, le circuit de la pile N est fermé. Le courant arrive en O et fournit deux courants partiels, l'un pour la bobine de l'électro-aimant E qui parcourt la ligne L, l'autre pour la bobine de l'électro-aimant E′ qui traverse la bobine de résistance K et se perd dans le sol. Les résistances de ces deux circuits étant égales, ces deux courants sont de même intensité ; le relais du poste V reste à l'état de repos, le circuit de la pile locale M reste interrompu, et le récepteur R ne marche pas. Mais le courant de la bobine E s'engage sur la ligne L, arrive à la bobine de l'électro-aimant F et la traverse. En O′, ce courant fournit un courant dérivé très faible à la bobine de l'électro-aimant F′ et se perd dans le sol à travers le levier S′ et le contact z'. L'armature $a'd'$ de l'électro-aimant F est attirée, la branche d' vient butter contre la vis f' et ferme le circuit de la pile locale M′. Le récepteur R′ du poste V′ entre en jeu et reproduit le signal expédié sur la ligne par le poste V.

Quand les deux postes V, V′, expédient isolément ou alternativement, tout se passe donc comme dans un appareil télégraphique ordinaire. Le récepteur R′ du poste V′ reproduit la dépêche envoyée par le poste V, et réciproquement, le récepteur R du poste V reproduit la dépêche partie du poste V′.

Supposons maintenant que les deux postes V, V', expédient en même temps. Quand les deux leviers S, S', sont tous deux abaissés, les circuits des piles de *même force électromotrice* N, N', sont tous deux fermés. Les bobines des deux électro-aimants E, F, réunis par le fil de ligne L, reçoivent deux courants de *même intensité* et de *sens contraires; rien ne passe* sur le fil de ligne L, et les armatures *ad, a'd'*, restent nécessairement à l'état neutre. Au contraire, les courants fournis aux bobines des deux électro-aimants E', F', passent librement, se perdent dans le sol, et aimantent les deux armatures *bc, b'c'*. Les deux relais fonctionnent en même temps, et ferment les circuits des deux piles locales M, M'; les deux récepteurs R, R', sont donc traversés par les courants de ces piles locales et entrent tous les deux en jeu.

De fait, dans le cas où les leviers des deux manipulateurs sont abaissés en même temps, le récepteur R marche sous l'influence du courant de la pile N, et le récepteur R' obéit au courant de la pile N'; mais, comme l'action de ces deux piles est en concordance parfaite, le récepteur R se conduit en réalité comme s'il était soumis à l'influence de la pile N', et le récepteur R' comme s'il obéissait à la pile N. Le récepteur R reproduit donc exactement tous les signaux expédiés par le poste V', et le récepteur R' la dépêche du poste correspondant V.

ARTICLE II.

PERTURBATIONS.

Sur les longues lignes télégraphiques, la transmission de l'électricité est soumise à de nombreuses influences perturbatrices : les unes doivent être rapportées au mode d'installation des conducteurs ou à de simples dérangements accidentels ; les autres dérivent de conditions météorologiques très variées, ou se rattachent à la manifestation de phénomènes dont l'origine n'est pas encore bien connue. Locales ou générales, ces causes de perturbation sont parfois assez intenses pour opposer momentanément un obstacle insurmontable à l'échange des signaux ; le plus souvent leur intervention s'accompagne seulement de troubles passagers qui gênent la correspondance et la rendent plus difficile.

Déperditions d'électricité. — Les lignes aériennes sont exposées à une double cause de perte. D'abord, quelque soin qu'on apporte à leur installation et à quelque surveillance qu'on les soumette, les fils ne sont jamais complétement isolés sur leurs points de suspension, une fraction variable du courant s'écoule dans le sol à travers les poteaux. En second lieu, une portion de l'électricité fournie par la pile se diffuse en pure perte dans les couches d'air en contact avec les conducteurs. Un fil métallique de 4 millimètres de diamètre et de 800 kilomètres de longueur, étendu de Paris à Marseille, représente une surface de 10 053 mètres carrés. Quelque faible que soit la tension latérale du courant, la déperdition d'électricité éprouvée par une surface métallique d'une telle étendue exposée au libre contact de l'atmosphère ne peut pas être négligeable, même par les temps secs. Dans les temps humides, et surtout pendant et à la suite des fortes pluies, l'air devient plus conducteur, des couches d'eau restent adhérentes aux poteaux et aux supports de porcelaine, et les pertes éprouvées par les fils télégraphiques doivent nécessairement devenir plus considérables. Sur une longue ligne, l'intensité du courant doit donc aller s'affaiblissant à mesure qu'on s'éloigne du point de départ, et cet affaiblissement doit être plus considérable par les temps humides que par les temps secs.

Les recherches entreprises en 1845 par M. Bréguet (1), sur la ligne de Paris à Rouen, ne laissent aucun doute sur la réalité de ces déperditions d'électricité, et en montrent toute l'importance. La communication était établie entre ces deux stations extrêmes par un fil de fer de 4 millimètres de diamètre et de 137 kilomètres de longueur ; le circuit était complété par la terre. Le courant partait tantôt de Paris, tantôt de Rouen ; dans l'un et l'autre cas, il était mesuré au point de départ et au point d'arrivée au moyen de deux boussoles des sinus bien comparées.

Pour le courant parti de Paris, le rapport moyen des intensités au point de départ et au point d'arrivée était :

1° Pour les jours de beau temps............. 3,487
2° Pour les jours de pluie................. 4,119

(1) *Comptes rendus de l'Académie des sciences*, 1845, t. XXI, p. 760.

Pour le courant parti de Rouen, le rapport moyen des intensités au point de départ et au point d'arrivée était :

    1° Pour les jours de beau temps.............. 4,848
    2° Pour les jours de pluie.................... 5,093

A l'appui de ces résultats, les expériences de M. Bréguet montrent que le courant d'une pile placée à Paris n'était pas *interrompu*, mais était seulement *affaibli*, quand le fil était séparé de la terre à Rouen et *isolé*. La pile restant la même, les intensités du courant dans le fil en *communication avec le sol* et dans le fil *isolé* à l'autre extrémité de la ligne étaient dans le rapport de 2 à 1.

M. l'abbé Moigno (1) cite des recherches de M. Matteucci sur les télégraphes électriques de la Toscane qui établissent nettement que les pertes d'électricité augmentent avec la longueur de la ligne.

Par un temps *sec*, le rapport des intensités du courant au point de départ et au point d'arrivée était :

    1° De Pise à Livourne, distance de 17 kilomètres... 1,02
    2° De Pise à Florence, distance de 76 kilomètres... 1,15
    3° De Pise à Sienne, distance de 107 kilomètres.... 1,50

Dans ce même travail, M. Matteucci a prouvé aussi que les pertes d'électricité augmentent avec l'humidité de l'atmosphère.

Pour une même distance de 76 kilomètres, de Pise à Florence, le rapport des intensités du courant au point de départ et au point d'arrivée était :

____

(1) *Traité de télégraphie électrique.* Paris, 1852, p. 288.

1° Par un temps sec........................ 1,15
2° Par un temps très humide................ 1,74
3° Par une pluie forte et prolongée......... 2,45

A l'état normal, ces pertes d'électricité influent sur la distance à laquelle on peut correspondre avec une pile d'intensité donnée, mais n'entravent jamais sérieusement la transmission. Il est d'ailleurs impossible d'annuler complétement ces causes d'affaiblissement du courant; mais en améliorant les appareils de suspension des fils, on peut diminuer considérablement les pertes opérées par la voie des poteaux.

Dans les premières années de l'établissement des lignes télégraphiques en France, la transmission directe des dépêches par les temps humides ne pouvait pas être exécutée au delà de 100 à 150 kilomètres. Aujourd'hui les conditions d'installation d'une bonne ligne ont été bien étudiées, les appareils de suspension des fils ont été perfectionnés, et la correspondance directe peut, même par une atmosphère humide, être établie entre des stations beaucoup plus éloignées. Cependant il arrive encore que, pendant des brouillards très prolongés, et surtout à la suite des grandes pluies, les poteaux de la ligne, les murs des édifices et les parois des tunnels employés comme points d'appui, acquièrent un certain degré de conductibilité, et établissent des communications fâcheuses entre la terre et les fils télégraphiques à travers les minces nappes d'eau déposées à la surface des cloches de suspension. Les dérivations accidentelles qui en résultent méritent d'être étudiées avec soin ; leur influence sur la transmission des courants dépend du point de la ligne où elles sont établies.

Considérons d'abord le cas d'un seul point de dérivation établi sur la ligne entre deux stations en correspondance. Soient (fig. 77) :

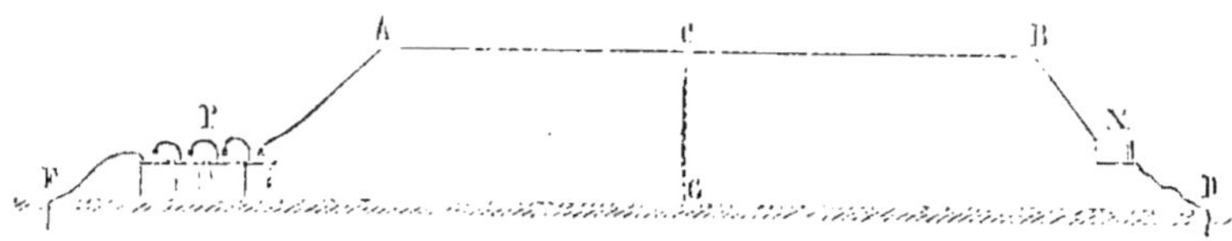

Fig. 77.

A, B, les points d'entrée du fil de ligne dans les deux postes correspondants ;

P, la pile de ligne du poste de départ, qui communique en F avec la terre ;

X, le récepteur du poste d'arrivée, qui communique en D avec la terre ;

C, le point de dérivation qui communique en G avec la terre ;

E, la force électromotrice de la pile de la ligne P ;

R, la résistance *totale* de la ligne de F en D ;

r, la résistance de la ligne de F en A ;

r', la résistance de la ligne de B en D ;

r^1, la résistance de la dérivation CG ;

x, la résistance de la ligne de F en C ;

R — x, sera nécessairement la résistance de la ligne de C en D.

Avant l'établissement de la dérivation, l'intensité I du courant *primitif* était

$$I = \frac{E}{R}.$$

Après l'établissement de la dérivation, la résistance *totale* R' de la ligne est

$$R' = x + \frac{r_1 (R - x)}{r_1 + (R - x)} = \frac{r_1 R + (R - x) x}{r_1 + (R - x)} .$$

L'intensité I' du courant *principal* est donc

$$I' = \frac{E}{R'} .$$

En remplaçant R' par sa valeur, nous avons

$$I' = \frac{r_1 + (R - x)}{r_1 R + (R - x) x} E.$$

Ce qui, d'après la loi des courants dérivés, donne :

Pour l'intensité i du courant *partiel* suivant CD,

$$i = \frac{r_1}{r_1 R + (R - x) x} E,$$

et pour l'intensité i' du courant *dérivé* suivant CG,

$$i' = \frac{(R - x)}{r_1 R + (R - x) x} E.$$

Ces deux dernières équations conduisent aux conclusions suivantes :

1° L'effet de l'établissement d'une dérivation est d'augmenter le flux d'électricité fourni par la pile, car le courant principal est toujours plus intense que le courant primitif. Nous avons, en effet :

$$\frac{I'}{I} = \frac{r_1 R + (R - x) R}{r_1 R + (R - x) x} .$$

Et comme R est nécessairement toujours plus grand

que x, le second membre de cette expression est lui-même plus grand que l'unité.

2° L'expression du courant partiel qui aboutit seul au récepteur X peut se mettre sous la forme

$$i = \frac{E}{R + \dfrac{(R - x)\,x}{r_1}}.$$

Par conséquent, ce courant partiel est d'autant plus intense que la résistance r_1 du circuit de dérivation CG est plus grande. — Quand r_1 est *infini*, c'est-à-dire quand il n'y a pas de dérivation, $i = \dfrac{E}{R}$, le courant partiel est égal au courant primitif; c'est sa limite supérieure. — Quand $r_1 = 0$, c'est-à-dire quand le point de dérivation C est directement en contact avec le sol humide, $i = 0$, le courant partiel est *nul*. Dans ce cas, qui correspond à la limite inférieure du courant partiel, aucune trace d'électricité n'est transmise jusqu'au récepteur X du poste correspondant.

La résistance r_1 du circuit de dérivation restant *constante*, on peut se demander quelle est la position qu'il faut donner au point C de dérivation pour que le courant partiel, qui seul arrive au récepteur X, ait une intensité *minimum*. Dans l'expression

$$i = \frac{r_1}{r_1 R + (R - x)\,x}\,E,$$

x est la seule quantité variable. Par conséquent, la valeur *minimum* de i correspond à la valeur *maximum* du terme $(R - x)\,x = R\,x - x^2$. Or, pour donner à ce terme sa valeur *maximum*, il faut faire

$$x = \frac{1}{2}\,R.$$

Pour une valeur déterminée de la résistance r_1 du circuit de dérivation CG, le courant partiel a donc une intensité *minimum* quand le point de dérivation C est placé de manière que la résistance de FC soit égale à celle de CD. Dans ce cas, l'expression de l'intensité du courant partiel devient

$$i = \frac{r_1}{r_1 R + \left(\dfrac{R}{2}\right)^2}\,E.$$

Deux points de dérivation symétriquement placés par rapport à cette dernière position de C, de manière que pour l'un $x = \left(\dfrac{R}{2} + \delta\right)$, et pour l'autre $x = \left(\dfrac{R}{2} - \delta\right)$, fournissent des courants partiels égaux. En effet, si dans le seul terme variable $(R - x)\,x$, nous remplaçons x par $\left(\dfrac{R}{2} + \delta\right)$ ou par $\left(\dfrac{R}{2} - \delta\right)$, nous avons, dans l'un comme dans l'autre cas :

$$(R - x)\,x = \left(\frac{R}{2}\right)^2 - \delta^2\,,$$

et pour chacun de ces deux points de dérivation, l'expression de l'intensité du courant partiel devient

$$i = \frac{r_1}{r_1 R + \left[\left(\dfrac{R}{2}\right)^2 - \delta^2\right]}\,E.$$

Cette dernière équation prouve que le courant partiel i est d'autant plus intense, que δ est plus grand, c'est-à-dire que le point de dérivation s'éloigne davantage de la position pour laquelle $x = \dfrac{R}{2}$, et qui correspond à la valeur *minimum* de ce courant.

Le genre de dérivation dont nous nous occupons devant toujours s'établir en dehors des postes, il y a deux positions du point de dérivation C qui correspondent à deux *maxima* de l'intensité du courant partiel i.

Pour l'une, le point de dérivation s'établit en A ; alors x est égal à r, ou à la résistance de la ligne dans l'intérieur du poste de départ. Dans ce cas,

$$i = \frac{r_1}{r_1 R + (R - r)\, r}\, E.$$

Pour l'autre, la dérivation s'établit en B ; alors x est égal à $(R - r')$, à la résistance de toute la ligne diminuée de la résistance du récepteur X. Dans ce cas,

$$i = \frac{r_1}{r_1 R + (R - r')\, r'}\, E.$$

Ainsi donc, à partir de la position pour laquelle $x = \dfrac{R}{2}$, l'intensité du courant partiel i suit une marche croissante, quand le point de dérivation E se déplace lui-même vers le point A pour lequel $x = r$, ou vers le point B pour lequel $x = R - r'$.

L'établissement d'une dérivation diminue donc toujours l'intensité du courant qui arrive au poste correspondant ;

mais l'effet de cette dérivation dépend beaucoup de la position du point de la ligne sur lequel elle est établie, et surtout de la résistance du circuit de dérivation. Il est facile de voir, d'ailleurs, que, pour une position donnée du point de dérivation, l'effet d'affaiblissement du courant dépend du sens dans lequel s'opère la transmission : ainsi une dérivation qui gêne à peine la correspondance du poste A au poste B peut la rendre très difficile en sens inverse.

Des dérivations dont les effets sont les mêmes que ceux dont nous venons de nous occuper peuvent être établies par diverses causes. Ainsi, un fil décroché, sans être rompu, peut toucher un mur humide ou traîner sur le sol ; dans une ligne souterraine, un fil recouvert de gutta-percha peut se dénuder en un point, et se mettre en communication avec le sol ; dans un câble sous-marin, une fissure peut faire communiquer un des conducteurs intérieurs avec l'armature externe ; des stalactites se forment parfois dans les tunnels autour des supports isolants et facilitent la communication des fils avec le sol.

Entre deux postes correspondants, il s'établit quelquefois plusieurs points de dérivation. Si les résistances correspondantes à ces dérivations ne sont pas très considérables, la correspondance devient très difficile et même tout à fait impossible ; dans ce cas, il est absolument nécessaire de réparer la ligne.

Dans le paragraphe 2 de l'article Ier de la note A, nous étudierons la distribution de l'électricité dans un conducteur sur lequel des dérivations nombreuses sont établies. Il nous a paru utile de donner ici l'expression générale du courant partiel qui pénètre dans le poste d'arrivée quand deux dérivations existent sur la ligne.

Les appareils étant disposés comme dans l'exemple précédent, soient (fig. 78) :

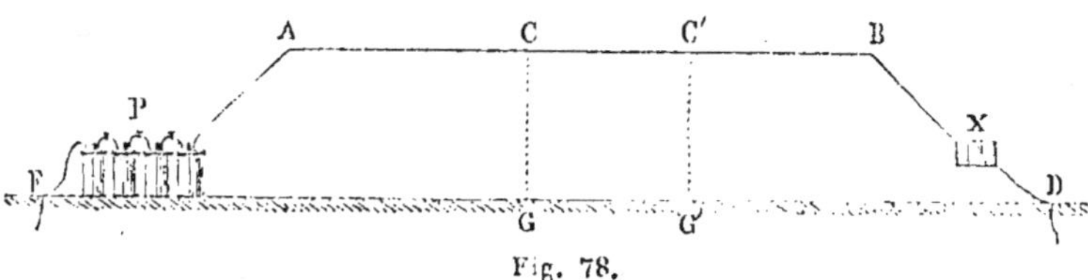

Fig. 78.

C, un premier point de dérivation qui communique en G avec la terre;

C', un second point de dérivation qui communique en G' avec la terre;

E, la force électro-motrice de la pile de ligne;

R, la résistance *totale* de la ligne avant l'établissement des dérivations;

x, la résistance de la portion FC de la ligne;

y, la résistance de la portion CC' de la ligne;

z, la résistance de la portion C'D de la ligne;

r_1, la résistance de la première dérivation CG;

r_2, la résistance de la seconde dérivation C'G'.

Avant l'établissement des dérivations, l'intensité du courant *primitif* était :

$$I = \frac{E}{R}.$$

Après l'établissement des dérivations, la résistance *totale* R' de la ligne sera

$$R' = \frac{xr_2(y+z) + zr_1(x+y) + xyz + Rr_1r_2}{(yr_2 + zr_2 + yz) + zr_1 + r_1r_2}.$$

Ce qui donne, pour l'intensité I' du courant *principal*, après l'établissement des dérivations :

$$I' = \frac{(yr_2 + zr_2 + yz) + zr_1 + r_1 r_2}{xr_2 (y + z) + zr_1 (x + y) + xyz + Rr_1 r_2} E.$$

Ce courant principal I', qui règne tout le long du fil AC, se partage en C ; il fournit un premier courant dérivé au circuit CG, et au fil CC' un premier courant *partiel* dont l'intensité i est

$$i = \frac{zr_1 + r_1 r_2}{xr_2 (y + z) + zr_1 (x + y) + xyz + Rr_1 r_2} E.$$

Ce premier courant *partiel* i se partage à son tour en C' ; il fournit un second courant dérivé au circuit C'G', et au conducteur C'D un second courant *partiel* dont l'intensité i' est

$$i' = \frac{r_1 r_2}{xr_2 (y + z) + zr_1 (x + y) + xyz + Rr_1 r_2} E.$$

Ce dernier courant *partiel* d'intensité i' est le seul qui pénètre dans le poste d'arrivée ; c'est donc le seul qui soit efficace pour faire marcher le récepteur X et reproduire la dépêche expédiée au poste de départ. L'expression de i' montre que l'intensité de ce courant dépend à la fois de r_1, r_2 et de x, y, z, c'est-à-dire des résistances des circuits de dérivation CG, C'G', et de la position des points de dérivation C, C'. sur la ligne.

Prenons un cas particulier. Supposons que les résistances des deux circuits de dérivation soient égales, et qu'en même temps les portions de ligne FC, CC′, C′D, soient d'égale résistance, nous aurons :

$$r_1 = r_2,$$

et

$$x = y = z.$$

Remplaçant dans les expressions du courant principal I′ et du courant partiel efficace i′, nous aurons :

$$I' = \frac{3\,xr_1 + x^2 + r_1{}^2}{4\,x^2 r_1 + x^3 + Rr_1{}^2}\,E,$$

$$i' = \frac{r_1{}^2}{4\,x^2 r_1 + x^3 + Rr_1{}^2}\,E.$$

Et comme, dans ce cas, $x = \dfrac{R}{3}$, cela donne pour l'intensité du courant principal :

$$I' = \frac{3\,(9\,Rr_1 + R^2 + 9\,r_1{}^2)}{3\,r_1\,(4R^2 + 9\,Rr_1) + R^3}\,E,$$

et pour l'intensité du courant partiel qui pénètre dans le poste d'arrivée :

$$i' = \frac{27\,r_1{}^2}{3\,r_1\,(4R^2 + 9\,Rr_1) + R^3}\,E.$$

Enfin, si nous supposons que r_1 soit une fonction déterminée de la résistance R de la ligne, telle que $r_1 = aR$, nous aurons, pour l'intensité du courant principal I′ :

$$I' = \frac{3\,(9\,a^2 + 9\,a + 1)}{3\,R\,(9\,a^2 + 4\,a) + R}\,E,$$

et pour l'intensité du courant partiel i', qui seul pénètre dans le poste d'arrivée :

$$i' = \frac{27\,a^2}{3\,\mathrm{R}\,(9\,a^2 + 4\,a) + \mathrm{R}}\,\mathrm{E}.$$

Étant connu le rapport a de la résistance commune des circuits de dérivation à la résistance totale R de la ligne, l'équation précédente donne l'intensité i' du courant sous l'influence duquel s'opère la reproduction de la dépêche. Il est facile de voir que l'intensité i' de ce courant efficace varie dans le même sens que a, ce qui indique que, plus les résistances des circuits de dérivation sont fortes, plus est longue la distance à laquelle on peut communiquer avec une pile d'intensité donnée.

Dérangements. — En dehors des pertes, il se produit quelquefois sur la ligne des dérangements accidentels qui, suivant leur nature et leur gravité, peuvent interrompre complétement la communication entre deux postes ou simplement gêner la transmission.

Quand un fil télégraphique est rompu en un point quelconque de son parcours, les deux bouts traînent à terre. Les piles des postes auxquels aboutit ce fil rompu continuent à fonctionner, et l'intensité des courants varie avec la nature du sol sur lequel reposent les bouts flottants. Quand la communication avec la terre est parfaite, l'intensité des courants est plus grande qu'avant la rupture; elle est au contraire plus faible quand la communication est mal établie. Tant que le dégât n'est pas réparé, toute correspondance est évidemment impossible entre les postes séparés par le point de rupture.

A la suite d'un coup de vent, deux fils voisins peuvent se mêler ; un point de contact permanent s'établit alors entre les deux conducteurs. Un courant lancé sur un de ces deux fils se partage nécessairement au point de contact en trois portions : l'une continue sa route comme à l'ordinaire, les deux autres parcourent le second fil en sens inverses. Dans ce cas, une portion du courant est ramenée par le second fil au poste d'où il est parti, et a une intensité suffisante pour faire marcher les appareils. Cette circonstance révèle à la fois l'existence et la nature de l'accident survenu sur la ligne.

Des corps légers flottants dans l'atmosphère et déposés sur les conducteurs de la ligne, des poteaux trop humides, etc., peuvent établir des communications entre deux fils voisins ; dans les câbles souterrains ou sous-marins à plusieurs fils, des fissures peuvent aussi établir des communications du même genre. Dans tous ces cas, on dit encore que les fils sont mêlés, et l'électricité passe évidemment d'un fil à l'autre. Ces sortes de dérivations gènent toujours la correspondance et peuvent la rendre très difficile ; il est rare cependant qu'elles affaiblissent assez le courant pour arrêter la communication. Ces mélanges des fils voisins doivent être prévenus avec beaucoup de soin, et détruits toutes les fois qu'ils se produisent.

Dans l'intérieur des postes télégraphiques, il se produit aussi quelquefois des dérangements capables de gêner ou d'arrêter la correspondance. Un contact mal établi entre deux couples de la pile ou entre une borne et un conducteur, une rupture du fil de la bobine de l'électro-aimant ou de l'un des nombreux fils qui aboutissent au poste suffisent pour rendre la transmission impossible ; une communication anormale établie entre deux conducteurs voisins, ou entre un conducteur et le sol, crée une dérivation qui, si elle n'interrompt pas la correspondance, la rend du moins plus difficile en entraînant une perte d'électricité et un affaiblissement du courant transmis.

En télégraphie électrique, la recherche méthodique du point précis de la ligne où il s'est produit accidentellement une dérivation, ou tout autre dérangement, constitue une opération d'une grande importance, et à laquelle les employés ne sauraient s'exercer avec trop de soin. Il n'est pas de notre sujet d'aborder cette question qui, pour être traitée avec tous les détails qu'elle comporte, exigerait de trop longs développements. Nous nous contenterons de dire ici qu'une application judicieuse des lois des courants électriques peut rendre de très grands services dans une recherche de ce genre. La résistance normale de la ligne et la force de la pile étant connues à l'avance, une série d'observations d'intensité du courant émis dans un seul sens ou successivement dans les deux sens, permet de mesurer la résistance de la portion de la ligne comprise entre le lieu du dérangement et chacun des postes où la pile fonctionne. Et comme les lignes télégraphiques sont composées, dans toute leur étendue, de fils de nature et de diamètre connus, on déduit facilement la longueur d'une portion quelconque du circuit de la connaissance de sa résistance. Les indications fournies par ces calculs ne sont jamais d'une rigueur absolue; mais, quoique simplement approximatives, elles facilitent et abrégent beaucoup les recherches nécessaires à la détermination du siége précis du dérangement.

Courants de retour. — Induction dans les bobines des électro-aimants. — Induction réciproque des fils de la même ligne. — Mauvaise communication avec la terre. — Considérons deux postes correspondants X, X′ et supposons le fil télégraphique isolé à une extrémité de la ligne, en X′ par exemple. Mettons, en X, le manipulateur en position d'*émission;* nous savons que, dans ce cas, le pôle positif de la pile du poste X communique avec la ligne par l'intermédiaire du manipulateur. Un flux d'électricité s'élance sur le fil télégraphique. Si la ligne était parfaitement isolée, tout se bornerait à communiquer au fil une charge statique qui le mettrait en équilibre de tension avec le pôle positif de la pile; mais nous savons qu'en raison des pertes éprouvées par les supports et par l'air, la ligne est en réalité traversée par un faible courant; le fil n'en conserve pas moins une charge positive tant que la position d'émission est maintenue.

Les choses étant en cet état, ramenons le manipulateur du poste X à la position de *réception*, c'est-à-dire séparons le fil de la pile, et mettons-le en communication avec le récepteur du poste X par l'intermédiaire du manipulateur. Dans cette nouvelle disposition, la ligne, toujours isolée en X′, communique librement avec la terre en X, à travers les organes du récepteur; la charge du fil télégraphique, n'étant plus sollicitée par aucune force électromotrice, s'écoule nécessairement dans le sol à travers le poste X, dont le récepteur est traversé par un courant de décharge. Si la ligne a peu d'étendue, la quantité d'électricité accumulée sur le fil est faible, et ce courant de décharge n'a ni assez d'intensité, ni assez de durée pour faire marcher le récepteur, à moins qu'on n'ait eu le soin de le rendre très sensible par la détente du ressort antagoniste et par le rapprochement de l'armature de l'électro-aimant. Mais l'intensité et la durée du courant de décharge augmentent avec l'étendue de la ligne ; il en résulte que, sur une ligne d'une certaine longueur, le flux qui traverse le poste au moment où le manipulateur passe de la position d'émission à la position de réception, est capable de faire marcher un manipulateur ordinaire.

Sur les lignes très longues, ces flux de décharge appelés *courants de retour* peuvent se manifester dans les conditions normales de la transmission, bien que le fil télégraphique ne soit pas isolé au poste correspondant X′ et communique librement avec la terre. Au moment où le manipulateur du poste X est ramené de la position d'émission à la position de réception, la charge du fil de ligne s'écoule dans le sol à travers le récepteur du poste X′, et si le passage d'une position à l'autre ne s'exécute pas trop vite, le fil est déjà retombé à l'état neutre au moment où le manipulateur du poste X atteint le bouton de réception. Mais, si le changement de position s'opère très vite, la ligne est encore fortement électrisée au moment où le manipulateur atteint le bouton de réception ; sa charge s'écoule par les deux extrémités du fil en communication avec le sol, et le poste de départ est traversé par un *courant de retour* assez intense pour mettre son récepteur en mouvement. On comprend facilement pourquoi ces courants de retour ne se montrent jamais sur les lignes aériennes de faible étendue.

Dans les lignes souterraines et sous-marines, le fil télégraphique représente en réalité l'armature intérieure d'un condensateur ; la charge qu'il reçoit pendant la transmission est beaucoup plus forte en quantité que celle d'un fil aérien de même longueur, et la décharge s'opère beaucoup plus lentement. Pour cette double raison, on comprend que les *courants de retour* soient beaucoup plus intenses et beaucoup plus faciles à produire sur les lignes souterraines et sous-marines que sur les lignes aériennes.

Quand les courants de retour acquièrent une grande intensité, ils peuvent être confondus avec des courants envoyés par le poste correspondant. Sous ce rapport, ils sont assez gênants, parce qu'ils induisent les employés en erreur, mais en réalité ils n'empêchent jamais la transmission. On n'en a pas moins essayé de les détourner du récepteur du poste qui expédie.—On a ajouté au manipulateur Morse un quatrième bouton en communication avec la terre que le levier doit *toucher un instant* quand il passe de la position d'émission à la position de réception. Ce contact momentané facilite la décharge du fil de ligne. — Quelquefois, entre le manipulateur et la ligne, on a placé un fil de dérivation de *trois* à *quatre cents* kilomètres de résistance, communiquant à la terre, et destiné à opérer la décharge de la ligne pendant que le manipulateur passe de la position d'émission à la position de ré-

ception. Du reste, cette dérivation, par cela même qu'elle
est très rapprochée de la pile et qu'elle oppose une grande
résistance, n'affaiblit pas beaucoup le courant de la ligne
et lui laisse une intensité suffisante.

Mais la décharge d'un fil télégraphique n'est jamais
instantanée : l'électricité, dont la tension va s'affaiblissant,
s'écoule lentement, et ne passe pas tout entière par les
voies collatérales qui lui sont offertes. Aussi les dispositions précédentes sont généralement insuffisantes, même
sur les longues lignes aériennes, pour annuler l'action des
courants de retour sur le récepteur du poste qui expédie.
Le seul moyen de se mettre complétement à l'abri de
leurs effets, est de proportionner la rapidité de la transmission à l'étendue et à la nature de la ligne télégraphique. Nous renvoyons à l'article suivant l'examen de
cette dernière et importante question.

Nous avons supposé que, quand le manipulateur du poste
de départ X passe de la position d'émission à la position de
réception, aucune force électro-motrice n'agit plus sur le
fil de ligne ; les choses ne se passent pas réellement ainsi.
Au moment où l'émission est interrompue au poste X, le
courant qui traverse les bobines de l'électro-aimant du
récepteur du poste d'arrivée X′ s'affaiblit très rapidement ;
il se développe donc dans ces bobines un extra-courant
direct dont la force électro-motrice agit dans le même
sens que celle de la pile, prolonge ses effets après la rupture du circuit et pousse l'électricité de X en X′. Il en résulte qu'au moment où le manipulateur du poste X atteint
le bouton de réception, le mouvement électrique qui s'éta-

blit sur la ligne est un phénomène complexe dépendant de la tendance de la charge positive du fil à s'écouler dans le sol à travers le récepteur du poste X, et de l'action de l'extra-courant direct qui pousse en sens inverse. Sur les lignes aériennes très longues, et surtout sur les lignes sous-marines, en raison de la grande résistance du circuit extérieur aux bobines et de la lenteur avec laquelle varie l'intensité du flux d'électricité de décharge dans ces bobines, l'extra-courant est faible, et le récepteur du poste de départ X est traversé par un véritable courant de retour. Mais, sur les lignes aériennes très courtes, l'extra-courant direct prend assez d'intensité pour s'opposer au changement de sens du mouvement électrique ; quand le changement de position du manipulateur s'exécute avec beaucoup de rapidité, le récepteur du poste X est traversé par un courant instantané dirigé de X en X', comme le courant primitif de la pile. Dans ce cas, ce n'est plus par un courant de retour dû à la décharge de la ligne, mais par un véritable courant induit direct que le récepteur du poste de départ X est mis en mouvement.

Les recherches de MM. Guillemin et Burnouf (1) démontrent que les fils d'une même ligne agissent par induction les uns sur les autres. Il en résulte qu'au moment de l'émission et de l'interruption du courant, les fils voisins sont traversés par des courants induits alternatifs, qui, dans certaines circonstances favorables,

______

(1) *Comptes rendus de l'Acad. des sciences*, 1854, t. XXXIX, p. 330 et 536.

peuvent acquérir assez d'intensité pour agir sur les récepteurs, et faire croire à un mélange des fils de la ligne.

Quand plusieurs fils de ligne aboutissent à un même poste, un seul conducteur sert ordinairement à mettre le pôle négatif de la pile de ligne et tous les récepteurs du poste en communication avec la terre. Dans ces conditions, une mauvaise communication avec le sol peut produire des perturbations très gênantes pour la correspondance.

Si le poste reçoit, et si tous les manipulateurs sont en position de réception, le courant qui arrive traverse comme à l'ordinaire le récepteur correspondant au fil en communication avec le manipulateur qui expédie; mais, au lieu de se perdre tout entier dans le sol, il rétrograde, du moins en partie, à travers tous les autres récepteurs et les autres fils de ligne qui aboutissent à ce poste. Il en résulte que tous les récepteurs de ce poste marchent à la fois, et que même, si la communication avec la terre est très mauvaise, les courants rétrogrades conservent assez d'intensité pour mettre en mouvement les récepteurs du poste qui expédie.

Dans le cas où le poste dans lequel existe une mauvaise communication avec la terre expédie lui-même, le flux d'électricité négative de la pile, rencontrant une trop grande résistance du côté du sol, traverse les récepteurs de ce poste, se propage le long des divers fils de ligne, et gagne les récepteurs du poste correspondant. Avec une communication très mauvaise, il peut arriver que tous les récepteurs des deux postes correspondants entrent à la fois en mouvement.

Ces quelques lignes suffisent pour faire comprendre la nature et l'importance des perturbations qui peuvent survenir sur les lignes télégraphiques, par suite d'une mauvaise communication des appareils avec le sol. On ne saurait veiller avec trop de soin à l'établissement et à l'entretien des fils de terre.

Électricité atmosphérique. — Aurores boréales. — Courants naturels. — Dans quelques circonstances météorologiques qu'on l'étudie, l'atmosphère est dans un état de tension électrique qui, par influence, maintient à la surface de la terre et sur les fils télégraphiques en contact avec elle une charge de nom contraire. Si la distribution de l'électricité dans l'atmosphère restait constamment la même, la tension des lignes télégraphiques serait aussi constante et ne contrarierait en rien la propagation des courants; mais les choses ne se passent pas ainsi. A chaque instant et par des causes très diverses, l'état électrique de l'atmosphère se modifie, et chacune de ces variations s'accompagne nécessairement d'un changement correspondant dans la charge du globe et d'un mouvement d'électricité dans les circuits télégraphiques.

Nous n'avons pas à parler ici de saccidents qui, pendant les violents orages, peuvent compromettre la vie des employés et mettre les appareils hors de service. Nous avons traité ce sujet à la page 82 et suivantes, et nous avons indiqué les moyens de mettre les postes à l'abri de ces dangereuses atteintes.

Lorsqu'un nuage fortement électrisé, poussé par le

vent, se rapproche d'un poste télégraphique, la tension électrique des fils qui aboutissent à ce poste augmente graduellement, et ces fils sont traversés par un véritable courant électrique jusqu'à ce que le nuage soit parvenu au zénith du poste. Le même effet se prononce avec la même intensité, mais en sens inverse, lorsque, par suite de l'éloignement du nuage, la tension des fils diminue. Il est évident, d'ailleurs, que le sens de ces courants dépend du signe électrique du nuage. Sans acquérir assez d'intensité pour détériorer les appareils, ces flux d'électricité développés par influence créent des obstacles au passage des courants des piles de ligne, gênent la transmission, et peuvent même rendre momentanément la correspondance impossible. Il arrive quelquefois que ces mouvements accidentels d'électricité acquièrent assez de force pour faire marcher les sonneries des postes et mettre les récepteurs en mouvement.

En dehors des temps d'orage, par un ciel serein comme par un ciel couvert, la distribution de l'électricité dans l'atmosphère éprouve aussi des variations continuelles. La tension des lignes télégraphiques passe ainsi par des intermittences continuelles d'exaltation et de dépression, d'où résultent des courants de sens incessamment variable, trop faibles pour agir sur les appareils et porter obstacle à la transmission, mais qui sont accusés par les boussoles intercalées dans le circuit des fils conducteurs.

Dans la soirée du 17 novembre 1848, une aurore boréale fut observée à la fois en France, en Espagne, en Italie, en Angleterre et en Amérique. Pendant son apparition, M. Matteucci (1) fit au poste télégraphique de Pise des observations d'une grande importance. Tant que l'aurore boréale fut visible, la correspondance fut impossible : les appareils ne marchaient plus que d'une manière irrégulière ; les fils des lignes étaient traversés par des courants accidentels, comme dans les temps d'orage. Quoique le ciel fût parfaitement serein, un électromètre atmosphérique donna pendant tout ce temps des signes très forts d'électricité positive. Ce fait, constaté par M. Matteucci, prouve que, malgré son éloignement considérable, l'aurore boréale développe des phénomènes d'influence d'une très grande intensité. Les télégraphes d'Amérique et d'Angleterre éprouvèrent les mêmes perturbations que celui de Pise. M. Walker a eu de fréquentes occasions de constater l'action des aurores boréales sur les aiguilles des télégraphes anglais.

Les aurores boréales de la fin d'août et du commencement de septembre 1859 ont causé de graves perturbations sur les lignes télégraphiques. M. Blavier a réuni dans deux articles intéressants (2) les observations importantes de M. Bergon, et les nombreux faits de détail constatés en France et à l'étranger.

Pendant toute la durée de ces aurores boréales, les fils télégraphiques étaient traversés par des courants de sens et d'intensité très variables ; la transmission était constamment difficile, et, par intervalles, la correspondance

(1) *Comptes rendus de l'Acad. des sciences*, 1848, t. XXVII, p. 536.

(2) *Annales de l'électricité*, 1859, t. II, p 519 et 605.

devenait tout à fait impossible. — Sur certaines lignes, la tension électrique accidentelle a été assez forte pour que des étincelles aient éclaté et des aigrettes se soient montrées sur les pointes des paratonnerres. Dans quelques postes, les fils fins des paratonnerres ont été fondus. — Tous les observateurs s'accordent pour attester que l'intensité des courants était d'autant plus considérable que la ligne avait plus de longueur, et que les phénomènes ont été surtout prononcés sur les fils dirigés du sud au nord. — M. Matteucci a observé sur les lignes de Toscane à fils multiples, que les courants, très intenses sur les fils supérieurs, sont beaucoup plus faibles et même quelquefois nuls sur les fils inférieurs. Le contraire paraît avoir été constaté à Saint-Quentin. — Enfin, à Tulle, à Poitiers et à Toulon, on a fait une expérience importante. On s'est assuré qu'il suffisait d'isoler un fil par l'une de ses extrémités, en laissant l'autre en communication avec la terre, pour arrêter complétement ces courants accidentels. Lorsque la communication avec le sol était rétablie par les deux bouts, les courants recommençaient immédiatement.

Ces dernières observations, qui tendent à faire penser que les courants déterminés par l'aurore boréale ne sont pas dus à un phénomène d'influence, sont en désaccord avec les résultats obtenus par M. Guillemin dans les bureaux du ministère de l'intérieur. Cet habile physicien agissait sur un fil télégraphique de 600 kilomètres de longueur, allant de Paris au Mans, du Mans à Alençon, d'Alençon à Lizieux, et revenant de Lizieux à Paris. Ce fil était *isolé* du sol dans tout son trajet, et ses extrémités étaient réunies à Paris par le fil d'un galvanomètre. Pendant toute la durée de l'aurore boréale, l'aiguille du galvanomètre fut déviée; les courants développés dans le fil changeaient de sens tous les quarts d'heure environ. — Il est permis de se demander si les cessations de courant annoncées par les employés de Tulle, de Poitiers et de Toulon, n'étaient pas de simples affaiblissements, et si le retour de l'aiguille des boussoles au zéro, quand on isolait les fils par l'une de leurs extrémités, n'était pas un effet du peu de sensibilité des appareils plutôt que de la suppression réelle de tout flux électrique.—Quoi qu'il en soit, en dehors de ces faits exceptionnels qui auraient besoin d'être étudiés de plus près, tout porte à penser que les courants développés par les aurores boréales doivent être rapportés à des phénomènes d'influence. Espérons que des observations ultérieures, dirigées plus méthodiquement, dissiperont toutes les obscurités dont cette question est encore enveloppée, et permettront de découvrir la nature de l'action des aurores boréales.

Indépendamment des flux d'électricité dont nous avons parlé jusqu'ici, les lignes télégraphiques sont continuellement traversées par des courants généralement trop faibles pour gêner la transmission, produits par des influences très diverses, qui changent de sens à chaque instant, et qu'on connaît sous la dénomination vague et commune de *courants naturels*. Pour constater leur existence, il suffit de faire communiquer une ligne quelconque avec la terre par les deux extrémités, et d'intercaler un galvanomètre sensible dans le circuit : il est bien rare que l'aiguille aimantée n'éprouve pas de faibles déviations de sens et d'intensité incessamment variables. — Parmi les causes de ces courants irréguliers, nous signalerons les polarisations des masses métalliques qui établissent les communications des fils télégraphiques avec le sol; ces variations de la distribution de l'électricité atmosphérique, indépendantes des orages, dont nous avons parlé page 276; et ces aurores boréales, trop faibles pour être visibles dans nos contrées, qui se montrent tous les jours dans les régions polaires. — Aux extrémités des longues lignes, les plaques de terre sont soumises à des actions chimiques qui varient en raison de l'humidité et de la composition du sol; des forces électromotrices d'intensités différentes se développent ainsi aux extrémités d'un même fil, et produisent de véritables courants. — Lorsque la transmission se fait seulement sur quelques-uns des fils d'une même ligne, des courants se montrent d'une manière certaine sur les conducteurs inoccupés. Dans ce cas, les flux accidentels d'électricité sont produits tantôt par de simples phénomènes d'induction, tantôt par de véritables dérivations dont l'origine doit être rapportée à une installation vicieuse des fils de terre, ou à des communications établies en un point quelconque de la ligne entre les conducteurs télégraphiques.

Les courants naturels se font sentir d'une manière toute spéciale sur les lignes sous-marines; ils acquièrent quelquefois dans les câbles assez d'intensité pour entraver momentanément la correspondance. Ces perturbations ont surtout été observées sur la ligne de Douvres à

Calais. Dans une boussole à vingt tours de fil recouvert l'aiguille est quelquefois déviée de 80 degrés, revient lentement à *zéro*, passe du côté opposé, atteint la même déviation, et regagne lentement le zéro de la graduation. Ces oscillations alternatives d'un quart d'heure de durée se montrent pendant deux heures, diminuent graduellement, et finissent par devenir insensibles. Il serait difficile d'indiquer les véritables causes de ces flux accidentels, dont la périodicité est loin d'être bien établie.

Les lignes aériennes de l'Auvergne, et celles qui, en Afrique, traversent l'Atlas, sont aussi soumises à des perturbations fréquentes du même genre. On se demande si, dans ces régions montagneuses, ces courants accidentels ne doivent pas être rapportés à un phénomène de thermo-électricité. En effet, un même conducteur passe successivement par de profondes vallées et des sommets très élevés. A un moment donné, les points de jonction des diverses portions du fil télégraphique étant à des températures très différentes, des forces électromotrices peuvent se développer, et la ligne peut être momentanément transformée en circuit thermo-électrique.

Il résulte de certaines observations que les courants naturels acquièrent une grande intensité dans les pays volcaniques. Les conditions qui favorisent leur développement n'ont pas encore été bien étudiées.

ARTICLE III.

DE LA TÉLÉGRAPHIE ÉLECTRIQUE DANS SES RAPPORTS AVEC LES LOIS DE PROPAGATION DE L'ÉLECTRICITÉ.

La correspondance télégraphique s'établit au moyen de courants discontinus qui, du poste de départ, s'écoulent à travers les fils de la ligne, pénètrent dans le poste d'arrivée, et traversent les bobines d'un électro-aimant dont l'armature mobile règle, par ses oscillations, la marche de l'organe reproducteur des signaux transmis. La netteté de la reproduction de la dépêche dépend essentiellement de la facilité avec laquelle les signaux élémentaires peuvent être distingués les uns des autres ; il faut donc régler la marche du courant de manière que l'armature mobile accomplisse librement ses oscillations entre les vis d'arrêt qui limitent l'étendue de ses déplacements. L'intervalle *minimum* de deux émissions successives du courant se trouve ainsi réglé : il doit être assez long non-seulement pour permettre au flux d'électricité d'acquérir l'intensité nécessaire à la mise en jeu de l'armature mobile, mais encore pour donner le temps à la ligne de se décharger, et à l'armature mobile d'exécuter une oscillation complète sous l'influence des actions alternantes de l'électro-aimant et du ressort antagoniste. La rapidité *maximum* que peut atteindre la transmission télégraphique dépend certainement de la sensibilité des appareils ; mais elle est aussi subordonnée aux lois de la propagation de l'électricité dans les conducteurs linéaires. Dans cet article, consacré à l'étude des rapports qui existent entre les lois de la propagation des courants et la télégraphie électrique, nous nous appuierons sur les considérations développées dans la note A, et sur les résultats des recherches expérimentales de M. Guillemin.

Au moment où, dans le poste de départ, la ligne est mise en communication avec le pôle positif de la pile, l'électricité se répand de proche en proche sur le fil conducteur et l'envahit tout entier. Les tensions des diverses tranches du fil de ligne augmentent graduellement jusqu'à ce qu'elles aient atteint un état stationnaire qui dépend à la fois de la tension de la pile, du degré d'humidité de l'atmosphère, de la longueur et de l'isolement de la ligne ; l'intensité du flux électrique éprouve des variations correspondantes dans les diverses sections du conducteur. — Cette première période de la propagation correspond à l'*état variable* (1) des tensions et du courant ; sa durée est toujours très courte sur les lignes aériennes. Elle est remplacée par l'*état permanent*, pendant lequel la distribution des tensions électriques et l'intensité du courant transmis n'éprouvent plus aucune variation.

Dès 1827, dans sa *Théorie mathématique des courants électriques*, Ohm (2) avait calculé les lois de la distribution des tensions pendant cette période de l'état variable. Il résulte de sa formule générale que l'accroissement des tensions suit une marche asymptotique, et que l'état per-

---

(1) Dans la note A (article II) nous avons exposé en détail les lois de cet état variable, et donné l'expression générale de sa durée.

(2) *Théorie mathématique des courants électriques*, par G.-S. Ohm, traduction de J.-M. Gaugain. Paris, 1860, p. 120 et suiv.

manent est, rigoureusement parlant, une limite qui ne peut être atteinte qu'au bout d'un temps infini; mais il est facile de voir qu'au bout d'un temps très court, les tensions n'éprouvant plus que des accroissements négligeables, le courant a acquis une intensité qui ne diffère de l'intensité limite correspondante à l'état permanent que d'une quantité inappréciable. Depuis la publication du travail de Ohm, les lois de l'état variable avaient été négligées par les physiciens, et cette partie importante de sa théorie n'avait pas été soumise à une vérification expérimentale. Dans ses belles recherches sur la propagation des courants dans les conducteurs imparfaits, M. Gaugain a repris cette étude. Les résultats de ses expériences confirment l'exactitude des lois déduites de la théorie générale de Ohm ; nous en avons donné le résumé à la fin de la note A. Les expériences de M. Gaugain ont été exécutées, il est vrai, sur des conducteurs imparfaits, mais les lois générales qu'il a établies pour les phénomènes de l'état variable peuvent être considérées comme s'appliquant aux conducteurs métalliques. Il a, en effet, prouvé dans ses recherches antérieures, que les phénomènes de courant, pendant l'état permanent, suivent rigoureusement les mêmes lois dans les conducteurs imparfaits et dans les fils métalliques.

Il est aujourd'hui bien démontré que le mouvement de l'électricité doit être assimilé au mouvement de la chaleur qui se propage dans une barre; dès lors l'expression *vitesse de l'électricité* n'a plus de signification précise. Les problèmes relatifs à la propagation de l'électricité doivent être formulés comme ceux qui se rapportent à la propagation de la chaleur par voie de conductibilité. Il n'est plus permis de chercher à déterminer la vitesse avec laquelle l'électricité parcourt un conducteur de nature et de section connues. La question à résoudre est différente. Étant données l'intensité des forces électromotrices, la nature et les dimensions du circuit, on doit se demander quel est le temps nécessaire pour que, dans un point déterminé de la chaîne électro-dynamique, il se produise une tension ou un courant d'intensité également déterminée, à partir du moment où les forces électromotrices entrent en jeu. Les problèmes relatifs à l'état variable sont très nombreux; nous devons nous occuper ici exclusivement de la détermination de la durée de l'état variable, ou du temps qui s'écoule entre la fermeture du circuit et le moment où le courant acquiert une intensité sensiblement égale à celle de l'état permanent. C'est dans l'étude de cette question et dans l'examen approfondi des phénomènes de la décharge des fils conducteurs après la rupture du circuit, qu'il faut chercher la solution des nombreuses difficultés qui se présentent toutes les fois qu'on veut obtenir une transmission rapide des dépêches sur les très longues lignes aériennes, et surtout sur les lignes sous-marines et souterraines.

L'article II de la note A est consacré tout entier à l'exposition des recherches de M. Gaugain relatives aux lois et à l'expression générale de la durée de l'état variable. Nous ne reprendrons point ici cette étude; nous insisterons seulement sur deux relations qui jouent un grand rôle dans toutes les questions de télégraphie électrique.

Les recherches expérimentales de M. Gaugain, confirmant les indications de la théorie générale de Ohm, montrent que la durée de l'état variable est indépendante de la tension de la source électrique, et que cette indépendance se maintient aussi bien quand la perte par l'air est assez forte pour qu'on doive en tenir compte, que dans le cas où elle est nulle ou du moins négligeable. Cette loi, étendue d'une manière absolue à la propagation de l'électricité dans les fils télégraphiques, nous conduirait à établir que la rapidité de la transmission de la dépêche n'est nullement influencée par la tension de la pile de ligne. L'analyse des recherches de M. Guillemin sur cette question nous montrera dans quelles limites cette conclusion peut être adoptée.

La longueur du circuit exerce sur la durée de l'état variable une influence qui est tout à fait confirmative du mode de propagation de l'électricité dans les conducteurs linéaires. Lorsque la perte par l'air est assez faible pour qu'on puisse la négliger, les expériences de M. Gaugain s'accordent avec le travail de Ohm pour démontrer que la durée de l'état variable est proportionnelle au carré de la longueur du fil conducteur. On comprend facilement toute l'importance de cette dernière relation : en effet, si, sur un fil télégraphique de faible étendue, l'établissement de l'état permanent coïncide sensiblement avec la fermeture du circuit, la durée de l'état variable augmente si rapidement avec la longueur de la ligne, qu'au delà d'une certaine distance, elle devient un obstacle sérieux à la transmission des dépêches. Nous verrons bientôt que les récepteurs des systèmes télégraphiques ne commencent à entrer en jeu que vers le moment où l'état permanent s'établit; dès lors toute émission de courant s'accompagne nécessairement d'un temps perdu correspondant sensiblement à toute la durée de l'état variable, et qui limite la distance à laquelle doit s'étendre la correspondance directe.

Nous avons déjà dit que, quand la perte par l'air est appréciable, la durée de l'état variable reste indépendante de la tension de la source. Mais quelle est l'influence de la perte par l'air sur le temps qui s'écoule entre la fermeture du circuit et l'établissement de l'état permanent? Cette importante question n'a pas encore été soumise à une étude expérimentale suffisamment approfondie. A défaut d'expériences directes, la théorie générale de Ohm, dont l'exactitude a été vérifiée sur tous les autres points, fournit des données précieuses. Ses formules indiquent nettement que, sous l'influence de la perte par l'air, la durée de l'état variable diminue; plus l'atmosphère est conductrice, plus est court le temps qui s'écoule entre l'instant de la fermeture du circuit et le moment de l'établissement de l'état permanent.

De son côté, M. Guillemin a étudié les lois de l'état variable du courant électrique sur des fils télégraphiques de *cinq* à *six* cents kilomètres de longueur. Nous savons que les fils de ligne, supportés sur leurs poteaux, ne sont jamais complétement isolés du sol; d'un autre côté, dans quelques conditions que l'on opère, l'action de l'air ne peut jamais être considérée comme négligeable sur des circuits d'une telle longueur, ni même comme uniforme dans toute l'étendue de ces conducteurs télégraphiques.

Les résultats des expériences de M. Guillemin traduisent donc l'action d'influences très diverses, et dont il serait difficile de préciser exactement le sens et l'intensité. Ils n'en ont pas moins une grande importance pratique, et ils doivent être pris en très sérieuse considération dans toutes les questions relatives à la transmission télégraphique des dépêches à grande distance.

Disons, en commençant, quelques mots de la méthode employée par M. Guillemin dans ses recherches; nous lui empruntons la description qu'il a donnée lui-même de son appareil, dans une note communiquée à l'Académie des sciences (1). Les expériences ont d'abord été faites à Nancy, et puis à Paris, au siége de l'administration centrale.

« Un cylindre de bois de 180 millimètres de long et de » 100 millimètres de circonférence porte sur sa surface » une lame métallique représentant à peu près un triangle » rectangle, dont le grand côté, adjacent à l'angle droit, » est disposé suivant la génératrice du cylindre. Cette » lame présente 40 millimètres dans sa partie la plus » large, et 3 dans sa plus petite largeur. Une petite lame » rectangulaire d'*un* millimètre de large, que j'appelle » *lame de dérivation*, est placée sur le prolongement du » grand côté de la première.

» Une troisième lame métallique couvre la plus grande » partie de la surface du cylindre laissée libre par la pre- » mière lame. Ces trois lames sont d'ailleurs isolées les » unes des autres, et communiquent chacune avec des

(1) *Comptes rendus de l'Acad. des sciences*, 1860, t. L, p. 181.

» viroles métalliques sur lesquelles appuient des ressorts
» d'acier. La lame triangulaire est mise en communica-
» tion par le ressort de sa virole avec le pôle positif de la
» pile dont le pôle négatif communique avec la terre. Un
» ressort mobile parallèlement à l'axe du cylindre, et qui
» communique avec l'un des bouts du fil de ligne, appuie
» sur la surface du cylindre, et se trouve, à chaque révo-
» lution, en contact avec le pôle positif de la pile, par
» l'intermédiaire de la lame triangulaire.

» D'ailleurs, si l'on imprime au cylindre un mouvement
» de rotation uniforme et déterminé, il est évident que la
» durée de ce contact augmentera ou diminuera, suivant
» qu'on poussera le ressort mobile vers la partie large ou
» vers la partie étroite de la lame métallique. Un vernier
» est disposé sur l'axe du cylindre pour mesurer, avec le
» secours d'un courant et d'un galvanomètre, la durée
» de ces contacts. Un cinquième ressort, qui passe sur la
» lame de dérivation, sert à fermer un circuit de dériva-
» tion placé à l'autre bout du fil de ligne, un instant avant
» que le contact du premier bout du fil avec le pôle de la
» pile soit interrompu.

» L'extrémité du fil de ligne à laquelle est adapté le
» circuit de dérivation est en communication permanente
» avec la terre. Si, d'ailleurs, l'intervalle de dérivation est
» convenablement choisi, et s'il reste constant pendant
» une même expérience, il est évident que, la durée du
» courant dérivé étant toujours la même à cause du mou-
» vement uniforme de rotation, un galvanomètre placé
» dans ce circuit donnera des déviations dont les inten-
» sités correspondantes seront proportionnelles à l'inten-

» sité du flux électrique qui traverse l'extrémité du fil.
» Lorsque ces deux contacts établis par la lame triangu-
» laire et par la lame de dérivation auront cessé, il est
» clair que la troisième lame métallique, que l'on aura
» fait communiquer avec la terre par le ressort de sa
» virole, établira la communication avec la terre du bout
» du fil de ligne qui tout à l'heure communiquait avec
» la pile, et en facilitera ainsi la décharge, qui est une
» condition indispensable au succès de l'expérience. »

Le circuit de dérivation pouvait être établi à volonté
sur l'extrémité du fil en communication avec le sol, ou
sur l'extrémité en contact avec le pôle positif de la
pile. Par conséquent, l'intensité du courant de la pile
pouvait être mesurée successivement à chacun des bouts
de la ligne.

A l'extrémité de la ligne en communication avec le
sol, le courant est très faible quand le ressort de contact
est placé sur l'extrémité étroite de la lame triangulaire.
Son intensité augmente graduellement à mesure que le
ressort de contact avance vers la partie large de la lame
triangulaire, et atteint, pour une certaine position de ce
ressort, un *maximum* qu'il ne dépasse plus quand on augmente la durée du contact du fil avec la pile.

A l'extrémité du fil en communication avec la pile,
l'intensité du courant suit une marche inverse; elle décroît à mesure que la durée du contact du fil et du pôle
de la pile augmente. Pour une certaine position du ressort,
cette intensité prend une valeur *constante*, qu'elle conserve quand on augmente la durée du contact du fil et de
la pile. Cette marche décroissante du courant s'explique

facilement. Au moment où le contact s'établit, le flux est très intense, parce qu'il n'existe sur le fil aucune tension qui lui fasse obstacle; mais, à mesure que le conducteur se charge, la différence des tensions des extrémités du circuit de dérivation devient plus faible, et l'intensité du flux doit nécessairement diminuer.

M. Guillemin a donc mesuré le temps qui s'écoule entre la fermeture du circuit électro-dynamique et le moment où le courant atteint une intensité *sensiblement constante* et *indépendante de la durée du contact du fil et de la pile.* Comme pouvaient le faire prévoir les lois de la propagation de l'électricité, ce temps est le même pour les deux extrémités, et, par suite, pour un point quelconque de la ligne.

A mesure que le ressort de contact avance de la partie étroite à la partie large de la lame triangulaire, les variations du courant, d'abord très fortes, diminuent graduellement, et deviennent *extrêmement faibles* dans le voisinage de la position du ressort correspondante à l'intensité constante.

Sur une ligne de 570 à 580 kilomètres de longueur, dans de bonnes conditions d'isolement, avec un fil *direct*, le courant étant fourni par une pile de Bunsen de 60 à 80 éléments, le temps étant compté en *secondes*, il s'écoule de 0″,0150 à 0″,0180 entre l'instant de la fermeture du circuit et le moment où l'intensité du flux d'électricité est sensiblement constante.

Sur les lignes télégraphiques, le temps nécessaire pour que l'intensité du courant électrique devienne sensiblement constante augmente plus vite que la simple longueur, et moins vite que le carré de la longueur du fil conducteur. Cependant les dernières déterminations faites avec beaucoup de soin par M. Guillemin, montrent que le temps varie dans une proportion plus rapprochée du rapport des carrés que du rapport des simples longueurs du fil. Nous devons même ajouter que, dans certaines séries, la loi des carrés, posée par Ohm et par M. Gaugain, se vérifie d'une manière assez satisfaisante. Il n'existe donc pas un accord parfait entre les résultats de M. Guillemin, relatifs à l'influence de la longueur des conducteurs, et les principes développés par Ohm et par M. Gaugain. A ce sujet, nous devons faire observer que les calculs de Ohm se rapportent à des conducteurs placés dans des conditions d'isolement et de perte par l'air nettement définies. M. Gaugain, de son côté, opérant sur des circuits de faible étendue, a pu réaliser sensiblement les conditions théoriques de Ohm. M. Guillemin, au contraire, a pris pour conducteurs des lignes télégraphiques sur lesquelles l'isolement et la perte par l'air varient nécessairement d'un instant à l'autre avec l'état hygrométrique de l'atmosphère, et avec une foule d'autres circonstances passagères et accidentelles. Il ne faut pas s'étonner si des recherches, entreprises dans des conditions si différentes, ne s'accordent pas sur tous les points.

Dans le travail de Ohm et dans les expériences de M. Gaugain, la source électrique est toujours assez abondante pour conserver une tension *constante*, et pour suffire à la charge du conducteur et à l'écoulement d'électricité pendant toute la durée de l'état variable, quelle que soit la rapidité du mouvement électrique; aussi avons-nous vu que, dans ces conditions, la durée de l'état variable reste complétement indépendante de la tension de la source. Ces conditions ne se réalisent certainement pas dans le cas où l'on se sert d'une pile comme source d'électricité. Nous savons, en effet (voy. note A), qu'au moment où l'on ferme le circuit d'une pile, les tensions polaires éprouvent une chute. De plus, quand on considère qu'un fil télégraphique de 4 millimètres de diamètre et de 600 kilomètres de longueur représente une surface métallique de 7540 mètres carrés, il est permis de se demander si la charge d'une si grande surface, et l'écoulement qui s'effectue pendant toute la durée de l'état variable, ne consomment pas une quantité d'électricité trop considérable pour qu'une pile ordinaire puisse la fournir dans un espace de temps qui ne s'élève pas à *deux centièmes de seconde*. Ces considérations portent à penser que le temps nécessaire pour que l'intensité du courant devienne constante doit dépendre, dans certaines limites, du nombre et de l'étendue superficielle des couples. L'expérience a vérifié l'exactitude de cette prévision.

Sur les très longues lignes télégraphiques, le temps qui s'écoule entre la fermeture du circuit et le moment où l'électricité du courant est sensiblement constante varie en sens inverse de la tension de la pile ou du nombre des couples associés en série : ainsi, sur une ligne de 580 kilomètres, avec une pile de Bunsen,

Le temps a été de 0″,0220 avec *dix* couples en tension.
— de 0″,0150 avec *quatre-vingts* couples en tension.

Le temps reste sensiblement le même quand, à la pile de Bunsen, on substitue une pile de Daniell de même tension. Nous devons ajouter qu'à mesure que le nombre de couples augmente, l'influence de la tension de la pile s'affaiblit très vite, et ne tarde pas à devenir insensible.

Entre certaines limites d'étendue superficielle des couples, le temps qui s'écoule entre la fermeture du circuit et le moment où l'intensité du courant devient sensiblement constante varie en sens inverse de la surface des éléments voltaïques. Ainsi, sur la même ligne, avec *vingt* couples de Bunsen associés en tension,

Le temps a été de 0″,0200, les couples étant chargés au *cinquième*.
 — de 0″,0180, les couples étant *complétement* chargés.

A partir de la dimension ordinaire des couples généralement employés en télégraphie électrique, le temps reste indépendant de l'étendue superficielle des éléments voltaïques.

Il faut donc admettre que, sur les très longues lignes télégraphiques, la durée de l'état variable dépend, dans certaines limites, du nombre et du mode de groupement des couples employés; mais les recherches de M. Guillemin, d'accord en cela avec les indications de la théorie de Ohm et des expériences de M. Gaugain, montrent que, quand la pile de ligne est capable de fournir un courant efficace au récepteur du poste d'arrivée, ce n'est pas dans une augmentation de la force de la pile qu'on peut espérer trouver le moyen d'obtenir une transmission notablement plus rapide.

C'est à une influence du même ordre que M. Guillemin

rapporte les résultats suivants, fournis par ses expériences.

Toute forte dérivation établie sur la ligne, en même temps qu'elle augmente d'une manière considérable la consommation d'électricité, a pour effet d'allonger le temps qui s'écoule entre la fermeture du circuit et le moment où l'intensité du courant devient sensiblement constante. — Ce temps paraît aussi sensiblement plus long lorsque l'humidité atmosphérique est considérable.

Les fils *omnibus* sont moins bien isolés et généralement plus rapprochés du sol que les fils directs; les déterminations de M. Guillemin montrent qu'à longueur égale, il faut, sur une ligne *omnibus*, de *quatre* à *cinq millièmes* de seconde de plus que sur une ligne directe, pour que l'intensité du courant devienne sensiblement constante. Ajoutons, d'ailleurs, que la résistance de ces lignes *omnibus* est augmentée par des bouts de fil de petit diamètre intercalés de distance en distance sur leur trajet.

Tous ces faits se prêtent évidemment à une même interprétation; ils tendent à prouver que les piles généralement employées en télégraphie électrique ne sont pas des sources assez abondantes pour suffire à la consommation d'électricité qui se fait, pendant l'état variable, à travers les très longues lignes aériennes.

M. Guillemin a déterminé un autre élément qui joue un très grand rôle dans toutes les questions de télégraphie électrique. Un fil de ligne, en communication avec la terre par une de ses extrémités, est maintenu en contact avec le pôle de la pile par l'autre extrémité, jusqu'à ce que le courant ait atteint l'état permanent. Si l'on fait ces-

ser le contact du fil avec le pôle de la pile, la charge dynamique du conducteur s'écoule par l'extrémité en communication avec le sol. En télégraphie, cette décharge
s'accompagne nécessairement d'un temps perdu, car, tant
que le flux de décharge conserve une certaine intensité,
l'électro-aimant du récepteur conserve assez de puissance
pour retenir l'armature mobile et neutraliser la traction
du ressort antagoniste. M. Guillemin a déterminé expérimentalement la durée de cette décharge.

Sur une ligne de 580 kilomètres de longueur, M. Guillemin a mis le fil direct en communication avec le pôle
positif d'une pile de Bunsen de 22 couples.

Le temps qui s'écoula entre la fermeture du circuit et
le moment où le courant devint sensiblement constant,
mesuré par la méthode ordinaire des dérivations prises
sur l'extrémité en communication avec le sol, fut de

$$0'',0170.$$

Il interrompit les communications du fil et de la pile,
et continua à mesurer, par la même méthode, l'intensité
décroissante du flux. Le temps qui s'écoula entre la rupture du circuit et le moment où le flux de décharge devint
insensible fut de

$$0'',0625.$$

Il résulte de ces expériences que, sur une ligne de
580 kilomètres de longueur, la durée de la charge du fil
et la durée de sa décharge sont dans le rapport de

$$170 \text{ à } 621, \text{ ou de } 1 \text{ à } 3,676.$$

Comme il était permis de le prévoir, la décroissance des

tensions et du flux est très rapide pendant les premiers instants de la décharge, se ralentit bien vite et de plus en plus à mesure qu'on approche du moment où le fil ne conserve plus qu'une charge d'électricité négligeable.

Enfin M. Guillemin a fourni des résultats propres à donner une juste idée de la perte d'électricité qui s'opère sur les longues lignes par l'air et par les supports. La ligne de 580 kilomètres étant isolée dans toute son étendue, il l'a maintenue, par une extrémité, en contact avec la pile jusqu'à ce que la charge statique du fil fût complète.

Dans une première expérience, le circuit fut rompu, et l'une des extrémités du fil fut mise en communication avec le sol. M. Guillemin étudia, par sa méthode ordinaire des dérivations, les phénomènes de décharge.

En 0″,025, l'intensité du courant dérivé qui servait de mesure à l'état électrique du fil tomba de 74° à 10°.

Dans une seconde expérience, le circuit fut rompu et maintenu isolé. M. Guillemin étudia, par la même méthode, l'état électrique du fil soumis seulement à l'action de l'air et aux dérivations des poteaux suspenseurs.

En 0″,025, l'intensité du courant dérivé qui servait de mesure à l'état électrique du fil tomba de 56° à 22°.

Ces expériences s'accordent avec celles de MM. Bréguet et Matteucci, rapportées plus haut (page 255), pour démontrer que, sur les lignes télégraphiques les mieux établies, la déperdition d'électricité par l'air et par les poteaux suspenseurs est très considérable.

Avant de quitter cette étude des courants, nous devons arrêter notre attention sur un phénomène important dont s'accompagne nécessairement la transmission télégraphique. Dans le récepteur du poste d'arrivée de la dépêche, le courant traverse les bobines d'un électro-aimant à fil long et fin. Pendant la transmission, les variations d'intensité du courant de la ligne développent nécessairement dans le fil télégraphique et dans le fil des bobines des forces électromotrices d'induction dont le sens et les effets sont faciles à déterminer. — Tant que dure l'état variable, l'intensité du flux électrique augmente; la force électromotrice développée par induction est *inverse*, et tend à affaiblir le courant transmis. D'ailleurs, cette force électromotrice, résultat inévitable de la variation de la distribution des tensions dans le circuit, suit la même marche que cette variation elle-même : très intense dans les premiers instants de la fermeture du circuit, elle s'affaiblit très vite, et s'éteint complétement quand l'état permanent s'établit. — Une nouvelle force électromotrice d'induction se développe au moment de la rupture du circuit; mais elle est *directe* et renforce le flux de décharge. D'ailleurs, cette seconde force électromotrice est nécessairement soumise à la même marche que la première : très intense dans les premiers instants de la décharge, elle s'affaiblit rapidement, et ne tarde pas à devenir insensible.

Le réglage du ressort antagoniste de l'armature mobile de l'électro-aimant du récepteur d'un appareil télégraphique se fait par tâtonnement. On donne à ce ressort la tension nécessaire pour rendre l'armature insensible aux flux d'électricité accidentels d'intensité inférieure à celle du courant employé à la transmission, et pour lui permettre d'accomplir sa double oscillation sous l'influence de ce dernier. Le degré de tension pour lequel l'armature mobile oscille avec la plus grande liberté est aussi celui qui correspond à la reproduction la plus nette et la plus rapide des signaux.— Ces faits, rapprochés de ce que nous avons dit de la marche des forces électromotrices d'induction développées dans les conducteurs à la fermeture et à la rupture du circuit, conduisent à admettre que, dans la transmission télégraphique, l'armature de l'électro-aimant du récepteur reste immobile pendant les premiers instants qui suivent la fermeture du circuit, et commence à entrer en jeu *un peu avant* l'établissement de l'état permanent. Dès que les tensions ne varient plus que de quantités insensibles, la force électromotrice *inverse* d'induction est assez faible pour permettre au courant de prendre une intensité peu différente de celle de l'état permanent.— A partir de ce moment, l'armature est retenue par les surfaces polaires de l'électro-aimant tant que le circuit reste fermé, et même pendant les premiers instants qui suivent la rupture du circuit, à cause du renforcement du flux de décharge déterminé par la force électromotrice *directe* d'induction. — Enfin cette armature est ramenée à sa position d'équilibre par le ressort antagoniste, lorsque le flux de décharge, la force électromotrice directe d'induction, et par suite le magnétisme de l'électro-aimant, sont assez affaiblis pour lui rendre sa liberté.

Les considérations précédentes montrent que, dans un système télégraphique quelconque, l'intervalle de deux émissions successives de courant comprend nécessairement trois périodes : la durée de l'état variable des tensions; la durée du maintien du courant à l'état permanent; la durée de la décharge du fil de la ligne et du retour de l'électro-aimant à l'état neutre. Pendant la majeure partie de la première période, l'armature mobile de l'électro-aimant du récepteur reste au repos. La fin de la première période, la seconde période tout entière, et le commencement de la troisième, correspondent à la première demi-oscillation de l'armature et à la reproduction du signal expédié. Enfin, le reste de la durée de la décharge et la majeure partie de la première période de l'émission suivante s'ajoutent pour donner à l'armature le temps d'obéir à la traction du ressort antagoniste. Cette demi-oscillation de retour correspond, dans les télégraphes à cadran, à la production d'un nouveau signal élémentaire, et dans le télégraphe Morse, à l'espacement de deux signaux élémentaires successifs. En raison de la tension du ressort antagoniste, l'armature mobile est ramenée avant que l'électro-aimant du récepteur ait perdu tout son magnétisme; on peut donc faire une nouvelle émission de courant avant que la ligne soit retombée à l'état neutre, alors qu'elle conserve encore une faible charge, et gagner ainsi un peu de temps, pourvu qu'on donne à l'armature mobile le temps d'accomplir la demi-oscillation de retour. La durée du maintien de l'état permanent dépend évidemment de la sensibilité du système télégraphique employé et de la nature du signal élémentaire transmis; en perfectionnant le mécanisme des appareils, on peut donc parvenir à abréger la durée de cette période, et contribuer ainsi à augmenter la rapidité de la correspondance télégraphique. Il n'en est pas de même de la durée de l'état variable et de la durée de la décharge; elles dépendent exclusivement des lois de propagation de l'électricité dans les conducteurs linéaires, de la longueur et de l'isolement de la ligne, enfin de l'état hygrométrique de l'atmosphère.

En augmentant l'intensité de la pile, on peut toujours faire parvenir un courant efficace aussi loin qu'on le veut; il semble donc que la distance à laquelle il est possible d'entretenir une correspondance télégraphique directe n'ait pas de limite. Mais la durée de l'état variable et de la décharge augmente proportionnellement au carré de la longueur du circuit, et nous venons de voir que de cette durée dépend la rapidité de la correspondance. Si donc on veut conserver à la télégraphie électrique la rapidité de transmission qui est son principal avantage, il ne faut pas essayer de correspondre directement à de trop grandes distances. L'expérience a démontré que, sur les lignes aériennes, on peut obtenir une bonne et rapide transmission à 500 kilomètres de distance. Quand la correspondance doit s'étendre plus loin, il est bon de recourir aux relais de ligne et de disposer les appareils Morse en translation.

Il résulte du mode de propagation de l'électricité dans les conducteurs linéaires, que toute interruption de courant s'accompagne nécessairement d'un certain temps perdu. Dès lors le meilleur appareil télégraphique est celui qui, pour transmettre une dépêche de longueur donnée, exige le plus petit nombre d'émissions du courant.

Dans les télégraphes à cadran, pour indiquer deux lettres successives d'un même mot, l'aiguille indicatrice doit nécessairement passer sur toutes les lettres intermédiaires. Or l'aiguille se déplaçant chaque fois d'une division entière du cadran, et les déplacements correspondant alternativement à une émission du courant et à une interruption ou décharge du circuit, il en résulte que, pour indiquer deux fois de suite la même lettre ou pour faire un tour entier du cadran, il faut nécessairement *treize* émissions de courant sur la ligne et *treize* décharges. Le passage d'une lettre à l'autre de la dépêche exige donc moyennement de *six à sept* émissions de courant, et autant de décharges de la ligne. Pour la correspondance particulière des chemins de fer, les postes télégraphiques sont assez rapprochés pour que la durée de l'état variable et de la décharge soit négligeable, et ce grand nombre d'émissions de courant ne devient jamais un obstacle sérieux à la transmission des dépêches. Il n'en est pas de même des longues lignes : sur un fil de 500 kilomètres, la durée de l'état variable et de la décharge prend une assez grande importance pour qu'un appareil à cadran ne puisse fournir qu'une correspondance très lente.

Sous ce rapport, le télégraphe français à signaux a une grande supériorité sur les appareils à cadran ; nous avons vu, en effet, qu'avec ce télégraphe à signaux, *quatre* émissions et *quatre* interruptions suffisent pour reproduire deux fois de suite le même signal ; en conséquence, il suffit moyennement de *deux* émissions de courant et de *deux* décharges de la ligne pour passer d'un signal au signal suivant de la dépêche.

Dans le télégraphe anglais à deux aiguilles, il ne faut jamais plus de trois émissions et trois interruptions pour reproduire une lettre. Ce système est de tous les appareils à signaux conventionnels celui qui se prête le mieux à une correspondance rapide sur une longue ligne.

Avec l'alphabet généralement adopté du télégraphe Morse, chaque lettre se compose moyennement de trois signaux simples; chaque lettre, pour être transmise, exige donc moyennement *trois* émissions et *trois* interruptions de courant. Sous ce rapport, l'appareil Morse l'emporte sur tous les télégraphes à cadran; mais il est inférieur au télégraphe français à signaux et au télégraphe anglais à deux aiguilles. Indépendamment du nombre d'émissions du courant nécessaires pour transmettre chaque lettre, la nécessité de recourir à un relais pour mettre en jeu un levier dont il faut vaincre le moment d'inertie, tend encore à diminuer la rapidité de transmission du système Morse; la modification Digney, en permettant de supprimer le relais, contribue évidemment à rendre la transmission plus rapide.

Nous avons vu qu'avec le télégraphe du professeur Hughes, *une* émission et *une* interruption de courant suffisent pour reproduire une lettre. Si les espérances qu'ont fait naître les essais de l'administration française se réalisent, l'adoption de ce nouvel appareil sera un grand progrès dans la télégraphie électrique, car la transmission pourra devenir *trois* fois plus rapide que dans le système aujourd'hui généralement adopté.

Il résulte de cette analyse que le télégraphe anglais à deux aiguilles et le télégraphe français à signaux sont les

appareils qui permettent la correspondance la plus rapide. Nous devons cependant ajouter que, dans ces deux
systèmes, on n'obtient cette vitesse de transmission qu'à
la condition d'opérer au moyen de deux fils de ligne, ce
qui entraîne nécessairement un surcroît de dépenses, tant
sous le rapport de l'installation des lignes que sous le
rapport de l'entretien des piles. Malgré cet inconvénient
très réel, il y a tant d'avantages à gagner du côté de la
rapidité de la transmission, que ces deux télégraphes
devraient être préférés à l'appareil Morse lui-même, si la
sûreté de la correspondance n'imposait pas impérieuse-
ment la condition d'obtenir au poste d'arrivée une reproduction écrite de la dépêche expédiée.

Les déterminations de M. Guillemin sont importantes,
en ce qu'elles ont été exécutées sur des conducteurs de
570 à 580 kilomètres; l'expérience, en effet, donne cette
longueur de fil comme une limite que, sur les lignes aériennes, on ne doit jamais chercher à dépasser en correspondance directe. Le temps qui s'écoule entre la fermeture du circuit et le moment où le courant acquiert une
intensité sensiblement constante, est, d'après la moyenne
des résultats de M. Guillemin, de $0'',0170$, et la durée de la
décharge s'élève à $0'',0625$. Si l'on attendait que la décharge fût complète pour fermer une seconde fois le circuit, l'intervalle de deux émissions successives de courant
serait donc de $0'',0795$; ce qui donne, en nombres ronds,
755 émissions de courants par *minute*. Mais nous avons
vu que, pour faire une nouvelle émission de courant, il
n'est pas nécessaire d'attendre que le fil soit revenu
à l'état neutre : on peut, sans inconvénient, empiéter sur

la période de décharge. Il n'a pas été fait d'expériences directes sur cette importante question ; mais la marche très rapidement décroissante de l'intensité du flux de décharge montre qu'on peut obtenir une bonne transmission en laissant le circuit ouvert pendant environ les *sept dixièmes* de la durée de la décharge, soit pendant 0″,0455. L'intervalle de deux émissions successives de courant devient alors 0″,0625, ce qui donne 16 émissions par seconde ou 960 émissions par minute; reste à savoir si les appareils télégraphiques sont assez parfaits pour supporter une telle rapidité de transmission. M. Bergon, dont l'autorité est si grande en pareille matière, n'hésite pas à affirmer (1) qu'au point de perfection atteint pour la construction des appareils, l'inertie du récepteur est assez faible, le mouvement d'aimantation et de désaimantation assez prompt, le mécanisme d'impression assez parfait, le déroulement du papier assez rapide, et la solidarité des divers organes assez bien établie pour que le levier imprimeur puisse exécuter 16 oscillations régulières par *seconde*, et, par suite, imprimer sûrement et nettement 16 points par *seconde* ou 960 par *minute*.

La pratique de tous les jours apprend que, sur les longues lignes, un excellent employé ne peut pas transmettre plus de 15 mots par *minute*. A raison de *trois* signaux simples par lettre et de *cinq* lettres par mot, ce qui est conforme à la composition moyenne des mots et des lettres, on voit que le *maximum* de rapidité de transmission réalisé sur les grandes lignes correspond seule-

____

(1) *Annales télégraphiques*, 1860, t. III, p. 122.

ment à 225 émissions de courant par minute. En résumé, dans l'état actuel de la télégraphie électrique, on utilise donc seulement le *quart* du travail que la théorie indique et que les appareils peuvent supporter. Plusieurs causes concourent à ce résultat.

D'abord il est juste de faire observer que les nombres $0'',0170$ et $0'',0625$, qui expriment la durée de l'état variable et de la décharge, et qui ont servi de base à nos raisonnements, ont été obtenus par M. Guillemin dans des conditions exceptionnelles : il opérait sur des lignes dont l'installation était irréprochable, par des temps secs, et alors que tous les dérangements dépendants du mélange des fils et des courants naturels ou accidentels étaient, sinon complétement nuls, du moins à peu près négligeables.

Dans les circonstances ordinaires de la transmission télégraphique, les fils sont incessamment traversés par des courants naturels, par des courants d'induction et même des courants de dérivation fournis par les fils voisins d'une même ligne ; tous ces flux accidentels d'électricité font varier l'intensité des courants de la pile et gênent la correspondance. Les pertes occasionnées par les dérivations et une atmosphère chargée d'humidité influent de leur côté sur la durée de l'état variable. Toutes ces causes réunies font qu'il n'est pas permis d'admettre que, sur une longue ligne, les courants discontinus puissent, sans se confondre, être portés au nombre de 960 par minute.

D'autres causes, tirées de la composition de l'alphabet télégraphique, contribuent encore à ralentir la correspondance. Les signaux élémentaires sont de deux ordres : les *points*, pour lesquels la durée du contact doit être très courte ; les *traits*, qui doivent occuper l'espace de deux points, et dont la reproduction exige que le circuit reste plus longtemps fermé. Ajoutons à cela que, pour obtenir une impression lisible, les lettres doivent être séparées au moins par la longueur d'un signal simple, et les mots par une longueur double. Enfin les chiffres sont reproduits par *cinq* signaux simples et exigent *cinq* émissions de courant, et il ne faut pas moins de *six* émissions pour un signe de ponctuation (voyez les tableaux, pages 186 et 187).

Toutes ces circonstances contribuent à diminuer considérablement le travail utile d'un appareil télégraphique. Cependant il y a si loin du nombre théorique 960 au nombre réel 225, qu'on a dû naturellement s'occuper des moyens de rendre la correspondance télégraphique plus rapide, sans en altérer ni la sûreté, ni la netteté. Dans ce but, on a proposé l'emploi de transmetteurs automatiques, destinés à expédier avec une très grande rapidité et une grande régularité les dépêches composées à l'avance. Dans les procédés de MM. Bain, Wheatstone et Digney, la dépêche est composée au moyen de perforations pratiquées, dans un ordre déterminé, sur une bande de papier avec un emporte-pièce. Dans le procédé de M. Marqfoy, on compose la dépêche en disposant, le long d'une hélice tracée sur la surface d'un cylindre, une série de petits cubes qui reproduisent exactement les points et les traits de l'alphabet Morse, avec les espacements des signaux simples, des lettres et des mots.

M. Bergon (1) rapporte des résultats qui sont loin de déposer en faveur de l'emploi de ces transmetteurs automatiques. L'administration française a plusieurs fois essayé les appareils de MM. Marqfoy et Digney, toujours sur de bons fils et quand la transmission manuelle se comportait bien ; on n'a jamais pu obtenir *vingt* mots par minute, d'une manière assez nette et assez suivie pour assurer un service. Une fois, ajoute M. Bergon, on a pu aller jusqu'à *trente-cinq* mots sur une ligne de 400 kilomètres, non sans quelques erreurs ; mais ce n'est là qu'un tour de force obtenu dans des conditions exceptionnelles, et qui ne saurait être pris pour base d'une exploitation régulière. Ces essais tendent à établir que, dans les conditions actuelles des lignes et des alphabets adoptés, la transmission à la main réalise, sur les longues lignes, à peu près toute la rapidité de transmission qu'on peut obtenir.

Avec les manipulateurs automatiques, la transmission est plus régulière et la dépêche est plus correcte. Tôt ou tard ils seront introduits dans la télégraphie électrique ; mais avant tout, comme l'a très bien établi M. Bergon, on doit s'occuper de l'amélioration des lignes elles-mêmes. On ne se mettra sans doute jamais à l'abri des influences perturbatrices des courants naturels et des flux déterminés par les aurores boréales et par les variations de la distribution de l'électricité atmosphérique ; mais on peut obtenir un isolement beaucoup plus parfait des fils à leurs points de suspension, et rendre ainsi complétement im-

(1) *Annales télégraphiques*, 1860, t. III, p. 125.

possibles, ou du moins extrêmement rares, ces pertes excessives par dérivation et ces dérangements connus sous la dénomination de *mélange des fils*, qui, par les temps très humides, pendant les brumes et les brouillards, et surtout à la suite des fortes pluies, viennent encore trop souvent gêner la correspondance. Un plus grand espacement des fils d'une même ligne amoindrirait les effets des actions réciproques d'induction des fils suspendus aux mêmes poteaux, et contribuerait à l'amélioration des conditions de transmission.

L'alphabet du télégraphe Morse ne comprend que deux signaux élémentaires : le *point* et le *trait*. Il en résulte que chaque lettre, chaque chiffre, chaque signe de ponctuation se compose en moyenne de trois, cinq ou six signaux élémentaires, et exige, pour être transmis, un même nombre d'émissions de courant. Or nous avons vu plus haut que chaque émission nouvelle de courant introduit un temps perdu dans la transmission, et que, par suite, la multiplication de ces émissions est une cause puissante de ralentissement de la correspondance. Il y aurait donc, sous le rapport de la rapidité, un grand avantage à augmenter le nombre des signaux élémentaires de l'alphabet; toute introduction d'un nouveau signal dans l'écriture télégraphique aurait, en effet, pour résultat évident de diminuer le nombre d'émissions de courant nécessaire à la reproduction d'une dépêche. Tant que la transmission à la main sera exclusivement maintenue, il est impossible de songer à une semblable réforme de l'alphabet généralement adopté. On comprend bien, en effet, que les employés, n'ayant à reproduire que deux espèces de signaux, puissent parvenir à imprimer au levier du manipulateur un mouvement rhythmique en concordance avec les exigences de la correspondance. Mais, si le nombre des signaux élémentaires augmentait, si seulement on en introduisait un nouveau plus long que le trait actuel, l'employé serait obligé de recourir à *trois* durées différentes de contact; le travail de transmission deviendrait excessivement difficile; les erreurs se multiplieraient, et compromettraient d'une manière très fâcheuse l'exactitude de la correspondance. Avec les transmetteurs automatiques, il n'y a rien de semblable à redouter. La dépêche est composée à l'avance, et contrôlée avec soin avant d'être livrée à l'employé expéditeur; la transmission n'est plus alors qu'une opération mécanique qui ne peut en aucune façon altérer l'exactitude de la correspondance. Le transmetteur proposé par M. Marqfoy se prêterait merveilleusement à l'introduction d'un ou deux signaux élémentaires nouveaux dans l'alphabet télégraphique; la composition et la lecture de la dépêche seraient sans doute renduesun peu plus difficiles, mais la rapidité de la correspondance serait considérablement augmentée.

En résumé, nous avons vu que les récepteurs des appareils télégraphiques sont assez bien construits pour suffire à tout le travail que les lois de propagation de l'électricité permettent sur les grandes lignes. Pour obtenir une transmission plus rapide sur les lignes aériennes, on doit donc chercher à améliorer l'installation des fils télégraphiques, et aussi à modifier l'alphabet de manière à diminuer autant que possible le nombre de signaux simples correspondant à chaque lettre. Pour cette dernière réforme à opérer dans le mode de reproduction des dépêches, les transmetteurs automatiques nous paraissent offrir de grandes et précieuses ressources.

Les résultats exposés dans le cours de ce chapitre nous permettent d'aborder une question importante : nous avons montré ailleurs (1) que la condition à remplir pour obtenir un courant d'intensité donnée avec la plus petite surface possible de zinc, est de combiner le nombre et les dimensions des couples de manière que la résistance de l'électromoteur soit égale à celle du circuit interpolaire. Or nous avons dit (page 53) qu'en temps ordinaire, on entretient une correspondance directe entre Paris et Strasbourg avec une pile de *quarante* couples Daniell; dans ce cas, la résistance de l'électromoteur n'est que de *quarante* kilomètres, tandis que la résistance du conducteur est de *sept cents* kilomètres, *cinq cents* pour le fil de ligne, et *deux cents* pour les bobines du récepteur. Cet exemple suffit pour montrer combien les piles de ligne sont loin d'être disposées de manière à fournir le *maximum* d'effet utile. Les équations de la page 53 nous fournissent le moyen de déterminer les dimensions qu'il faudrait donner aux couples Daniell pour obtenir un courant d'intensité suffisante avec la plus petite surface possible de zinc, et de calculer le nombre de couples à employer dans chaque cas particulier.

Nous savons, en effet (page 53), qu'en appelant E la force électromotrice d'un couple Daniell, la correspon-

_____

(1) *Traité d'électricité*, t. II, p. 103 et suiv.

dance télégraphique peut être entretenue avec un courant dont l'intensité est

$$(1) \qquad I = \frac{E}{18,5}.$$

Mais, d'autre part, si nous avons : n, le nombre des couples de la pile; R, la résistance d'un couple; r, la résistance totale de la ligne, y compris le récepteur du poste correspondant, l'intensité I du courant est donnée par l'équation suivante :

$$(2) \qquad I = \frac{nE}{nR + r}.$$

Mais pour obtenir le *maximum* d'effet utile, nous savons que la résistance de la pile doit être égale à celle de la ligne. Cette condition donne

$$nR = r,$$

d'où

$$(3) \qquad n = \frac{r}{R}.$$

Divisant les équations (1) et (2) membre à membre, nous obtenons

$$nR + r = n \cdot 18,5,$$

d'où

$$n = \frac{r}{18,5 - R}.$$

En égalant les deux valeurs de n, nous avons

$$\frac{r}{R} = \frac{r}{18,5 - R},$$

d'où

$$2R = 18,5,$$
$$(1) \qquad R = 9,25.$$

Cette équation (4) nous indique que, pour obtenir le maximum d'effet utile, il faudrait employer des couples de $9^{kil},25$ de résistance. La surface de l'élément zinc dans ces couples réduits serait donc neuf fois plus faible que dans les couples ordinaires, dont la résistance n'est que d'*un* kilomètre.

Mais l'équation (3) fournit le nombre de couples à employer en fonction de la résistance de la ligne et de la résistance d'un couple. Il en résulte qu'en remplaçant R par sa valeur 9,25, il faudrait, sur la ligne de 700 kilomètres de résistance de Paris à Strasbourg, employer une pile dont le nombre de couples serait

$$n = \frac{r}{R} = \frac{700}{9,25},$$

d'où

$$n = 77.$$

Pour substituer, sur la ligne de Paris à Strasbourg, ces couples de dimensions réduites aux éléments Daniell ordinaires, il faudrait donc augmenter le nombre des éléments associés en tension dans le rapport de 40 à 77, ou de 1 à 1,9; mais en même temps, dans chaque couple, la surface de zinc attaquée diminuerait dans le rapport de 9,25 à 1.

Cette substitution réduirait donc sensiblement les frais de premier établissement de la pile de ligne, puisque les surfaces de zinc attaquées dans la nouvelle pile et dans la pile ordinaire seraient dans le rapport 8,32 à 40, ou de 1 à 4,8.

Mais hâtons-nous d'ajouter que cette économie serait plus apparente que réelle. En effet, lorsque deux piles composées de couples de même nature et ne différant que par l'étendue des plaques métalliques fournissent des courants de même intensité, la consommation du zinc dans chacun des couples des deux électromoteurs est évidemment la même. Dans l'exemple précédemment choisi, pour une même durée de transmission, la quantité de zinc dépensée par la pile à couples réduits serait donc sensiblement double de celle qu'exige la pile ordinaire. Mais, en outre, les liquides actifs s'épuisent d'autant plus vite et doivent être d'autant plus fréquemment renouvelés, que les dimensions des éléments voltaïques sont plus faibles. On voit donc qu'en définitive, l'adoption des couples réduits aurait pour résultat incontestable de rendre l'entretien de l'électromoteur plus difficile et la correspondance télégraphique plus coûteuse.

Sur les longues lignes, une même pile sert souvent à correspondre simultanément sur deux ou plusieurs fils. Pour qu'un semblable mode de communication puisse être adopté avec avantage, il est nécessaire (page 242) que la résistance de l'électromoteur soit *très faible* par rapport à celle de la ligne. Les piles généralement employées permettent de recourir à ce genre de correspondance; en raison des grandes dimensions de leurs couples, elles constituent de véritables réservoirs d'électricité qui se prêtent à tous les besoins du service. Avec les couples réduits, la résistance de l'électromoteur serait évidemment trop considérable pour que, dans aucun cas, ce genre de communication simultanée pût être établi.

Nous devons enfin signaler un inconvénient grave qui résulterait de l'emploi de couples très petits sur les longues lignes. En effet, les expériences de M. Guillemin montrent (page 295) qu'à partir des dimensions ordinaires des couples généralement adoptés, la durée de l'état variable du courant s'allonge, et, par suite, la transmission devient moins rapide à mesure que l'étendue superficielle des éléments voltaïques diminue.

Il résulte évidemment de cet examen que, sur les longues lignes, il y a avantage à employer des piles de très faible résistance, et à conserver aux éléments voltaïques les dimensions consacrées par un long usage.

Quand les postes correspondants sont séparés par de faibles distances, la durée de l'état variable est toujours chose négligeable et la communication simultanée n'est jamais établie; on comprend donc que sur les très courtes lignes, on puisse sans inconvénient substituer des couples réduits aux couples ordinaires.

Pour l'établissement des appareils télégraphiques mobiles, cette substitution a des avantages incontestables. Dans les postes temporaires, en effet, la pile ne fonctionne jamais que sur de très courts circuits : on peut donc, sans porter atteinte à la rapidité de la transmission, construire des équipages portatifs d'une très grande légèreté, en employant des éléments voltaïques de très faibles dimensions. L'appareil mobile de **M.** Bréguet (page 217) et le télégraphe militaire de M. Hipp (1) sont construits d'après ces principes. Ce dernier système fournit de très bons résultats, depuis six ans qu'il est installé dans plusieurs stations suisses ; l'appareil à signaux, le manipulateur, une pile de *vingt-quatre* couples, une pile supplémentaire de même intensité, et tous les accessoires nécessaires à l'établissement d'un poste, tiennent dans une boîte de bois de 30 centimètres cubes. Le tout ne pèse pas plus de 12 à 15 kilogrammes.

Dans les câbles télégraphiques sous-marins et souterrains, la charge électrique du fil de ligne agit par influence sur les conducteurs environnants à travers les enveloppes isolantes. Il en résulte des phénomènes de condensation, étudiés par M. Faraday (2), qui transforment un câble télégraphique en bouteille de Leyde, et modifient profondément la marche de l'électricité pendant la charge et la décharge du fil.

M. Faraday a d'abord opéré sur un fil de cuivre de $1^{mm},6$ de diamètre et de 160 kilomètres de longueur, enveloppé d'une couche uniforme de gutta-percha de $2^{mm},5$ d'épaisseur et plongé dans l'eau d'un canal ; les deux bouts du fil étaient maintenus hors de l'eau et *isolés*. L'électricité était fournie par le pôle positif d'une

(1) *Bibliothèque universelle de Genève*, 1856, t. XXXIII, p. 109. — *Annales télégraphiques*, 1858, t. 1, p 130.

(2) *Annales de chimie et de physique*, 3ᵉ sér., 1854, t. XLI, p. 123.

18.

forte pile isolée composée de 360 couples (zinc, cuivre, acide sulfurique étendu), dont le pôle négatif était en communication avec le sol. La communication entre le fil recouvert et la pile s'établissait par l'intermédiaire d'un galvanomètre. Au moment de la fermeture du circuit, l'électricité se précipita dans le fil, et l'aiguille du galvanomètre fut *fortement* déviée ; mais au bout de peu d'instants la déviation s'affaiblit, et l'aiguille ne tarda pas à se fixer à 5 degrés, indiquant un faible courant permanent dû à une déperdition d'électricité, sur laquelle nous reviendrons. — Le fil du galvanomètre fut alors séparé de la pile et mis en communication avec le sol. L'aiguille fut de nouveau *fortement* écartée de sa position d'équilibre ; mais, cette fois, la déviation fut de sens inverse : la première déviation accusait un flux de charge, la seconde traduisait nettement un courant de sens contraire ou de *décharge*.

Le fil étant *chargé* comme précédemment, si l'on fixe un galvanomètre à chacune de ses extrémités, on constate qu'au moment où les deux galvanomètres sont mis en communication avec le sol, la *décharge* du fil se fait par les deux bouts à la fois. Le milieu du fil entouré de gutta-percha est le point de départ de deux courants qui s'échappent par les deux bouts, et s'écoulent dans le sol à travers les galvanomètres.

Une des extrémités du fil étant maintenue isolée, on met l'autre extrémité en contact avec la pile, puis on rompt le circuit. Si l'on touche avec le doigt l'une ou l'autre extrémité du long fil, on éprouve une forte commotion. Le phénomène de décharge n'est pas instantané ; la commotion a une certaine durée, et si le contact du fil avec le doigt est très rapide, on peut décomposer la commotion totale en une quarantaine de secousses successives ; on peut même ne toucher le fil que *cinq* minutes après la rupture du circuit, et la commotion est encore assez forte. Le fil peut être maintenu une *demi-heure* isolé et séparé de la pile, et le flux de décharge est encore assez intense pour imprimer à l'aiguille du galvanomètre une déviation très sensible.

Un fil de cuivre entouré de gutta-percha, de 2400 mètres de longueur et enfoui dans le sol, a fourni des résultats en tout semblables aux précédents, sauf l'intensité, qui était moindre.

Ajoutons enfin que M. Faraday a répété ces expériences avec le fil de 160 kilomètres de longueur, recouvert de gutta-percha et laissé à l'*air libre*. Dans ce cas, tous les phénomènes de condensation disparaissent, ou du moins sont complétement négligeables, comparativement aux effets considérables produits par les fils immergés ou enfouis dans le sol.

De son côté, M. Wheatstone (1) a repris cette étude sur le câble de 1060 kilomètres de longueur destiné à établir la communication sous-marine entre le port de la Spezia et la Corse. Ce câble était entouré d'une forte armature métallique et enroulé dans un puits sec. Les effets qu'il a observés sont ceux dont nous avons déjà parlé à propos des expériences de M. Faraday.

Un câble sous-marin ou souterrain doit être assimilé à

____

(1 *Ann. de phys. et de chimie*, 3ᵉ sér., 1856, t. XLVI, p. 121.

un vaste condensateur dont la lame isolante est représentée par la masse de gutta-percha qui entoure le fil conducteur. Les charges de noms contraires accumulées et retenues par influence sur le fil conducteur et sur la surface externe du câble sont fournies, la première par la pile, et la seconde par les corps conducteurs environnants. Il est facile de comprendre dans quel sens cette condensation doit modifier la distribution de l'électricité et les phéno-mènes du courant.

Les phénomènes de condensation ont été étudiés avec beaucoup de soin par M. Guillemin (1) : il a opéré sur des câbles de 55 à 56 mètres de longueur que l'admi-nistration a fait construire dans ce but; le conducteur intérieur est un fil de cuivre d'*un* millimètre de dia-mètre, revêtu d'une enveloppe isolante et recouvert d'une lame d'étain qui représente l'armature extérieure. On a assuré la continuité de cette lame d'étain en la liant avec un fil de 1/3 de millimètre de diamètre. Pour s'op-poser autant que possible au passage de l'électricité du fil de cuivre à l'armature externe, on a enduit la surface de la lame isolante d'une couche de vernis à la gomme-laque avant de la recouvrir de la feuille d'étain. Quand les câbles ainsi préparés, et tendus à l'air libre sur des fils de soie, sont mis en communication avec le pôle positif d'une pile de 36 éléments Bunsen par le fil intérieur, et avec le pôle négatif par la lame d'étain, la perte est si faible, qu'un galvanomètre sensible étant placé dans le circuit, la déviation ne s'élève pas à 1/4 de degré.

(1) *Comptes rendus de l'Académie des sciences*, 1860, t. LI, p. 554.

Dans cette étude, M. Guillemin a fait usage d'un appareil qui lui avait déjà servi, en 1849, à obtenir des courants à l'aide d'une pile isolée sans communication entre les deux pôles, et que nous avons représenté à la page 38 (fig. 10). Le câble remplace le condensateur C, le fil de cuivre fait fonction d'armature intérieure, et la lame d'étain d'armature extérieure. Comme la décharge d'un condensateur s'opère toujours plus lentement que sa charge, les roues d'interruption sont disposées de manière que les lames de décharge sont trois fois plus larges que les lames de charge. Lorsque l'appareil est maintenu à sa vitesse normale de rotation, le câble se charge et se décharge 108 fois par *seconde;* la durée de contact est de $\frac{1}{600}$ de seconde pour les lames de charge et de $\frac{1}{200}$ de seconde pour les lames de décharge. En restant dans les limites de 20 à 25 degrés, pour lesquelles les déviations sont proportionnelles aux intensités des courants, et en faisant usage d'une pile de Bunsen de 12 à 36 éléments, M. Guillemin a obtenu les résultats suivants :

La déviation augmente avec la vitesse de rotation et sensiblement dans la même proportion ; ce résultat démontre que la durée des contacts est suffisante pour que le câble prenne sa charge complète.

La déviation est la même, que le galvanomètre soit intercalé dans le circuit de charge, ou dans le circuit de décharge.

Pour une même vitesse de rotation, la déviation est sensiblement proportionnelle au nombre des éléments associés en tension. Mais, sans changer la déviation, on peut faire varier la surface des éléments dans des limites très étendues. Ce fait confirme les idées de Volta et de Ohm sur la distribution des tensions de la pile.

Lorsqu'on prend la terre pour intermédiaire, tant pour charger que pour décharger le câble, la déviation reste la même que précédemment, quel que soit celui des deux flux de charge ou de décharge qui traverse le fil du galvanomètre.

Il est indifférent d'opérer la charge par le fil intérieur ou par la lame métallique extérieure ; dans les deux cas, la déviation reste la même.

Les effets restent absolument les mêmes quand, au lieu de prendre une lame métallique pour armature extérieure, on plonge le câble dans de l'eau de puits ou de l'eau salée.

La charge dynamique que l'on obtient en faisant communiquer l'une des extrémités du fil intérieur d'un très long câble à la terre, est environ moitié de la charge statique du même câble isolé. Ce résultat, rapproché de ce que nous avons dit (note A, art. II) des recherches de M. Gaugain sur le coefficient de charge, prouve que les lois de la distribution de l'électricité sont les mêmes pour les conducteurs recouverts d'une couche isolante et pour les fils *nus*.

M. Guillemin a successivement opéré sur quatre câbles à enveloppe de gutta-percha, ayant même longueur et ne différant que par l'épaisseur de la couche isolante. — L'épaisseur de l'enveloppe de gutta-percha est d'un millimètre pour le câble n° 1, de 2 millimètres pour le câble n° 2, de 3 millimètres pour le câble n° 3, de 5 millimètres pour le câble n° 4.

En prenant pour *unité* la force condensante du câble n° 1, il a trouvé :

```
Force condensante du câble n° 1 . . . . . . . . .   1,00
        —              —      n° 2 . . . . . . . . .   0,84
        —              —      n° 3 . . . . . . . . .   0,75
        —              —      n° 4 . . . . . . . . .   0,66
```

La substance isolante restant de même nature, la force condensante, comme on devait s'y attendre, décroît donc à mesure que l'épaisseur de la couche augmente.

La force condensante conserve sensiblement la même valeur quand on fait varier le nombre des éléments voltaïques du simple au triple.

En associant les câbles bout à bout de manière à en faire un seul de longueur quadruple, ou bien en les plaçant parallèlement de manière à les faire communiquer par leurs armatures semblables, la condensation totale est égale à la somme des condensations de chacun des câbles pris isolément. Ce fait permet de présumer que les faits observés subsisteraient pour des longueurs quelconques.

M. Guillemin a mesuré les charges qu'une même pile communique à chacun des quatre câbles précédents et à un fil *nu* de cuivre de même longueur. En prenant pour *unité* la charge de fil *nu*, il a obtenu approximativement :

```
Charge du fil nu . . . . . . . . . . . . . . . .    1
   —    du câble n° 1 . . . . . . . . . . . .   18
   —        —      n° 2 . . . . . . . . . . . .   16
   —        —      n° 3 . . . . . . . . . . . .   11
   —        —      n° 4 . . . . . . . . . . . .   12
```

Ces nombres montrent que les charges des divers

câbles de même longueur sont à très peu près proportionnelles à leurs forces condensantes.

Enfin, M. Guillemin a comparé la force condensante de la gutta-percha à celle du caoutchouc non vulcanisé. A cet effet, il a opéré sur deux câbles de même longueur; le fil conducteur était revêtu, dans le premier, d'une couche de gutta-percha de 2 millimètres d'épaisseur, et dans le second, d'une couche de caoutchouc de la même épaisseur. Il résulte de cet essai que :

La force condensante de la gutta-percha étant. . .	1,00
La force condensante du caoutchouc est.	0,73

M. V. Siemens, dans un travail publié en juillet 1860 dans le journal *The Engineer*, avait donné le nombre 0,70 pour le rapport entre la force condensante du caoutchouc et celle de la gutta-percha.

Les expériences de M. Gaugain ont établi (note A) que sur des fils de même nature, de même longueur et de même section, la durée de l'état variable est proportionnelle au coefficient de charge. Puisque le fil de ligne entouré de gutta-percha et immergé dans l'eau ou enfoui dans le sol devient un condensateur, et que le coefficient de charge est proportionnel à la force condensante, la durée de l'état variable augmente nécessairement dans le même rapport que la *force condensante* de l'appareil.

Lorsque le câble a atteint son maximum de charge, quand l'état permanent est atteint, il n'y a plus d'effet de condensation possible: à partir de ce moment et tant que le circuit reste fermé, tout se passe comme dans un fil *nu*, tendu en plein air; le flux d'électricité s'écoule suivant les lois ordinaires des courants électriques.

Les effets de la condensation recommencent à se faire sentir au moment de la rupture du circuit. Deux circonstances concourent en effet à allonger la durée de la décharge : d'une part, la quantité d'électricité accumulée est beaucoup plus considérable que si le fil était *nu*, et les tensions électroscopiques sont les mêmes; d'autre part, la décharge, au lieu de s'opérer librement, s'exécute suivant le mode lent qui s'observe constamment dans les condensateurs.

Les expériences comparatives de M. Faraday sur les lignes aériennes et sur les lignes souterraines prouvent l'exactitude de ces déductions de la théorie des courants électriques. — La ligne télégraphique de Londres à Manchester se compose de *quatre* fils enfouis dans le sol, de 600 kilomètres chacun. A la station de Manchester, les extrémités du premier et du second fil communiquaient directement; il en était de même des extrémités du troisième et du quatrième fil. A la station de Londres, M. Faraday avait attaché un galvanomètre à l'extrémité du premier fil, avait réuni les extrémités du second et du troisième fil par un second galvanomètre, et enfin avait attaché un troisième galvanomètre à l'extrémité du quatrième fil. Une pile communiquait avec le fil du premier galvanomètre par un de ses pôles et par l'autre avec le sol; l'extrémité libre du fil du troisième galvanomètre communiquait avec la terre. Le circuit électro-dynamique était ainsi constitué par la pile, la terre et un fil souterrain de 2400 kilomètres; trois galvanomètres *équidis-*

tants et réunis par des fils de 1200 kilomètres de longueur étaient intercalés dans le conducteur interpolaire.

Quand le circuit était fermé, l'aiguille du *premier* galvanomètre était *immédiatement* déviée ; celle du *second* n'était influencée qu'au bout d'un intervalle de temps *sensible ;* il s'écoulait environ *deux secondes* avant que celle du *troisième* commençât à se déplacer. — Quand le circuit était rompu, l'aiguille du *premier* galvanomètre retombait *immédiatement à zéro ;* celle du *second* ne commençait à rétrograder qu'*un peu de temps* après, et celle du *troisième plus tard* encore. — Les mêmes expériences furent répétées sur un fil de même longueur, librement suspendu dans l'atmosphère ; l'œil ne put pas saisir d'intervalle de temps sensible entre le moment du déplacement des aiguilles des galvanomètres et celui de la fermeture ou de la rupture du circuit.

Il demeure donc expérimentalement établi, conformément aux indications de la théorie, que la condensation électrique qui se passe dans les câbles souterrains et sous-marins a pour effet inévitable de prolonger la durée de l'état variable et de la décharge du fil.

Mais alors, pour que la correspondance devienne possible à travers les longs câbles sous-marins ou souterrains, il est nécessaire de séparer deux émissions successives par un plus long intervalle de temps que sur les lignes aériennes. Sans cela, le courant correspondant à la seconde émission agirait avec efficacité sur l'électro-aimant du récepteur avant que le flux de décharge fût assez affaibli pour rendre sa liberté à l'armature mobile du récepteur, et les effets seraient les mêmes que si la ligne était traversée par un courant continu.—Ici encore nous pouvons rapporter une expérience démonstrative de **M. Faraday.**

Les quatre fils de la ligne souterraine de Manchester étant disposés comme nous l'avons indiqué plus haut, **M. Faraday** remplaça les trois galvanomètres par trois appareils télégraphiques, système de **M. Bain.** — Le circuit était successivement ouvert et fermé entre la pile et le premier appareil. — Quand les interruptions se succédaient lentement, les traits bleus étaient nettement séparés par des espaces blancs, dans les trois télégraphes ; les trois appareils marchaient bien, les signaux étaient bien distincts. — Pour des interruptions plus rapprochées, la séparation des traits bleus n'était nette que dans le premier appareil ; dans les deux autres, ces traits étaient réunis par des lignes plus fines : d'où il résulte évidemment que, dans le second et le troisième appareil, le courant s'était périodiquement affaibli, mais avait toujours conservé assez d'intensité pour décomposer la dissolution saline.— Enfin pour des interruptions encore plus rapprochées, le premier appareil marchait toujours régulièrement, mais les deux autres ne traçaient qu'une ligne continue et d'épaisseur uniforme. A ce moment donc, le courant, malgré les interruptions pratiquées à son origine, conservait une intensité sensiblement constante dans le deuxième et le troisième appareil.

M. Latimer Clark (1) a fait des recherches intéressantes sur cette même ligne souterraine de Manchester. Il résulte de ses expériences qu'il s'écoule $0'',6666$ entre la ferme-

____

(1) *Bibliothèque universelle de Genève,* 1854, t. XXVII, p. 32.

ture du circuit et le moment où un télégraphe Bain placé à 1200 kilomètres commence à entrer en jeu. Les résultats de MM. Faraday et Latimer Clark, rapprochés de ce que nous avons dit plus haut de la transmission sur les fils télégraphiques aériens, prouvent d'une manière incontestable qu'à longueur égale, les lignes aériennes comportent une correspondance beaucoup plus rapide que les lignes sous-marines et souterraines.

Dans ses expériences, M. Latimer Clark a abordé une question de la plus haute importance. Il a cherché à déterminer l'influence de la tension de la pile sur la rapidité de la transmission. Dans ce but il a essayé successivement des piles de 31 et de 500 couples. Bien que la tension de l'électromoteur ait varié dans le rapport de 1 à 16, il lui a été impossible de saisir la moindre différence dans le temps qui s'écoule entre la fermeture du circuit et le moment où l'impression commence dans le récepteur. Ce résultat s'accorde complétement avec ce que nous avons dit (page 287) de l'indépendance de la tension de la source électrique et de la durée de l'état variable. Il montre encore que ce n'est pas en augmentant la tension de la pile qu'on peut parvenir à augmenter la rapidité de la transmission télégraphique.

Revenons aux expériences de M. Faraday sur un câble immergé de 160 kilomètres de longueur, dont le fil conducteur, isolé par un bout, était maintenu par l'autre extrémité en communication avec le pôle d'une forte pile. Nous avons vu qu'au flux de charge du fil succédait un état permanent pendant lequel l'aiguille du galvanomètre conservait une déviation constante de 5 degrés. Ce phénomène prouve que, pendant toute la durée de son contact avec la pile, le fil enveloppé était traversé par un flux d'électricité faible sans doute, si on le compare à la puissance de la pile employée, mais dont l'existence est nettement accusée par la déviation du galvanomètre. Puisque le bout libre du câble était maintenu isolé, le flux d'électricité devait nécessairement être dirigé du fil conducteur au liquide environnant, à travers l'enveloppe de gutta-percha.

Depuis cette époque, la conductibilité de la gutta-percha a été directement démontrée par plusieurs observateurs. M. Gaugain est, à notre connaissance, le premier qui ait traité expérimentalement cette question; nous nous empressons de rapporter ici une note qu'il a bien voulu nous communiquer.

« La conductibilité de la gutta-percha peut être aisé
» ment mise en évidence : il suffit pour cela de prendre
» un fil métallique recouvert de gutta-percha, d'appliquer
» sur une portion de la surface extérieure un ruban mince
» d'étain, puis de mettre cette espèce d'armature en rap
» port avec un électroscope à décharge, en même temps
» qu'on fait communiquer le fil intérieur avec une source
» constante d'électricité. Je me suis servi pour cette expé
» rience d'une pile de 600 petits éléments; l'un des pôles
» était en rapport avec la terre, l'autre communiquait
» avec le fil recouvert de gutta-percha. Avec cette dispo
» sition, j'ai obtenu une succession indéfinie de décharges.
» Il est démontré, par conséquent, qu'un flux électrique
» peut se propager du fil intérieur à l'armature exté
» rieure.

» Il reste à savoir quelle voie suit l'électricité, si elle
» traverse l'épaisseur de la gutta-percha, ou bien si elle
» sort par les deux bouts du fil intérieur, et va rejoindre
» l'armure d'étain en cheminant exclusivement à la sur-
» face extérieure de la gutta-percha. Pour résoudre cette
» question, j'emp'oie la méthode suivante. J'applique
» sur un même câble télégraphique tro's rubans d'étain
» de manière à former trois anneaux cylindriques séparés
» par deux intervalles découverts; puis, le fil intérieur
» étant mis comme précédemment en communication
» avec une source constante, je constate le flux transmis
» par l'anneau moyen : 1° en laissant les anneaux ex-
» trêmes isolés, 2° en faisant communiquer avec la terre
» ces mêmes anneaux.— Le flux transmis est mesuré par
» le nombre des décharges de l'électroscope qui se pro-
» duisent dans un temps déterminé.

» Il est aisé de voir que le résultat de l'expérience doit
» être tout différent suivant que l'électricité prendra l'une
» ou l'autre des deux voies indiquées. — Si elle traverse
» l'épaisseur de l'enveloppe de gutta-percha, le flux
» transmis par l'anneau moyen ne sera pas affaibli lors-
» qu'on mettra les anneaux extrêmes en communication
» avec le sol ; car la source fournissant par hypothèse une
» quantité illimitée d'électricité, la tension du fil intérieur
» ne sera pas diminuée. — Si au contraire l'électricité se
» propage exclusivement à la surface de la gutta-percha,
» il est clair qu'en mettant les anneaux extrêmes en rap-
» port avec la terre, ou interceptera complétement le flux
» transmis par l'anneau du milieu.

» Ce procédé d'investigation ayant été appliqué à di-

» vers échantillons de câbles que l'administration des
» lignes télégraphiques a eu l'obligeance de mettre à ma
» disposition, j'ai trouvé qu'en général on affaiblit très peu
» le flux transmis par l'anneau du milieu en mettant les
» anneaux extrêmes en communication avec le sol. C'est
» donc à travers l'épaisseur de la gutta-percha que se
» dirige la majeure partie de l'électricité transmise; mais
» il y en a aussi une certaine quantité qui se propage à la
» surface extérieure. On conçoit d'ailleurs que le rap-
» port des quantités transmises par l'une et l'autre voie
» doit varier avec l'épaisseur de la couche de gutta-
» percha et avec la longueur des espaces découverts qui
» séparent les anneaux extrêmes de l'anneau moyen.

» Lorsque la gutta-percha reste exposée à l'air, sa con-
» ductibilité superficielle s'accroît généralement avec le
» temps et peut devenir très notable; mais, pour faire
» disparaître cet accroissement accidentel de conductibi-
» lité, il suffit de laver la gutta-percha et de l'essuyer.
» J'ai depuis longtemps constaté que le lavage produit
» les mêmes effets sur la tourmaline, la gomme laque
» et le verre. Il est probable que toutes ces substances
» se recouvrent, lorsqu'elles sont exposées à l'air libre,
» d'une couche invisible qui les rend plus hygrométriques
» qu'elles ne le sont naturellement, et que cette couche est
» enlevée par le lavage. Du moins les choses se passent
» comme s'il en était ainsi. »

MM. V. Siemens et Guillemin ont aussi constaté dans
leurs expériences la conductibilité de la gutta-percha. Il
résulte des recherches de M. Siemens que la résistance
de cette substance diminue à mesure que la température

s'élève; sa conductibilité étant *un* à la température de 5 degrés, devient *sept* à 27 degrés centigrades. Ajoutons enfin que les essais de MM. Siemens et Guillemin s'accordent pour montrer qu'à épaisseur égale, la conductibilité de la gutta-percha est notablement supérieure à celle du caoutchouc non vulcanisé.

De tout ce qui précède, il résulte qu'il n'est jamais permis de considérer le fil conducteur d'un câble sous-marin comme complétement isolé de l'armature extérieure et du liquide dans lequel il est immergé.

Deux moyens principaux ont été proposés pour obtenir une transmission plus rapide sur les lignes sous-marines. On a conseillé la substitution des courants d'induction aux courants voltaïques ordinaires; dans ces derniers temps, on a imaginé d'envoyer avec la même pile des courants de sens alternativement contraires sur le conducteur.

Dans le circuit d'un appareil d'induction, l'électricité est mise en mouvement par une force électromotrice très intense, mais d'une durée excessivement courte. Au poste de départ, le fil de ligne reçoit, en un temps qui ne dépasse pas quelques *dix-millièmes* de seconde, une quantité très considérable d'électricité; puis toute force électromotrice cesse, toute impulsion disparaît et la charge se répand spontanément sur le conducteur. Au poste d'arrivée, le fil des bobines du récepteur est traversé par un véritable courant de décharge dont l'intensité suit d'abord une marche croissante, atteint bien vite son *maximum* pour s'affaiblir ensuite graduellement. Pour que la correspondance télégraphique marche régulièrement, l'électro-aimant du récepteur doit agir d'une manière efficace sur son armature mobile au moment où ce courant de décharge atteint son *maximum* d'intensité. Le temps qu'il faut au courant d'induction pour acquérir cette intensité *maximum* à l'extrémité de la ligne en communication avec le fil est-il plus court que la durée de l'état variable d'un courant voltaïque ordinaire? Telle est la question qu'il faudrait résoudre pour savoir si, sous le rapport de la rapidité de la correspondance, il y a avantage réel à substituer les appareils d'induction aux piles hydro-électriques. On peut, il est vrai, en augmentant la longueur du gros fil de la bobine inductrice, allonger la durée de la force électromotrice d'induction ; mais les recherches entreprises jusqu'ici ne prouvent pas avec évidence que, sur les très longues lignes sous-marines, la transmission des dépêches s'exécute aussi sûrement et plus rapidement avec les courants induits qu'avec les courants voltaïques. En tout cas, la durée du courant d'induction étant complétement indépendante de la volonté de l'expéditeur, il est évident qu'un appareil d'induction ne peut jamais être employé pour faire marcher *directement* le levier imprimant d'un télégraphe Morse, mais seulement pour agir sur la palette d'un relais, comme nous l'avons déjà dit page 204, à propos du système de M. Siemens.

Dans ces derniers temps on a proposé une modification très heureuse du mode de transmission sur les lignes sous-marines. L'électromoteur est toujours une pile hydro-électrique, dont le pôle négatif communique avec le sol. Pour expédier un signal, on établit, comme à l'ordinaire, le contact du pôle positif et du fil de ligne ; mais, au lieu de se contenter d'interrompre le circuit et de laisser au fil de ligne le temps de se décharger spontanément, on renverse le sens du courant à l'aide d'un commutateur. Cette modification, très facile à réaliser, permet d'obtenir une correspondance plus rapide sur les lignes sous-marines, et la raison en est bien simple. Une des principales causes du ralentissement de la correspondance avec les câbles immergés est la grande durée de la décharge du fil conducteur abandonné à lui-même. Mais, lorsqu'au lieu d'interrompre simplement le circuit, on lance sur le fil un courant de sens inverse, on substitue à la décharge spontanée très lente, une neutralisation active de la charge accumulée par voie de condensation. Avec ce procédé, le fil est activement ramené à l'état neutre à chaque signal élémentaire expédié, et la durée de la décharge est nécessairement raccourcie. La transmission est donc plus rapide que par le procédé ordinaire; mais, comme la durée de l'état variable est toujours la même, la correspondance reste toujours plus lente sur un câble immergé que sur une ligne aérienne de même longueur.

Soumises à une perte latérale d'électricité et à la loi de la longueur du conducteur, les lignes sous-marines ne diffèrent en réalité des lignes aériennes que par la condensation qui s'opère sur les deux surfaces de la lame isolante dont le fil est enveloppé. Nous avons vu que l'effet inévitable de cette condensation est d'augmenter le coefficient de charge, et d'allonger la durée de l'état variable et de la décharge. D'autre part, l'expérience de tous les jours montre que l'influence de cette condensation est assez considérable pour que, sur le câble sous-marin de

44 kilomètres tendu entre Douvres et Calais, la correspondance soit beaucoup plus lente que sur les lignes aériennes de 5 à 600 kilomètres. Sans doute les résultats des expériences de MM. Guillemin et V. Siemens permettent d'espérer qu'en augmentant l'épaisseur de la lame isolante, et surtout en remplaçant la gutta-percha par le caoutchouc, on pourra parvenir à diminuer sensiblement l'intensité de la condensation ; mais le mode de propagation de l'électricité restera le même, et le câble armé ou non armé, du moment qu'il sera immergé, condensera toujours une proportion considérable d'électricité. Toutes choses égales d'ailleurs, la transmission télégraphique sera donc toujours beaucoup plus lente sur les lignes sous-marines que sur les lignes aériennes.

Quelle que soit la longueur d'une ligne sous-marine, il est toujours possible de la faire traverser par un courant d'intensité suffisante pour mettre en jeu un récepteur télégraphique. Réduite à ces termes simples, la possibilité de la transmission ne saurait être mise sérieusement en doute. Mais, en télégraphie électrique, le problème à résoudre est tout autre. Les moyens de communication doivent permettre un échange de signaux assez rapide pour que la correspondance rende des services réels en proportion avec les frais d'établissement de la ligne. En présence des effets inévitables de la condensation et de leur influence sur la durée de l'état variable et de la décharge, il est permis de se demander si l'établissement d'une correspondance *directe* à travers l'océan Atlantique au moyen d'un câble d'une *seule portée* n'est pas une entreprise vaine. Les lois de propagation de l'électricité sur les conducteurs linéaires nous semblent condamner à tout jamais des tentatives de ce genre. Nous sommes convaincu que l'Amérique sera un jour télégraphiquement reliée à notre continent. La science est en mesure de fournir tous les éléments de la solution de ce beau problème, lorsqu'on voudra la consulter sérieusement et tenir compte de ses précieuses indications. L'électricité est un agent de transmission merveilleux, et que rien ne saurait remplacer; mais il en est de l'électricité comme de toutes les autres forces de la nature : l'homme, pour la faire concourir utilement à la satisfaction de ses besoins, doit commencer par étudier ses lois de manifestation, et leur soumettre rigoureusement ses moyens d'action. Au lieu de chercher à tendre entre l'Europe et le nouveau monde un câble d'une *seule portée* de 4000 kilomètres de longueur, il faut se jeter en dehors de la ligne droite, et rechercher avec soin des stations intermédiaires de nature à permettre l'établissement d'une série de relais rattachés les uns aux autres par des conducteurs partiels aériens et sous-marins : le succès est à ce prix.

FIN.

NOTES.

NOTE A.

DE LA PROPAGATION ET DE LA DISTRIBUTION DE L'ÉLECTRICITÉ DANS LES CONDUCTEURS LINÉAIRES.

Prenons un conducteur linéaire quelconque AB à l'état neutre. Portons son extrémité A à la tension t, et son extrémité B à la tension t'; maintenons, par un moyen quelconque ces tensions constantes, et supposons la tension t plus grande que la tension t'. — Il s'établit évidemment dans ce conducteur un flux d'électricité dirigé de l'extrémité A à l'extrémité B; ce mouvement électrique présente à considérer deux périodes distinctes.

Première période. — D'abord les tensions suivent une marche croissante dans toute l'étendue du conducteur; la quantité d'électricité qui, dans l'unité de temps, traverse une tranche déterminée, passe par des variations continuelles dont le sens et l'intensité dépendent à la fois de la position de cette tranche sur le conducteur et du temps depuis lequel l'écoulement est établi. Cette première période correspond à l'*état variable* des tensions et du flux.

Seconde période. — Bientôt le mouvement électrique se régularise, chaque tranche reçoit de celle qui la précède autant d'électricité qu'elle en cède à celle qui la suit (1). Alors toutes les tranches du conducteur sont traversées, dans l'unité de temps, par une *même* quantité d'électricité, et leurs tensions restent constantes; le flux électrique dirigé de A en B est devenu *uniforme et constant*. Cette seconde période, une fois établie, dure évidemment tant que les tensions extrêmes conservent la même valeur, et correspond à l'*état permanent* des tensions et du flux.

Ohm (d'Erlanghen) publia, en 1827 (2), une étude complète du mode de propagation et de distribution de l'électricité dans les conducteurs linéaires ; son travail embrasse à la fois les phénomènes de courant et les phénomènes de tension dans un circuit électro-dynamique, tant dans l'état variable que dans l'état permanent. — De son côté, M. Gaugain, l'habile traducteur d'Ohm, a publié dans ces derniers temps une série de recherches très remarquables sur les lois de propagation de l'électricité dans les conducteurs linéaires. — Des principes développés dans l'ouvrage d'Ohm et dans les publications de M. Gaugain, il est facile de déduire l'exposition élémentaire des lois des courants électriques.

ARTICLE PREMIER.

ÉTAT PERMANENT.

M. Gaugain a démontré (3) expérimentalement les lois de la distribution des tensions et de l'intensité des courants électri-

---

(1) Nous supposons ici que l'atmosphère n'exerce aucune influence sur l'état électrique du conducteur. Nous verrons plus tard comment la perte par l'air modifie le flux d'électricité.

(2) *Théorie mathématique des courants électriques*, par G.-S. Ohm, traduction de J.-M. Gaugain. Paris, 1860.

(3) *Annales de physique et de chimie*, 3ᵉ série, 1860, t. LIX, p. 5.

ques à l'état permanent dans les conducteurs linéaires dont les extrémités sont maintenues à des tensions constantes. Bien que ses études portent exclusivement sur des conducteurs médiocres, il existe un accord si complet entre les résultats généraux de son travail et les faits les mieux établis de la science, que ces lois peuvent évidemment être étendues sans modification aux conducteurs métalliques. Les recherches de M. Gaugain sont très précieuses, en ce qu'elles permettent d'établir, sans aucune hypothèse préalable, la théorie de la pile électrique à l'état permanent.

§ Ier. — Distribution de l'électricité dans le cas où la perte par l'air est nulle ou négligeable.

Dans ce premier paragraphe, nous supposerons l'atmosphère assez sèche et les tensions électriques assez faibles pour que la perte par l'air soit nulle ou du moins négligeable.—Du moment que l'état permanent du courant est établi, il est évident que l'état électrique du conducteur n'éprouve plus aucune variation, et que, par conséquent, chaque tranche reçoit de celle qui la précède autant d'électricité qu'elle en cède à celle qui la suit.

Lois de l'intensité du flux d'électricité.— Prenons un conducteur AB, homogène et de même section dans toute son étendue (fig. 79).

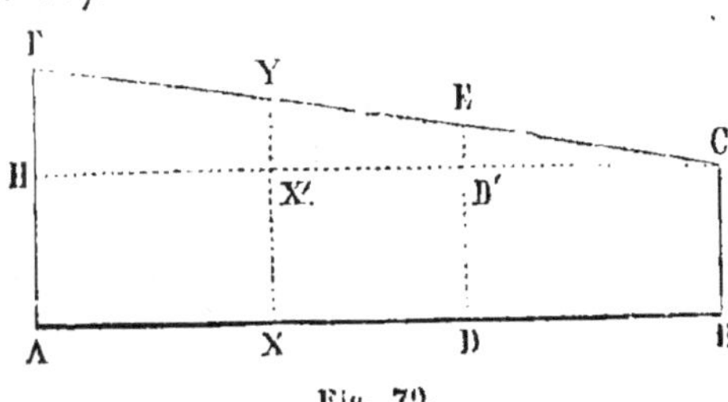

Fig. 79.

Soient :

$l =$ AB, la longueur du conducteur ;
ω, la section transversale du conducteur ;

$t = AF$, la tension constante de l'extrémité A ;

$t' = BC$, la tension constante de l'extrémité B ;

$t - t' = FH$, sera la différence des tensions des extrémités A, B.

Soient en outre :

Q, la quantité d'électricité qui, dans l'unité de temps, traverse une tranche quelconque du conducteur, ou l'intensité du flux d'électricité ;

γ, une quantité constante qui reste la même pour tous les conducteurs de même nature.

M. Gaugain a démontré expérimentalement qu'à l'état permanent, la valeur de Q est fournie par l'équation :

$$Q = \gamma \frac{\omega}{l} (t - t').$$

L'intensité du flux est donc proportionnelle à la section du conducteur et à la différence des tensions constantes de ses extrémités, et inversement proportionnelle à la longueur du conducteur.

Lois de la distribution des tensions. — Prenons une tranche D quelconque sur le conducteur AB, et soient :

$t_1 = DE$, la tension de cette tranche D ;

$l' = DB$, la distance de cette tranche D à l'extrémité B ;

Q', la quantité d'électricité qui, dans l'unité de temps, traverse une tranche quelconque comprise entre D et B ;

$(t_1 - t') = ED'$, sera la différence des tensions de la tranche D et de l'extrémité B du conducteur.

Puisque le conducteur est à l'état permanent, les tensions

t_1 et t' de la tranche D et de l'extrémité B sont constantes ; la valeur de Q' est donc fournie par l'équation

$$Q' = \gamma \frac{\omega}{l'} (t_1 - t').$$

Mais, puisque le flux est uniforme dans toute l'étendue du conducteur AB, la quantité d'électricité qui, dans l'unité de temps, traverse une de ses tranches, est constante et indépendante de la position de cette tranche. Par conséquent,

$$Q = Q'.$$

Ce qui donne

$$\gamma \frac{\omega}{l} (t - t') = \gamma \frac{\omega}{l'} (t_1 - t') ;$$

d'où

$$\frac{t - t'}{t_1 - t'} = \frac{l}{l'}.$$

Il suit de là que les différences entre les tensions de deux tranches quelconques du conducteur et la tension de l'extrémité B sont proportionnelles aux distances de ces tranches à l'extrémité B du conducteur. — L'exactitude de cette relation importante a été vérifiée directement par M. Gaugain.

Si nous remplaçons, dans l'équation précédente $(t - t')$ par FH, $(t_1 - t')$ par ED', et les longueurs l, l', par leurs valeurs AB, DB, nous aurons

$$\frac{FH}{ED'} = \frac{AB}{DB},$$

relation qui ne peut être satisfaite qu'autant que les trois points F, E, C, sont en ligne droite. Il en résulte qu'à l'état permanent, la *droite* FC représente la ligne de distribution des tensions des diverses tranches du conducteur AB. — La différence des tensions de deux tranches séparées par un intervalle *donné* est donc une quantité *constante*, et *indépendante* de la position de ces tranches sur le conducteur.

Si nous prenons une tranche X quelconque sur le conducteur AB, sa tension est égale à l'ordonnée XY, et la différence des tensions de cette tranche X et de la tranche B est YX'. Les triangles semblables FHC, YX'C donnent

$$\frac{YX'}{FH} = \frac{X'C}{HC} = \frac{XB}{AB},$$

d'où

$$YX' = \frac{XB}{AB} \cdot FH.$$

Le rapport $\dfrac{XB}{AB}$ est constant, tant que la longueur AB du conducteur ne varie pas et que la tranche X conserve la même position. Il en résulte que, pour une tranche X de position déterminée sur un conducteur AB de longueur invariable, la différence des tensions de cette tranche X et de l'extrémité B du conducteur est toujours la *même fraction* de la différence des tensions des extrémités du conducteur.

Supposons que l'extrémité B du conducteur soit maintenue en communication avec la terre. Dans ce cas, sa tension est nécessairement *nulle*, et alors la proposition précédente peut s'énoncer ainsi :

Lorsque l'état permanent est établi dans un conducteur AB de longueur invariable, communiquant par son extrémité B avec le sol, et par son extrémité A avec une source d'électricité de tension quelconque et *constante*, la tension d'une tranche déterminée X de ce conducteur est toujours la *même fraction* de la tension de la source.

La portion d'ordonnée FH représente la différence des tensions des tranches extrêmes A et B. Ohm appelle FH la *hauteur de pente* de la tranche A par rapport à la tranche B ; de même ED' est la différence de tension ou la *hauteur de pente* de la tranche D par rapport à la tranche B. À l'avenir, nous emploierons indifféremment les expressions *hauteur de pente* et *différence de tension*, et nous désignerons la *hauteur de pente* par la lettre h.

Avec cette nouvelle notation, l'équation du flux d'électricité dans le conducteur AB devient

$$Q = \gamma \frac{\omega}{l} h.$$

Définition et détermination de la conductibilité spécifique. — Il nous reste à déterminer la signification de la constante γ qui entre dans les équations précédentes.

Appelons q la valeur que prend Q quand le conducteur AB, sans changer de nature, n'a plus que l'*unité* de longueur et de section, et que la différence de tension de ses extrémités ou la hauteur de pente est aussi l'*unité*. Nous aurons évidemment la valeur de q en faisant $\omega = 1$, $l = 1$, $h = 1$, dans l'équation précédente ; ce qui donne

$$q = \gamma.$$

La constante γ est donc la quantité d'électricité qui traverse, dans l'unité de temps, une tranche quelconque du conducteur AB, quand sa section et sa longueur sont égales à l'*unité*, et que la différence des tensions de ses extrémités est elle-même égale à l'*unité*. — γ est la *conductibilité spécifique* du conducteur AB, variable seulement avec la nature de ce conducteur.

Dès lors la *conductibilité totale* d'un conducteur de même nature, de longueur l et de section ω, ou la quantité d'électricité transmise, dans l'unité de temps, à travers une tranche quelconque de ce conducteur, quand la hauteur de pente est égale à l'*unité*, est représentée par l'expression

$$\gamma \frac{\omega}{l}.$$

La conductibilité totale d'un conducteur quelconque est donc

directement proportionnelle à sa section et inversement proportionnelle à sa longueur.

Il résulte de l'expression de la conductibilité que l'intensité
du flux électrique est égale au produit de la conductibilité totale
du conducteur par la différence des tensions de ses extrémités
ou par la hauteur de pente.

Pour déterminer la valeur de γ, prenons deux conducteurs
de nature, de section et de longueur différentes (fig. 80).

Soient γ, ω, l, la conductibilité spécifique, la section et la longueur de AB; γ', ω', l', la conductibilité spécifique, la section et

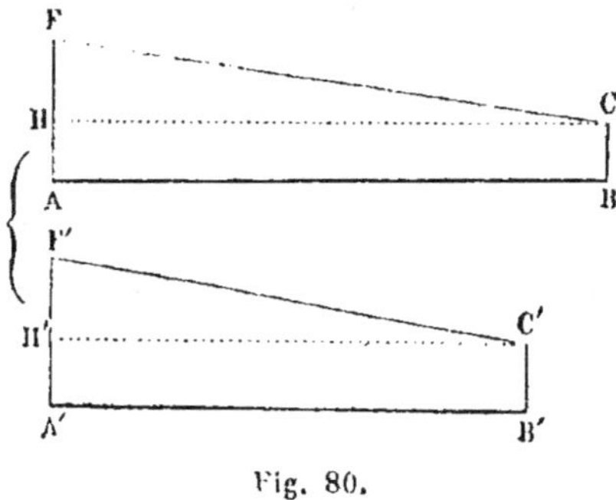

Fig. 80.

la longueur de A'B'. Maintenons aux extrémités de ces conducteurs des tensions telles que les hauteurs de pente FH, F'H',
soient égales. En appelant Q, Q', les flux d'électricité qui traversent ces conducteurs, et h la hauteur de pente commune, nous
avons

$$Q = \gamma \frac{\omega}{l} h \quad \text{et} \quad Q' = \gamma' \frac{\omega'}{l'} h.$$

On peut toujours disposer du rapport $\dfrac{\omega'}{l'}$ de manière que
$Q = Q'$; alors

$$\gamma \frac{\omega}{l} = \gamma' \frac{\omega'}{l'};$$

d'où

$$\frac{\gamma}{\gamma'} = \frac{l}{l'} \cdot \frac{\omega'}{\omega}.$$

Si le conducteur A′B′ est un fil de cuivre dont la conductibilité spécifique est prise pour *unité*, nous avons, en faisant $\gamma' = 1$,

$$\gamma = \frac{l}{l'} \cdot \frac{\omega'}{\omega}.$$

Cette dernière équation donne le moyen de déterminer la *conductibilité spécifique* d'un conducteur quelconque en fonction de la conductibilité spécifique du cuivre, car l, l', ω', ω, sont des quantités faciles à mesurer.

Longueur réduite. — La condition que les conducteurs AB, A′B′, soient traversés par des flux égaux, nous a fourni la relation

$$\frac{\gamma\omega}{l} = \frac{\gamma'\omega'}{l'},$$

que nous pouvons mettre sous la forme

$$\frac{l}{l'} = \frac{\gamma\omega}{\gamma'\omega'}.$$

Par conséquent, si la hauteur de pente reste la même, le flux ne change pas d'intensité quand on remplace un conducteur par un autre, à la condition que les longueurs de ces deux conducteurs soient dans le même rapport que les produits de leur conductibilité spécifique par leur section respective.—Ces longueurs des deux conducteurs qu'on peut substituer l'une à l'autre sans troubler le flux sont dites *longueurs équivalentes*.

Si le conducteur A′B′ qu'on substitue au conducteur AB est un fil de cuivre ayant l'*unité* de section, nous aurons $\omega' = 1$, $\gamma' = 1$; et si nous désignons par λ la longueur de ce fil équivalente à la longueur l du conducteur A B, nous aurons, pour déterminer λ

$$\frac{l}{\lambda} = \gamma\omega,$$

d'où

$$\lambda = \frac{l}{\gamma\omega}.$$

Cette longueur λ du fil de cuivre de section égale à l'*unité* est équivalente à la longueur l du conducteur A B; elle est désignée par Ohm sous le nom de *longueur réduite*. — Il est facile de voir que la valeur de λ est donnée par l'expression renversée de la conductibilité totale du conducteur A B.

Résistance. — En France, l'expression de *longueur réduite* n'a pas été généralement adoptée, et la quantité λ est prise comme mesure de la *résistance* que le flux d'électricité doit surmonter pour traverser le conducteur. Si nous prenons, pour *unité* de résistance, la résistance d'un fil de cuivre d'*un* mètre de longueur et de section égale à l'*unité*, la quantité λ évaluée en mètres représente la longueur du fil normal de cuivre dont la résistance est égale à la résistance r du conducteur A B, et nous avons

$$r = \frac{l}{\gamma\omega}.$$

La résistance totale r du conducteur AB est donc, comme la longueur réduite, représentée par l'expression renversée de sa conductibilité totale.

On appelle *résistance spécifique* d'un conducteur, la résistance qu'opposerait à la transmission de l'électricité un fil de même nature ayant *un* mètre de longueur, et de section égale à l'unité. Cette *résistance spécifique*, que nous désignerons par la lettre ρ, est la valeur que prend r dans la formule précédente, quand on fait $l = 1$ et $\omega = 1$; nous avons donc

$$\rho = \frac{1}{\gamma}.$$

La *résistance spécifique* d'un conducteur est donc le quotient de l'unité par sa *conductibilité spécifique*.

Il résulte des considérations précédentes, que la résistance totale r d'un conducteur homogène de longueur l et de section ω a pour expression

$$r = \rho \frac{l}{\omega}.$$

La *résistance totale* d'un conducteur quelconque est donc directement proportionnelle à sa longueur et inversement proportionnelle à sa section.

Du reste, dans le cours de ce travail, nous emploierons indistinctement les expressions de *longueur réduite* et de *résistance*, qui représentent en définitive une même quantité, la longueur du fil de cuivre de section égale à l'unité qui, sans altérer l'intensité du flux, peut être substituée à un conducteur donné.

Il résulte de l'expression de la résistance ou de la longueur réduite d'un conducteur, que l'intensité du flux est égale au rapport de la hauteur de pente à la résistance ou à la longueur réduite du conducteur.

Conclusions générales. — La hauteur de pente étant connue, le flux d'électricité qui traverse un conducteur homogène et de même section dans toute son étendue peut être représenté indifféremment par l'une des deux expressions suivantes :

$$Q = \gamma \frac{\omega}{l} h \quad \text{et} \quad Q = \frac{h}{r},$$

dans lesquelles $\gamma \frac{\omega}{l}$ représente la conductibilité et r la résistance du conducteur. Il en résulte que, pour une même hauteur de pente, l'intensité du flux est directement proportionnelle à la conductibilité et inversement proportionnelle à la résistance ou à la longueur réduite du conducteur.

Étant donnés deux conducteurs AB, A'B', dans des conditions telles que la hauteur de pente, la section, la longueur, la conductibilité spécifique et la résistance soient h, ω, l, γ et r pour le premier, h', ω', l', γ' et r' pour le second, les intensités des flux d'électricité peuvent être exprimées de deux manières.

1° Les intensités de ces deux flux sont fournies par les deux équations suivantes :

$$Q = \gamma \frac{\omega}{l} h, \qquad Q' = \gamma' \frac{\omega'}{l'} h'.$$

Pour que ces deux flux d'électricité aient même intensité, il suffit et il faut que

$$\gamma \frac{\omega}{l} h = \gamma' \frac{\omega'}{l'} h',$$

d'où

$$\frac{h}{h'} = \gamma' \frac{\omega'}{l'} : \gamma \frac{\omega}{l}.$$

C'est-à-dire que les deux flux d'électricité ont même intensité, quand les hauteurs de pente sont inversement proportionnelles aux conductibilités des conducteurs.

2° Les expressions des intensités des deux flux peuvent aussi prendre la forme suivante :

$$Q = \frac{h}{r}, \qquad Q' = \frac{h'}{r'}.$$

Pour que les deux flux d'électricité aient même intensité, il suffit et il faut que

$$\frac{h}{r} = \frac{h'}{r'},$$

d'où

$$\frac{h}{h'} = \frac{r}{r'}.$$

C'est-à-dire que les deux flux d'électricité sont égaux, quand les hauteurs de pente sont directement proportionnelles aux résistances ou aux longueurs réduites des conducteurs.

§ II. — Du couple et de la pile électriques.

Dans tout couple, il se développe, à la surface d'excitation, une force électromotrice dont l'effet est de déterminer et maintenir une différence de tension constante entre les deux côtés de cette surface. Nous supposerons toujours les couples orientés de manière que l'excès de tension soit sur le côté droit de la surface d'excitation : — le côté droit de cette surface d'excitation représentera donc toujours l'élément *négatif*, et le côté gauche l'élément *positif* du couple.

Un seul couple.—Cela posé, soit A (fig. 84) la surface d'excitation du couple, et supposons la force électromotrice assez intense pour maintenir une différence de tension AF $= e$ entre l'élément positif et l'élément négatif du couple. — Soit, en outre, AB le conducteur qui établit les communications entre les deux côtés de la surface d'excitation. Quand le couple est fermé, le conducteur AB est replié sur lui-même et son extrémité B touche le côté gauche de la surface d'excitation ou l'élément positif du couple. Nous supposons le conducteur AB développé en ligne droite, mais l'extrémité B reste assujettie à

la condition d'avoir toujours la même tension que le côté gauche
de la surface d'excitation. Par suite, le conducteur AB est

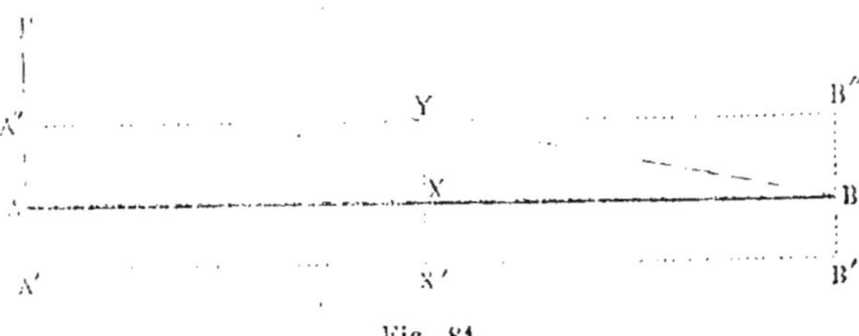

Fig. 81.

placé dans des conditions telles que la différence de tension de
ses deux extrémités est constante et égale à AF qui sert de
mesure à la force électromotrice du couple. Il peut se présenter deux cas que nous examinerons à part.

1° *Le conducteur AB est homogène et de même section dans
toute sa longueur.* — D'après ce que nous avons dit, $AF = e$
est la hauteur de pente de l'extrémité A à l'extrémité B du conducteur. Par conséquent, la *droite* FB représente, à l'état permanent, la ligne de distribution des tensions dans les tranches
successives du conducteur AB. — De plus, si nous appelons
r la résistance du conducteur AB, l'intensité I du courant
électrique est égale au rapport de la force électromotrice à la
résistance, et a pour expression.

$$ I = \frac{e}{r} . $$

La droite FB donne la loi de distribution des tensions dans
le conducteur AB, mais elle n'enseigne rien de la *valeur
absolue* de ces tensions, qui peut varier considérablement sans
altérer l'intensité I du courant, puisque la quantité d'électricité
qui traverse, dans l'unité de temps, une section du conducteur
dépend uniquement de la différence *constante* des tensions de ses
extrémités ou de la force électromotrice.

Si nous prenons le conducteur lui-même pour axe des abscisses, c'est-à-dire si nous supposons l'élément positif du couple à la tension *zéro*, ainsi que l'extrémité B du conducteur, alors $AF = e$ est la tension absolue de l'élément négatif, et XY est la tension absolue d'une tranche quelconque X du conducteur.

Mais si nous prenons pour axe des abscisses la ligne A'B' parallèle au conducteur AB, nous supposons par le fait que l'élément positif du couple et l'extrémité B du conducteur ont une tension commune $A'A = B'B$; dès lors la tension absolue de l'élément négatif est $A'F = A'A + e$. Mais la hauteur de pente de l'extrémité A à l'extrémité B est toujours la même, $AF = e$; la *droite* FB représente toujours la ligne de distribution des tensions sur le conducteur, et l'intensité I du courant reste la même. Seulement, dans ce cas, la tension absolue d'une tranche quelconque X du conducteur devient

$$X'Y = X'X + XY.$$

Mettons la tranche X du conducteur en communication avec le sol; évidemment, dans ce cas, la tension de cette tranche tombe à *zéro*. Alors l'axe des abscisses se transporte en Y, et reste toujours parallèle à AB. La tension de l'élément positif du couple et de l'extrémité B du conducteur devient négative et égale à

$$- A''A = - B''B.$$

la tension de l'élément négatif du couple reste positive et égale à A''F. La différence des tensions extrêmes du conducteur ou la hauteur de pente ne change pas; elle est, en effet,

$$A''F - (-B''B) = A''F - (-A''A) = AF = e.$$

Par conséquent, FB représente toujours la ligne de distribution des tensions. et l'intensité du courant reste la même. Mais les tensions absolues des tranches successives du conducteur sont modifiées ; elles sont positives et décroissantes de A en X, négatives et croissantes de X en B.

Ainsi donc, la force électromotrice et l'intensité du courant sont complétement indépendantes de l'état électrique absolu dans lequel on maintient un des éléments du couple. L'exactitude de ce principe fondamental posé par Volta se trouve directement démontrée par les considérations précédentes.

La loi de distribution des tensions dans le conducteur AB dépend donc uniquement de la hauteur de pente AF, qui sert de mesure à la force électromotrice e du couple, et de la longueur du conducteur. Pour connaître la valeur absolue de ces tensions, il suffit de déterminer, par un moyen quelconque, la tension absolue d'une tranche du conducteur. La position de l'axe des abscisses se trouve ainsi déterminée, et les tensions absolues sont connues.

L'origine des abscisses étant toujours la projection de la tranche A , et l'axe des abscisses étant parallèle AB, si nous appelons K la distance positive ou négative du conducteur AB à l'axe des abscisses; c'est-à-dire la tension positive ou négative commune à l'élément positif du couple et à l'extrémité B du conducteur, il est toujours facile de trouver l'expression générale de la tension d'une tranche quelconque de ce conducteur. En effet, les triangles XYB, FAB donnent

$$\frac{XY}{XB} = \frac{AF}{AB},$$

d'où

$$\frac{XY}{AB - AX} = \frac{e}{AB},$$

d'où, enfin

$$XY = e - e \cdot \frac{AX}{AB}.$$

Si nous appelons r_1 la résistance de AX, puisque AB est homogène et de même section dans toute son étendue, nous avons

$$\frac{AX}{AB} = \frac{r_1}{r},$$

d'où

$$XY = c - c\,\frac{r_1}{r},$$

et à cause de la distance K du conducteur à l'axe des abscisses,

$$XY = c - c\,\frac{r_1}{r} + K.$$

Dans cette équation, K doit être pris avec son signe positif ou négatif.

2° *Le conducteur est composé de parties de nature et de section différentes.* — Supposons le conducteur AB (fig. 82) composé de deux parties AC, CB, de nature et de section différentes.

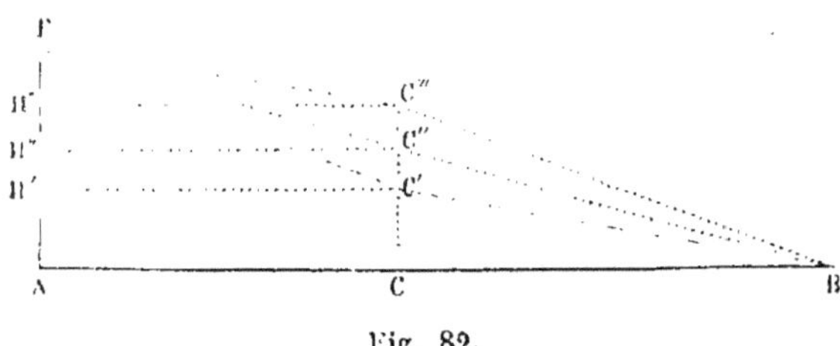

Fig. 82.

Soient :

r, la résistance de AC;

r', la résistance de CB.

La résistance totale du conducteur AB sera évidemment

$$R = r + r'.$$

Soient en outre, quand l'état permanent est établi :

$h = FH'$, la hauteur de pente de A en C;

$h' = CC'$, la hauteur de pente de C en B.

Puisque l'extrémité B est toujours à la même tension que l'élément positif du couple dont la force électromotrice est $AF = e$, nous avons nécessairement

$$h + h' = AF = e.$$

D'après les principes développés page 349, quand l'état permanent est établi, pour que l'intensité du courant soit la même de A en C et de C en B, les hauteurs de pente doivent satisfaire à la condition suivante :

$$\frac{h}{h'} = \frac{r}{r'}.$$

Ce deux équations donnent

$$h = \frac{e}{r + r'}\, r = \frac{e}{R}\, r,$$

$$h' = \frac{e}{r + r'}\, r' = \frac{e}{R}\, r'.$$

Ces dernières équations montrent qu'étant données les valeurs de e, r et r', il est toujours possible de déterminer $h = FH'$ et $h' = CC'$, et, par suite, la forme de la ligne FCB représentative de la distribution des tensions. Il peut se présenter trois cas :

$1^o\ \dfrac{r}{r'} = \dfrac{AC}{CB}$. La hauteur de pente h est égale à FH'', la hauteur de pente h' est égale à CC'', et la ligne des tensions $FC''B$ est une *droite*.

$2^o\ \dfrac{r}{r'} > \dfrac{AC}{CB}$. La hauteur de pente h est égale à FH', la hauteur de pente h' est égale à CC', et la ligne des tensions $FC'B$ a sa convexité tournée vers le conducteur AB.

$3^o\ \dfrac{r}{r'} < \dfrac{AC}{CB}$. La hauteur de pente h est égale à FH''', la hauteur de pente h' est égale à CC''', et la ligne des tensions FC'''B a sa concavité tournée vers le conducteur AB.

Quelle que soit la forme de cette ligne des tensions, du moment que l'état permanent est établi, les tensions des points A, C, B, sont constantes. Dès lors l'intensité du courant entre deux quelconques de ces trois points est égale au rapport de la hauteur de pente à la résistance correspondante, ce qui donne :

$$\text{Pour l'intensité du courant entre A et C} \ldots \frac{h}{r} = \frac{e}{R}.$$

$$\text{Pour l'intensité du courant entre C et B} \ldots \frac{h'}{r'} = \frac{e}{R}.$$

Ces équations montrent que les valeurs déterminées de h et de h' conviennent à l'état permanent, puisque l'intensité du courant est la même dans toute l'étendue du conducteur AB. Elles montrent en outre que, dans ce cas comme dans le cas du conducteur homogène et de même section, l'intensité du courant est égale au rapport de la force électromotrice e du couple à la résistance totale R du conducteur interpolaire. Ce conducteur AB peut donc être remplacé par un conducteur homogène et de même section dans toute sa longueur, dont la résistance serait $R = r + r'$. Cette substitution ne changerait en rien l'intensité du flux d'électricité; mais la distribution des tensions serait altérée, et la ligne représentative de cette distribution serait nécessairement une ligne droite.

Dans les piles hydro-électriques, l'arc conjonctif de deux couples successifs est composé de liquides et de métaux, et représente un conducteur qui n'a ni la même nature ni la même section dans toute sa longueur. Pour plus de simplicité, nous supposerons toujours ces arcs conjonctifs remplacés par des conducteurs de même résistance, mais homogènes et de section uniforme. Nous savons que les tensions des extrémités de ces arcs et l'intensité du courant resteront les mêmes; il n'en résultera qu'une altération de la forme de la ligne des tensions dans chaque arc conjonctif.

Pile de deux couples. — Deux couples quelconques étant associés en tension, proposons-nous de déterminer le mode de distribution des tensions et l'intensité du courant.

Soient (fig. 83) : A', A'', les surfaces d'excitation des deux couples; A'A'', l'arc conjonctif des couples; A''B, l'arc interpolaire

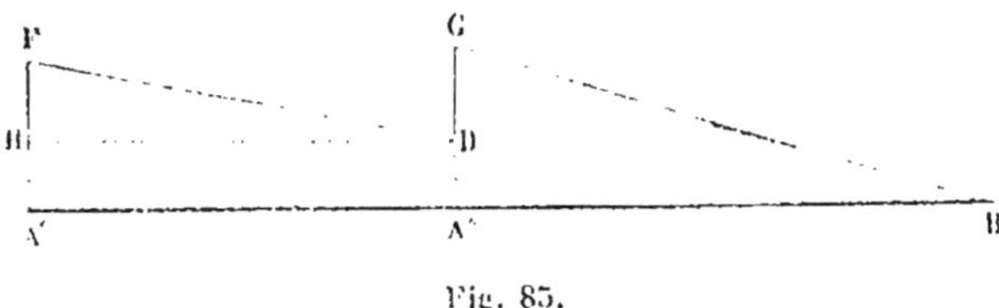

Fig. 85.

développé. Les deux conducteurs A'A'', A''B, diffèrent par leur nature et leur section. L'extrémité A'' de l'arc conjonctif A'A'' est nécessairement à la même tension que l'élément positif du second couple A''; l'extrémité B de l'arc interpolaire A''B est nécessairement à la même tension que l'élément positif du premier couple A'.

Soient, en outre : e', e'', les forces électromotrices des couples A', A''; r', la résistance de l'arc conjonctif A'A''; r'', la résistance de l'arc interpolaire A''B. — $R = r' + r''$ sera la résistance totale de la chaîne électro-dynamique A'B.

Prenons $A'F = e'$. Si $FH = h'$ est la hauteur de pente de la section A' à la section A'', FD est la ligne des tensions dans l'arc conjonctif A'A'', et l'élément positif du couple A'' est à la même tension, $A''D = A'H = e' - h'$, que l'extrémité correspondante A'' de l'arc conjonctif. Si nous prenons $DG = e''$, l'élément négatif du second couple aura pour tension

$$A''G = A''D + DG = e' - h' + e'' = (e' + e'') - h'.$$

Mais puisque $A''B$ est homogène et de même section dans toute son étendue, la droite GB représente le mode de distribution des tensions dans ce conducteur interpolaire. Par conséquent, la hauteur de pente de A'' en B est

$$h'' = A''G = (e' + e'') - h',$$

d'où

$$h' + h'' = e' + e''.$$

C'est-à-dire que la somme des hauteurs de pente est égale à la somme des forces électromotrices de la chaîne.

Mais, pour que l'écoulement soit uniforme dans toute la chaîne, nous devons avoir

$$\frac{h'}{h''} = \frac{r'}{r''}.$$

Ces deux dernières équations donnent

$$h' = \frac{e' + e''}{R} r', \qquad h'' = \frac{e' + e''}{R} r''.$$

Il est donc toujours possible de déterminer h' et h'', et, par suite, la forme de la ligne $FDGB$, représentative du mode de distribution des tensions. Quant à la valeur absolue des tensions, elle dépend de la position de l'axe des abscisses; il suffit, pour fixer la position de cet axe, de connaître la tension réelle d'une tranche quelconque de la chaîne électro-dynamique $A'A''B$.

Les équations précédentes permettent de déterminer l'intensité du courant dans chacune des parties du système, et de démontrer que la distribution des tensions, représentée par la ligne $FDGB$, satisfait à cette condition, que chacune des tranches de la chaîne électro-dynamique est traversée, dans l'unité de temps, par une même quantité d'électricité.

En effet, les tensions A'F, A''D, étant constantes, l'intensité 1 du courant dans l'arc conjonctif A'A'' est

$$1 = \frac{h'}{r'} = \frac{e' + e''}{R}.$$

De même, les tensions des extrémités de l'arc interpolaire étant constantes, l'intensité du courant dans cette partie du circuit est

$$1 = \frac{h''}{r''} = \frac{e' + e''}{R}.$$

En résumé, dans une pile de deux couples associés en tension, l'intensité du courant est la même dans toute l'étendue de la chaîne électro-dynamique, et égale au rapport de la somme des forces électromotrices à la résistance totale de la chaîne.

Pile d'un nombre quelconque de couples. —Pour fixer les idées, prenons une pile composée de cinq couples associés en tension ; cet exemple suffira pour mettre en évidence les lois de la distribution des tensions et de l'intensité du courant dans une chaîne galvanique composée d'un nombre quelconque de couples.

Soient (fig. 84) : A', A'', A''', A^{IV}, A^V, les cinq couples ; $e' = AF$, $e'' = CG$, $e''' = ED$, $e^{IV} = KL$, $e^V = MN$, les cinq forces

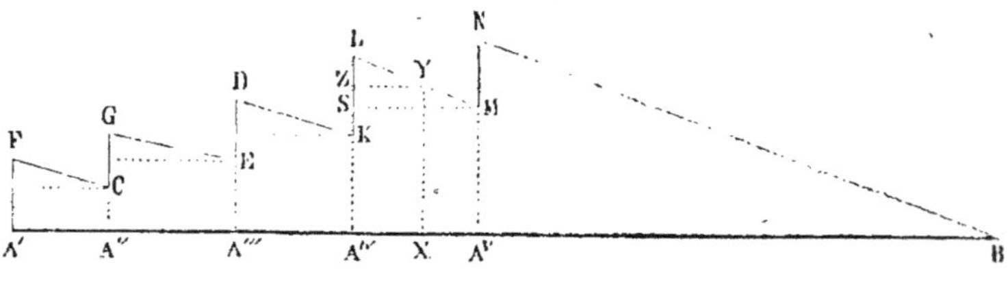

Fig. 84.

électromotrices ; r', r'', r''', r^{IV}, les résistances des quatre arcs conjonctifs ; r^V, la résistance de l'arc interpolaire, $R = r' + r''$

$+ r''' + r^{IV}, + r^{V}$, la résistance totale de la chaîne électro-dynamique; h', h'', h''', h^{IV}, h^{V}, les cinq hauteurs de pente.

Supposons que la ligne FCGEDKLMNB représente le mode de distribution des tensions dans la chaîne électro-dynamique; nous avons, pour la tension de l'élément négatif

Du premier couple A' ... $t' = A'F = c'$.

Du deuxième couple A''.. $t'' = A''G = (c' + c'') - h'$.

Du troisième couple A'''.. $t''' = A'''D = (c' + c'' + c''') - (h' + h'')$.

Du quatrième couple A^{IV}. $t^{IV} = A^{IV}L = (c' + c'' + c''' + c^{IV})$
$$- (h' + h'' + h''').$$

Du cinquième couple A^{V}. $t^{V} = A^{V}N = (c' + c'' + c''' + c^{IV} + c^{V})$
$$- (h' + h'' + h''' + h^{IV}).$$

Mais, puisque l'extrémité B de la chaîne a la même tension que l'élément positif du premier couple A', la hauteur de pente de la tranche A^{V} à B est nécessairement $A^{V}N = t^{V} = h^{V}$. Dès lors

$$h^{V} = (c' + c'' + c''' + c^{IV} + c^{V}) - (h' + h'' + h''' + h^{IV}),$$

d'où

$$h' + h'' + h''' + h^{IV} + h^{V} = c' + c'' + c''' + c^{IV} + c^{V}.$$

La somme des hauteurs de pente est donc égale à la somme des forces électromotrices que nous désignerons par le signe Σc; l'équation précédente se met alors sous la forme

$$h' + h'' + h''' + h^{IV} + h^{V} = \Sigma c.$$

D'ailleurs, pour que le flux d'électricité soit uniforme dans toute l'étendue de la chaîne, il faut que les hauteurs de pente et les résistances des arcs correspondants satisfassent aux conditions suivantes :

$$\frac{h'}{h''} = \frac{r'}{r''}, \quad \frac{h'}{h'''} = \frac{r'}{r'''}, \quad \frac{h'}{h^{IV}} = \frac{r'}{r^{IV}}, \quad \frac{h'}{h^{V}} = \frac{r'}{r^{V}}.$$

Ces quatre équations et la précédente donnent

$$h' = \frac{\Sigma e}{R} r', \quad h'' = \frac{\Sigma e}{R} r'', \quad h''' = \frac{\Sigma e}{R} r''', \quad h^{iv} = \frac{\Sigma e}{R} r^{iv}, \quad h^{v} = \frac{\Sigma e}{R} r^{v}.$$

Ces relations suffisent pour déterminer la forme de la ligne de distribution des tensions, quand le flux d'électricité est à l'état permanent.

Puisque, d'ailleurs, dans chacun des arcs conjonctifs, comme dans l'arc interpolaire, l'intensité du flux d'électricité est égale au rapport de la hauteur de pente et de la résistance correspondantes, il est facile de voir que le courant est uniforme dans toute l'étendue de la chaîne, et que son intensité I est donnée par la relation

$$I = \frac{\Sigma e}{R}.$$

Ces considérations, qui peuvent facilement être étendues au cas d'une pile composée d'un nombre quelconque de couples associés en tension, conduisent aux conclusions générales suivantes.

A l'état permanent, dans une pile composée de n couples associés en tension :

1° La somme des n hauteurs de pente est égale à la somme des n forces électromotrices.

2° La hauteur de pente correspondante à un arc conjonctif quelconque est égale au quotient de la somme des n forces électromotrices par la résistance totale de la chaîne, multiplié par la résistance de cet arc.

3° L'intensité du courant est la même dans les diverses portions de la chaîne électro-dynamique, et égale au quotient de la somme des n forces électromotrices par la résistance totale du circuit.

Tension d'un point quelconque de la chaîne électro-dynamique. — Les considérations précédentes permettent de donner l'expression générale de la tension d'une tranche quelconque de la chaîne électro-dynamique, quand le flux d'électricité est à l'état permanent. En effet, la tension de la tranche X (fig. 84) est

$$XY = A^{\text{IV}}L - LZ = t^{\text{IV}} - LZ.$$

Mais

$$t^{\text{IV}} = (c' + c'' + c''' + c^{\text{IV}}) - (h' + h'' + h''').$$

De plus, h^{IV} étant égal à LS, il résulte de la comparaison des triangles semblables LYZ, LMS, que

$$\frac{LZ}{h^{\text{IV}}} = \frac{ZY}{SM} = \frac{A^{\text{IV}}X}{A^{\text{IV}}A^{\text{V}}}.$$

Puisque l'arc conjonctif $A^{\text{IV}}A^{\text{V}}$ est homogène et de même section dans toute son étendue, si nous désignons par r_1 la résistance de $A^{\text{IV}}X$, nous aurons

$$\frac{A^{\text{IV}}X}{A^{\text{IV}}A^{\text{V}}} = \frac{r_1}{r^{\text{IV}}},$$

d'où :

$$LZ = h^{\text{IV}} \frac{r_1}{r^{\text{IV}}}.$$

Remplaçant t^{IV} et LZ par leurs valeurs dans la première équation, nous aurons

$$XY = (c' + c'' + c''' + c^{\text{IV}}) - (h' + h'' + h''') - h^{\text{IV}} \frac{r_1}{r^{\text{IV}}}.$$

Remplaçant les hauteurs de pente par leurs valeurs (p. 360), nous aurons

$$XY = (c' + c'' + c''' + c^{\text{IV}}) - \frac{\Sigma e}{R} (r' + r'' + r''') - \frac{\Sigma e}{R} r^{\text{IV}} \cdot \frac{r_1}{r^{\text{IV}}};$$

d'où, enfin :

$$XY = (e' + e'' + e''' + e^{iv}) - \frac{\Sigma e}{R} (r' + r'' + r''' + r_4).$$

Pour avoir la tension d'une tranche quelconque X de la chaîne électro-dynamique, il faut donc faire la somme de toutes les forces électromotrices comprises entre l'extrémité A' de la chaîne et cette tranche X, et en retrancher le produit du rapport de la somme de toutes les forces électromotrices à la résistance totale du circuit par la résistance de la portion de la chaîne comprise entre l'extrémité A' et la tranche X.

Jusqu'ici nous avons supposé l'axe des abscisses confondu avec la chaîne électro-dynamique. La valeur absolue de XY varie nécessairement avec la position de cet axe des abscisses. Pour rendre l'expression de la tension tout à fait générale, il suffit d'ajouter au second membre de l'équation précédente une constante K qui représente la distance, positive ou négative, de l'axe des abscisses à la chaîne électro-dynamique A'B. Alors l'équation générale devient

$$YY = (e' + e'' + e''' + e^{iv}) - \frac{\Sigma e}{R} (r' + r'' + r''' + r_4) + K.$$

Appelons X, X', deux tranches prises sur une portion quelconque du circuit, mais de manière qu'aucune force électromotrice ne soit comprise entre ces deux tranches. Désignons par XY la tension de la première tranche, par X'Y' la tension de la seconde, et par r la résistance de l'arc qui les sépare. Il est facile de trouver l'expression de la différence de tension de ces deux tranches. L'équation précédente montre que

$$XY - X'Y' = \frac{\Sigma e}{R} r.$$

La hauteur de pente de la tranche X à la tranche X′ est donc

$$h = XY - X'Y' = \frac{\Sigma e}{R}\, r,$$

et l'intensité du courant entre ces deux tranches est

$$I = \frac{h}{r} = \frac{\Sigma e}{R}.$$

Ce dernier résultat est une confirmation de l'exactitude de la formule qui donne la tension d'une tranche quelconque de la chaîne électro-dynamique ; car nous savons que l'intensité du courant doit être la même dans toutes les parties du circuit.

Courants dérivés. — Les principes développés dans les pages précédentes nous permettent de déterminer les intensités des courants connus sous la dénomination de *courants dérivés*, qui s'établissent à travers les diverses branches des conducteurs multiples.

Soit (fig. 85) MXC′YN une portion de l'arc interpolaire d'une pile. Considérons le circuit avant que les conducteurs latéraux

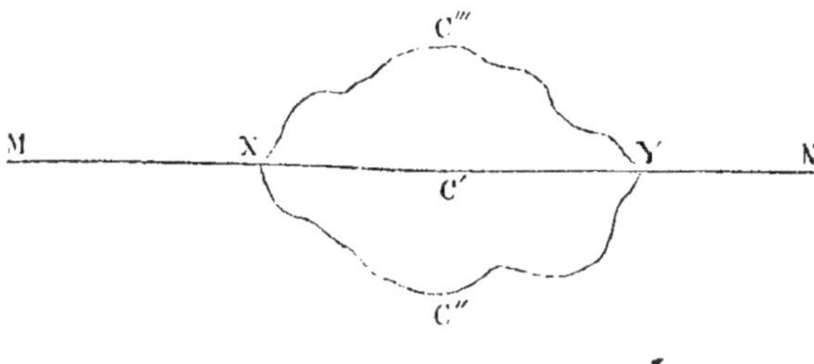

Fig. 85.

ou de dérivation XC″Y, XC‴Y, aient été établis entre la tranche X et la tranche Y.

Désignons par r' la résistance du conducteur XC′Y, et par R la résistance du reste du circuit. Appelons courant *primitif* le flux

d'électricité qui traverse le conducteur MC'N avant l'établissement des dérivations; son intensité sera

$$\text{Courant primitif} \ldots \ \mathrm{I} = \frac{\Sigma e}{\mathrm{R} + r'} \qquad (1).$$

Après l'établissement des fils de dérivation XC″Y, XC‴Y,
la résistance du circuit entre X et Y est nécessairement diminuée. Quoi qu'il en soit, nous pouvons imaginer un conducteur *unique* qui opposerait la même résistance que les trois
conducteurs réunis XC′Y, XC″Y, XC‴Y, et qui pourrait leur
être substitué sans troubler ni le flux d'électricité, ni la distribution des tensions dans le reste du circuit. Si nous appelons
r la résistance de ce conducteur équivalent, et courant *principal* le flux qui traverse la chaîne électro-dynamique, nous
aurons

$$\text{Courant principal} \ldots \ \mathrm{I}' = \frac{\Sigma e}{\mathrm{R} + r} \qquad (2).$$

De plus, d'après le principe établi pages 362 et 363, la différence des tensions des sections X et Y, ou la hauteur de pente h
de la section X à la section Y est fournie par la relation

$$h = \frac{\Sigma e}{\mathrm{R} + r}\, r,$$

et l'intensité du courant qui traverse ce conducteur unique
qui remplace les trois autres entre les sections X et Y, a pour
expression

$$\frac{h}{r} = \frac{\Sigma e}{\mathrm{R} + r}.$$

Mais la hauteur de pente h subsiste la même quand, au lieu
de ce conducteur unique de résistance r, les tranches X et Y
sont réunies par les trois conducteurs XC′Y, XC″Y, XC‴Y.
Par conséquent, si nous désignons par r', r'', r''', les résistances

de ces trois conducteurs, la hauteur de pente h, qui leur est commune, détermine l'établissement de trois courants, tous dirigés de X en Y, et dont l'intensité est représentée par les expressions

$$(3) \quad \begin{cases} \dfrac{h}{r'} = \dfrac{\Sigma e}{R + r} \cdot \dfrac{r}{r'}, \\[2mm] \dfrac{h}{r''} = \dfrac{\Sigma e}{R + r} \cdot \dfrac{r}{r''}, \\[2mm] \dfrac{h}{r'''} = \dfrac{\Sigma e}{R + r} \cdot \dfrac{r}{r'''}. \end{cases}$$

D'ailleurs, comme la section Y et la section X doivent être traversées par la même quantité d'électricité, les trois conducteurs réunis doivent apporter à la section Y autant d'électricité que leur en cède la section X. Il en résulte que la somme des intensités de ces trois courants établis de X en Y doit être égale à l'intensité du courant qui traversait le conducteur unique de section r, ou à l'intensité du courant principal qui règne dans le reste de la chaîne électro-dynamique. Cette condition nous conduit à la relation suivante :

$$\frac{h}{r} = \frac{h}{r'} + \frac{h}{r''} + \frac{h}{r'''},$$

d'où

$$\frac{1}{r} = \frac{1}{r'} + \frac{1}{r''} + \frac{1}{r'''};$$

d'où, enfin :

$$r = \frac{r'r''r'''}{r''r''' + r'r''' + r'r''}.$$

Telle est la résistance du conducteur unique qui, sans porter aucune perturbation ni dans l'intensité du flux d'électricité, ni dans la distribution des tensions du reste du circuit, peut être substitué aux trois conducteurs qui relient la tranche X à la tranche Y.

Appelons *courant partiel*, celui qui traverse le conducteur XC′Y ; *premier courant dérivé*, celui qui traverse le conducteur XC″Y ; *second courant dérivé*, celui qui traverse le conducteur XC‴Y, et remplaçons r par sa valeur dans les équations (2) et (3). Nous obtiendrons ainsi les expressions générales des intensités des cinq courants dont la considération se rattache au problème que nous nous sommes posé.

Courant primitif.. $I = \dfrac{\Sigma e}{R + r'}$.

Courant principal.. $I' = \dfrac{\Sigma e\, (r''r''' + r'r''' + r'r'')}{R\,(r''r''' + r'r''' + r'r'') + r'r''r'''}$.

Courant partiel ... $i' = \dfrac{h}{r'} = \dfrac{\Sigma e\, r''r'''}{R\,(r''r''' + r'r''' + r'r'') + r'r''r'''}$.

1er courant dérivé. . $i'' = \dfrac{h}{r''} = \dfrac{\Sigma e\, r'r'''}{R\,(r''r''' + r'r''' + r'r'') + r'r''r'''}$.

2e courant dérivé .. $i''' = \dfrac{h}{r'''} = \dfrac{\Sigma e\, r'r''}{R\,(r''r''' + r'r''' + r'r'') + r'r''r'''}$.

Il est facile de voir :

1° Que l'intensité I′ du courant principal est toujours plus grande que l'intensité I du courant primitif, ce qui est une conséquence nécessaire de la diminution de résistance qu'apporte l'établissement des dérivations dans la portion du circuit comprise entre X et Y ;

2° Que la somme des trois intensités i', i'', i''' du courant partiel et des deux courants dérivés est égale à l'intensité du courant principal, ce qui est une conséquence nécessaire de ce fait, que le flux d'électricité est à l'état permanent dans le circuit.

Enfin un simple coup d'œil jeté sur les quatre dernières équations montre comment les expressions des intensités i', i'', i''' du courant partiel et des deux courants dérivés se déduisent de l'expression générale de l'intensité I' du courant principal.

Examen de quelques cas particuliers. — Il est intéressant de déterminer l'influence de la résistance de l'arc interpolaire de la pile sur la distribution des tensions et sur l'intensité du courant. Les problèmes soulevés par cette question se réduisent à trois, que nous examinerons successivement.

$1°$ *Pile composée de couples égaux et fermée sur elle-même.* — Dans ce cas, les résistances des arcs conjonctifs des couples sont toutes égales entre elles et à la résistance de l'arc interpolaire. De plus, toutes les forces électromotrices ont nécessairement la même intensité.

Soient (fig. 86) :

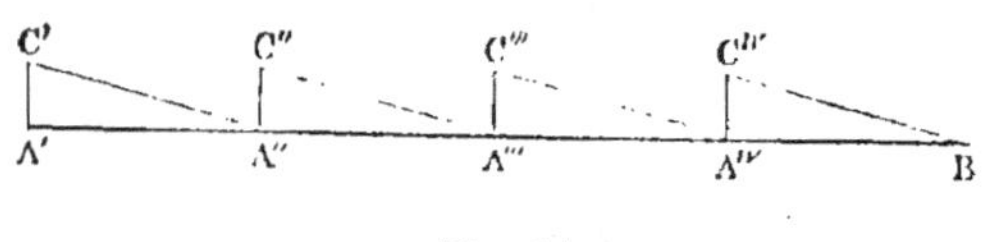

Fig. 86.

A', A'', A''', A^{iv}, les surfaces d'excitation de quatre couples égaux ;

A' A'', A'' A''', A''' A^{iv}, les trois arcs conjonctifs de ces couples ;

$A^{iv}B$, l'arc interpolaire de la pile ;

R, la résistance totale de la chaîne électro-dynamique ;

r, la résistance de l'arc interpolaire égale à celle de chaque arc conjonctif ;

e, la force électromotrice d'un couple.

Puisque les quatre couples sont égaux, nous avons

$$\Sigma e = 4e, \qquad R = 4r,$$

et, pour la valeur commune des quatre hauteurs de pente,

$$h' = h'' = h''' = h^{\mathrm{iv}} = \frac{\Sigma e}{R} \, r = \frac{4e}{4r} \, r = e.$$

Si nous prenons

$$A'C' = A''C'' = A'''C''' = A^{\mathrm{iv}}C^{\mathrm{iv}} = e,$$

la ligne régulièrement ondulée $C'A''C''A'''C'''A^{\mathrm{iv}}C^{\mathrm{iv}}B$ représentera le mode de distribution des tensions dans cette pile, composée de couples égaux et fermée sur elle-même. L'intensité du courant sera nécessairement

$$I = \frac{\Sigma e}{R} = \frac{4e}{4r} = \frac{e}{r}.$$

L'intensité du courant de cette pile fermée sur elle-même est donc égale à l'intensité du courant d'un *seul* de ses couples fermé sur lui-même.

Nous pouvons généraliser les résultats précédents, et supposer la pile composée de n couples égaux et fermée sur elle-même. Nous aurons

$$\Sigma e = ne, \qquad R = nr,$$

$$h' = h'' = h''' = h^{\mathrm{iv}} \dots = h^{n} = \frac{\Sigma e}{R} \, r = \frac{ne}{nr} \, r = e,$$

$$I = \frac{\Sigma e}{R} = \frac{ne}{nr} = \frac{e}{r}.$$

Ainsi, quel que soit le nombre des couples égaux associés en tension, quand la pile est fermée sur elle-même, l'intensité du courant est égale à l'intensité du courant d'un *seul* de ses couples fermé sur lui-même, et dans chacun des arcs conjonctifs la hauteur de pente ne dépasse jamais la valeur de la force électromotrice e d'un des couples composants.

Mais, dans la pile fermée sur elle-même, la force totale qui pousse l'électricité dans la chaîne électro-dynamique est égale à la somme des hauteurs de pente, c'est-à-dire à la somme des forces électromotrices des couples composants. Nous avons, en effet,

$$h' + h'' + h'''\dots + h^n = ne.$$

Dans un couple seul fermé sur lui-même, la force totale est égale à e, et la résistance totale à r. Dans une pile de n couples égaux fermée sur elle-même, la force totale est égale à ne, et la résistance totale de la chaîne à nr. Donc la force totale de la pile fermée sur elle-même et la force d'un couple seul fermé sur lui-même sont dans le même rapport que les résistances des deux systèmes, condition nécessaire et suffisante pour assurer l'égalité des intensités des courants.

2° *Pile d'un nombre quelconque de couples égaux fermée par un arc quelconque.* — Dans ce cas, les forces électromotrices et les résistances des arcs conjonctifs restent égales; mais la résistance de l'arc interpolaire n'est plus égale à celle d'un arc conjonctif.

Associons en tension quatre couples égaux A', A'', A''', A^{IV} (fig. 87), et fermons le circuit par un conducteur $A^{IV}B$ de résistance x; la résistance de la pile est évidemment égale à la

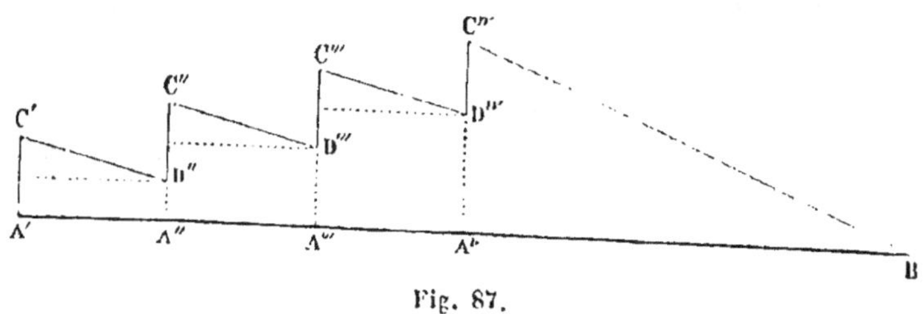

Fig. 87.

somme des résistances des trois arcs conjonctifs, ou à $3r$. En conservant les notations déjà employées, nous aurons

$$\Sigma e = 4e, \qquad R = 3r + x.$$

Les trois hauteurs de pente des arcs conjonctifs des couples seront égales, et leur hauteur commune sera

$$h' = h'' = h''' = \frac{\Sigma e}{R}\, r = \frac{4e}{3r + x}\, r.$$

La hauteur de pente de l'arc interpolaire sera donnée par la relation

$$h^{\text{iv}} = \frac{\Sigma e}{R}\, x = \frac{4e}{3r + x}\, x.$$

Ces équations suffisent pour déterminer la forme de la ligne de distribution des tensions $C'D''C''D'''C'''D^{\text{iv}}C^{\text{iv}}B$ dans la chaîne électro-dynamique.

L'intensité du courant sera fournie par l'équation suivante :

$$I = \frac{\Sigma e}{R} = \frac{4e}{3r + x}.$$

Comme la résistance x de l'arc interpolaire est plus grande que celle d'un arc conjonctif, $3r + x$ est plus grand que $4r$, et, par suite, I est plus petit que $\dfrac{e}{r}$. L'effet constant de l'arc interpolaire est donc de diminuer l'intensité du courant de la pile.

Les résultats précédents peuvent être étendus au cas d'une pile de n couples égaux réunis par $(n - 1)$ arcs conjonctifs dont la résistance commune est égale à r, et par un arc interpolaire de résistance x. Nous avons alors :

$$\Sigma e = ne, \qquad R = (n - 1)\, r + x;$$

pour les $(n-1)$ hauteurs de pente des arcs conjonctifs,

$$h' = h'' = h''' = h^{\text{iv}} \ldots = h^{(n-1)} = \frac{\Sigma e}{R}\, r;$$

pour la hauteur de pente h^n de l'arc interpolaire,

$$h^n = \frac{\Sigma e}{R}\, x\,;$$

et pour l'intensité du courant,

$$1 = \frac{\Sigma e}{R} = \frac{n e}{(n-1)\, r + x}.$$

Quel que soit le nombre des couples n associés en tension, tant que la résistance x de l'arc interpolaire est supérieure à la résistance r d'un arc conjonctif, l'intensité 1 du courant de la pile est plus faible que l'intensité du courant d'un couple seul fermé sur lui-même.

Dans cette pile de n couples égaux fermée par un arc interpolaire de résistance x, la somme des hauteurs de pente de la pile, ou la force totale qui pousse l'électricité dans la pile elle-même, est donnée par la relation

$$h' + h'' + h''' \ldots + h^{(n-1)} = \frac{\Sigma e}{R}\,(n-1)\, r.$$

La hauteur de pente h^n de l'arc interpolaire, ou la force qui pousse l'électricité dans cet arc, est donnée par la relation

$$h^n = \frac{\Sigma e}{R}\, x.$$

La valeur de la résistance x de l'arc interpolaire exerce donc une grande influence sur la forme de la ligne de distribution des tensions, et sur la hauteur de pente dans chacun des conducteurs de la chaîne électro-dynamique; mais, quelle que soit la valeur de cette résistance x de l'arc interpolaire :

1° La somme de toutes les hauteurs de pente, ou la force totale qui pousse l'électricité dans le système, est égale à la somme des forces électromotrices. En effet,

$$\frac{\Sigma e}{R}\,(n-1)\, r + \frac{\Sigma e}{R}\, x = \frac{\Sigma e}{R}\big((n-1)\, r + x\big) = \frac{\Sigma e}{R}\, R = \Sigma e.$$

2° La force qui pousse l'électricité dans la pile et la force qui entretient le courant dans l'arc interpolaire sont dans le même rapport que la résistance de la pile et celle de l'arc interpolaire : condition nécessaire et suffisante pour que le courant ait la même intensité dans toute l'étendue de la chaîne électrodynamique. En effet, les valeurs précédemment trouvées des hauteurs de pente donnent

$$\frac{h' + h'' + h''' \ldots + h^{(n-1)}}{h^n} = \frac{\frac{\Sigma e}{R}(n-1)r}{\frac{\Sigma e}{R}x} = \frac{(n-1)r}{x}.$$

3° *Pile communiquant avec le sol par son pôle négatif, et dont le pôle positif est isolé.* — La distribution de l'électricité dans une pile ouverte se déduit facilement des équations relatives au cas d'une pile fermée par un conducteur quelconque de résistance x. Soient :

n, le nombre des couples égaux ;

e, la force électromotrice d'un couple ;

r, la résistance d'un arc conjonctif ;

x, la résistance de l'arc interpolaire ;

$(n-1)\,r$, sera la résistance de la pile.

$R = (n-1)\,r + x$ sera la résistance totale de la chaîne.

Quand l'état permanent est établi, nous avons

$$\Sigma e = ne, \qquad R = (n-1)\,r + x,$$

$$h' = h'' = h''' = h^{iv} \ldots = h^{(n-1)} = \frac{\Sigma e}{R}\,r.$$

$$h^n = \frac{\Sigma e}{R}\,x = \frac{\Sigma e}{(n-1)\,r + x}\,x = \frac{\Sigma e}{\dfrac{(n-1)\,r}{x} + 1}$$

$$1 = \frac{\Sigma e}{R}.$$

Quand, le pôle négatif étant en communication avec le sol, le pôle positif est isolé, la pile est ouverte, ce qui revient à dire que les deux pôles sont réunis par un conducteur de résistance *infinie*. Pour déterminer la distribution des tensions dans ce cas, il suffit donc de faire $x = \infty$ dans les équations précédentes ; ce qui donne :

$$R = \infty,$$

$$h' = h'' = h''' = h^{IV} \ldots\ldots = h^{(n-1)} = 0,$$

$$h^{n} = \Sigma c = nc,$$

$$I = 0.$$

Il résulte de ces relations que :

1° Les hauteurs de pente des arcs conjonctifs sont nulles ; par conséquent, la tension de chaque arc est uniforme dans toute sa longueur.

2° h^{n}, qui représente en réalité la tension de l'extrémité isolée de la pile, est égale à la somme des forces électromotrices des couples associés.

3° Dans cette pile ouverte, il n'y a pas de circulation électrique, mais seulement une charge statique, car l'intensité I du courant est égale à *zéro*.

La figure 88 représente l'état électrique d'une pile de *quatre* couples égaux, dont le pôle négatif A' est maintenu à *zéro* par sa communication avec la terre, et dont le pôle positif A^V est isolé. Dans cette pile

$$A'C' = D''C'' = D'''C''' = D^{IV}C^{IV} = c,$$

et la distribution des tensions est représentée par la ligne $C'D''C''D'''C'''D^{IV}C^{IV}$.

Conformément aux principes précédemment établis, la tension est uniforme dans toute la longueur de chaque arc conjonctif, égale à e dans le premier arc $A'A''$, à $2e$ dans le second arc $A''A'''$, à $3e$ dans le troisième arc $A'''A^{IV}$. La tension du pôle

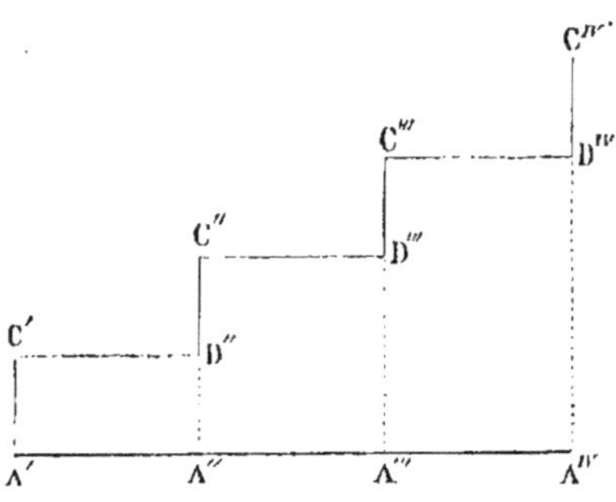

Fig. 88.

positif isolé A^{IV} est égale à $A^{IV}C^{IV} = 4e$, c'est-à-dire à la somme des forces électromotrices du système.

Chute des tensions polaires dans une pile ouverte au moment où elle est fermée. — Les figures 87 et 88 représentent, la première la distribution des tensions dans une pile de quatre couples égaux fermés par un arc interpolaire $A^{IV}B$ de résistance x; la seconde cette même distribution dans une pile ouverte de quatre couples égaux. Il est facile de voir que la tension $A^{IV}C^{IV}$ du pôle positif est plus faible dans la pile fermée que dans la pile ouverte. L'établissement du conducteur interpolaire a donc pour effet immédiat de déterminer une chute des tensions polaires. Les formules précédentes nous donnent le moyen de déterminer la chute qu'éprouve la tension du pôle positif dans une pile de n couples égaux en communication avec le sol par le pôle négatif, au moment où l'on ferme le circuit.

Tant que la pile reste ouverte, nous savons que la tension du pôle positif est

$$h'' = \Sigma e = ne.$$

Mais du moment que le circuit est fermé, la circulation commence ; la distribution des tensions dans la pile et dans l'arc interpolaire se modifie, et les hauteurs de pente s'établissent dans les diverses parties de la chaîne électro-dynamique, de manière que leur somme soit égale à la somme des forces électromotrices. Quand l'état permanent est atteint, l'électricité circule sous la pression d'une force égale à la somme de ces hauteurs de pente ou à la somme des forces électromotrices, et la tension du pôle positif devient

$$h'' = \frac{\Sigma e}{R}\, x = \frac{ne}{(n-1)\, r + x}\, x,$$

d'où

$$h'' = ne \left(\frac{1}{\dfrac{(n-1)\, r}{x} + 1} \right).$$

Dans cette équation, $(n-1)\, r$ représente la résistance de la pile, et x la résistance de l'arc interpolaire. La tension h'' du pôle positif reste donc d'autant plus rapprochée de ne, que la résistance de l'arc interpolaire est plus grande par rapport à celle de la pile ; elle n'est égale à ne que dans le cas où x est *infini*, c'est-à-dire quand la pile est ouverte.

La chute qu'éprouve la tension du pôle positif, par le fait de l'établissement de l'arc interpolaire, est donc

$$ne - \frac{ne}{(n-1)\, r + x}\, x = ne \left(\frac{(n-1)r}{(n-1)\, r + x} \right) = ne \left(\frac{1}{1 + \dfrac{x}{(n-1)r}} \right).$$

Cette chute de tension est d'autant plus faible, que la résistance x du conducteur interpolaire est plus grande, par rapport à la résistance $(n-1)\, r$ de la pile. Pour la rendre *nulle*, il faut faire x *infini*, c'est-à-dire laisser la pile ouverte.

§ III. — Distribution de l'électricité dans le cas où la perte par l'air n'est pas négligeable.

Ohm a traité (1) la question de la distribution de l'électricité dans l'état permanent, quand l'air environnant exerce une influence appréciable sur le circuit. L'expression générale qu'il a donnée de la tension d'une tranche quelconque du circuit prouve suffisamment que cet intéressant problème n'est pas de nature à être directement abordé par une méthode élémentaire. Nous essayerons, dans les pages suivantes, de donner une idée de l'influence de la perte par l'atmosphère sur la distribution des tensions, en nous appuyant sur la théorie des courants dérivés. L'action de l'air humide sur une chaîne électro-dynamique se réduit, en effet, à celle d'un système de circuits de dérivation d'égale résistance, aboutissant à la terre et établis sur chacune des tranches de cette chaîne.

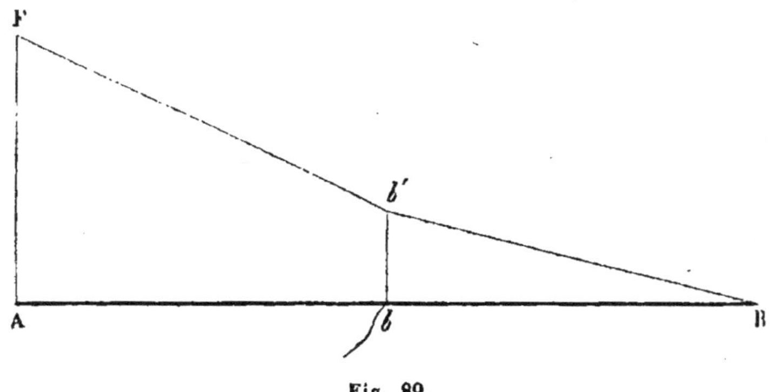

Fig. 89.

1° Soit AB (fig. 89) un conducteur de résistance $2r$ en communication avec le sol par son extrémité B, et par son extré-

(1) *Théorie mathématique des courants électriques*, par G.-S. Ohm, traduction de J.-M. Gaugain, 1860, p. 117.

mité A avec une source de tension *constante* $AF = t$. Établissons au point b, milieu de AB, une dérivation aboutissant à la terre, dont la résistance soit ar. Évidemment, quand l'état permanent sera établi, la tension sera uniformément décroissante de A en b et de b en B ; pour avoir la forme de la ligne des tensions $Fb'B$, il suffit donc de déterminer la tension $bb' = t'$ du point b, milieu de AB. En s'appuyant sur la théorie des courants dérivés et sur ce principe que, dans une section quelconque du circuit, l'intensité du courant est égale au quotient de la diffé- rence de tension de ses deux extrémités par la résistance de cette section, il est facile de déterminer la tension $bb' = t'$ du point de dérivation b.

En effet, le courant principal I, qui règne de A en b, se par- tage au point b, pour fournir un courant partiel d'intensité i' au conducteur bB de résistance r, et un courant dérivé d'intensité x au circuit de dérivation de résistance ar. Nous avons nécessai- rement, entre ces trois courants et les résistances du circuit partiel bB et du circuit de dérivation, les relations suivantes :

$$ I = i' + x, $$

$$ \frac{i'}{x} = \frac{ar}{r} = a ; $$

d'où

$$ (1) \qquad i' = \frac{a}{a+1} I. $$

Mais les intensités I du courant principal et i' du courant partiel sont données par les relations

$$ I = \frac{t - t'}{r}, $$

$$ i' = \frac{t'}{r}. $$

Remplaçant I et i' par leurs valeurs dans l'équation (1), nous avons

$$t' = \frac{a}{2a + 1}\, t.$$

Par conséquent, dans ce système,

En A, la tension est............ $AF = t$;

En b, la tension est............ $bb' = t' = \frac{a}{2a + 1}\, t$;

En B, la tension est toujours *nulle*.

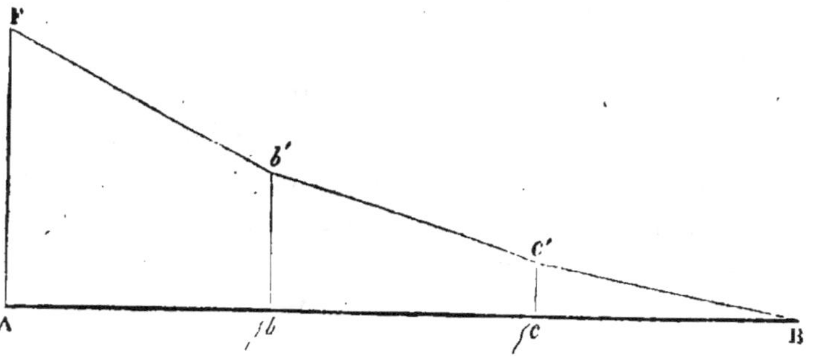

Fig. 90.

2° Soit maintenant un conducteur AB (fig. 90) de résistance $3r$ divisé en trois sections égales. A chacun des points b, c, établissons une dérivation de résistance ar aboutissant à la terre. Maintenons en A une tension constante $AF = t$, et mettons l'autre extrémité B du conducteur en communication avec la terre. La même méthode sert à déterminer la ligne de distribution des tensions $Fb'c'B$. Soient :

$$\begin{aligned} AF &= t, \\ bb' &= t', \\ cc' &= t''. \end{aligned}$$

La résistance du circuit partiel cB étant r et celle du circuit de dérivation établi en c étant ar, la résistance de ces deux circuits réunis est

$$\frac{ar \cdot r}{ar + r} = \frac{ar}{a + 1}.$$

La résistance du conducteur, à partir du point b, sera donc

$$r + \frac{ar}{a + 1} = \frac{(2a + 1)r}{a + 1}.$$

Le courant principal I, qui règne de A en b, fournit, en b, un courant partiel d'intensité i' au conducteur bc, et un courant dérivé x au circuit de dérivation établi en b. Nous avons nécessairement les relations suivantes :

$$i' + x = I,$$

$$\frac{i'}{x} = \frac{ar}{\dfrac{(2a + 1)r}{a + 1}} = \frac{a(a + 1)}{2a + 1} ;$$

d'où

$$(1) \qquad i' = \frac{a(a + 1)}{a^2 + 3a + 1}\ I.$$

Le courant partiel i' se bifurque en c, fournit un courant d'intensité x au circuit de dérivation établi en c, et un courant partiel i'' au circuit partiel CB. Nous avons les relations suivantes :

$$i'' + x = i',$$

$$\frac{i''}{x} = \frac{ar}{r} = a ;$$

d'où

$$(2) \qquad i'' = \frac{a^2}{a^2 + 3a + 1}\ I.$$

Mais, d'autre part,

$$I = \frac{t - t'}{r},$$

$$i' = \frac{t' - t''}{r},$$

$$i'' = \frac{t''}{r}.$$

Ces trois dernières équations, combinées avec les équations (1) et (2), donnent

$$t' = \frac{a\,(2a + 1)}{3a^2 + 4a + 1}\,t,$$

$$t'' = \frac{a^2}{3a^2 + 4a + 1}\,t.$$

Par conséquent, dans ce système.

En A, la tension est..... $AF = t$;

En b, la tension est..... $bb' = t' = \dfrac{a\,(2a + 1)}{3a^2 + 4a + 1}\,t$;

En c, la tension est..... $cc' = t'' = \dfrac{a^2}{3a^2 + 4a + 1}\,t$;

En B, la tension est toujours *nulle*.

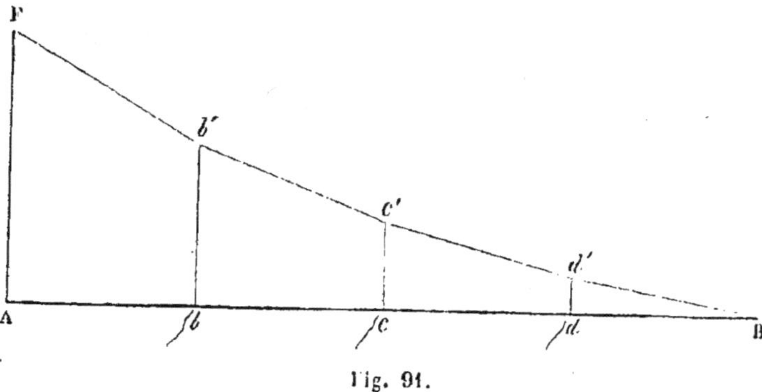

Fig. 91.

3° Le conducteur AB de résistance $4r$ (fig. 91) est partagé en quatre sections égales; en chacun des points b, c, d, est établie une dérivation de résistance ar aboutissant à la terre. La tension $AF = t$ de l'extrémité A est maintenue constante; l'extrémité B est en communication avec le sol. A l'état permanent, la distribution des tensions est la suivante :

En A, la tension est $AF = t$;

En b, la tension est $bb' = t' = \dfrac{a\,(3a^2 + 4a + 1)}{4a^3 + 10a^2 + 6a + 1}\,t$;

En c, la tension est $cc' = t'' = \dfrac{a^2\,(2a + 1)}{4a^3 + 10a^2 + 6a + 1}\,t$;

En d, la tension est $dd' = t''' = \dfrac{a^3}{4a^3 + 10a^2 + 6a + 1}\,t$;

En B, la tension est toujours *nulle*.

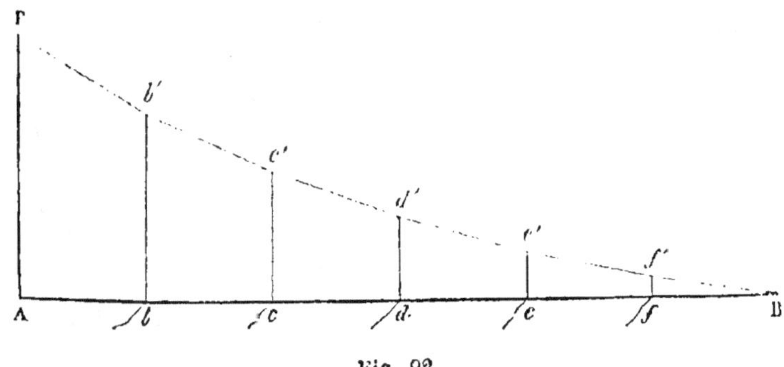

Fig. 92.

4° Avec un conducteur AB de résistance $5r$ (fig. 92), partagé en cinq sections égales, et quatre dérivations équidistantes, aboutissant à la terre et dont chacune est de résistance ar, si l'on maintient toujours A à la tension *constante* $AF = t$ et B en communication avec la terre :

En A, la tension est $AF = t$;

En b, la tension est $bb' = t' = \dfrac{a(4a^3 + 10a^2 + 6a + 1)}{5a^4 + 20a^3 + 21a^2 + 8a + 1}\,t$;

En c, la tension est $\quad cc' = t'' = \dfrac{a^2(3a^2 + 4a + 1)}{5a^4 + 20a^3 + 21a^2 + 8a + 1}\, t;$

En d, la tension est $\quad dd' = t''' = \dfrac{a^3(2a + 1)}{5a^4 + 20a^3 + 21a^2 + 8a + 1}\, t;$

En e, la tension est $\quad ee' = t^{\text{iv}} = \dfrac{a^4}{5a^4 + 20a^3 + 21a^2 + 8a + 1}\, t;$

En B, la tension est toujours *nulle*.

5° Avec un conducteur AB de résistance $6r$ (fig. 93), partagé en six sections égales, et cinq dérivations équidistantes, aboutissant à la terre et dont chacune est de résistance ar, si l'on maintient toujours A à la tension *constante* AF $= t$ et B en communication avec la terre.

En A, la tension est AF $= t;$

En b, elle est $bb' = t' = \dfrac{a(5a^4 + 20a^3 + 21a^2 + 8a + 1)}{6a^5 + 35a^4 + 56a^3 + 36a^2 + 10a + 1}\, t;$

En c...... $cc' = t'' = \dfrac{a^2(4a^3 + 10a^2 + 6a + 1)}{6a^5 + 35a^4 + 56a^3 + 36a^2 + 10a + 1}\, t;$

En d..... $dd' = t''' = \dfrac{a^3(3a^2 + 4a + 1)}{6a^5 + 35a^4 + 56a^3 + 36a^2 + 10a + 1}\, t;$

En e...... $ee' = t^{\text{iv}} = \dfrac{a^4(2a + 1)}{6a^5 + 35a^4 + 56a^3 + 36a^2 + 10a + 1}\, t;$

En f...... $ff' = t^{\text{v}} = \dfrac{a^5}{6a^5 + 35a^4 + 56a^3 + 36a^2 + 10a + 1}\, t;$

En B, la tension est toujours *nulle*.

Bien que les tensions ne soient pas uniformément décroissantes dans toute l'étendue du conducteur, les valeurs des diverses tensions à chaque point de dérivation prouvent qu'à l'état permanent, la tension d'une tranche quelconque reste proportionnelle à la tension de la source, comme dans le cas où aucune dérivation n'existe.

L'inspection des valeurs précédentes des tensions aux divers points de dérivation conduit aux conclusions suivantes :

1° Étant donné un conducteur avec un système déterminé de dérivations d'égale résistance, équidistantes et aboutissant à la terre, les tensions des divers points de dérivation sont des fractions de la tension *constante* de la source, qui toutes ont le même dénominateur.

2° Les numérateurs des fractions correspondantes à un système de dérivations se forment en multipliant par a les numérateurs et le dénominateur commun du système précédent.

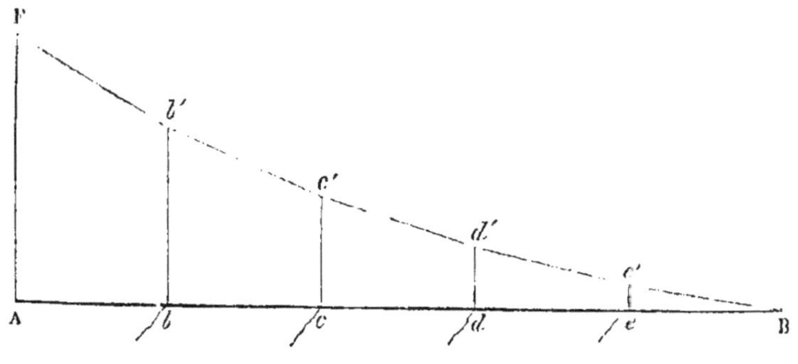

Fig. 95.

3° Le dénominateur commun des fractions correspondantes à un système de dérivations est égal au produit du dénominateur commun du système précédent par la quantité $(2a + 1)$, diminué du produit du numérateur correspondant à la valeur de t' dans le système précédent par la quantité a.

Ce mode de génération des expressions des tensions aux points de dérivation, et la possibilité de rendre r aussi *petit* et a aussi *grand* qu'on le veut, permet de multiplier indéfiniment le nombre des dérivations sur un conducteur donné.

Pour donner un exemple de la forme de la ligne des tensions, assignons à a la valeur 100 ; nous aurons, dans le système de cinq dérivations équidistantes :

En **A**, la tension est $AF = t$;
En b, — $bb' = t' = 0{,}818\,t$;
En c, — $cc' = t'' = 0{,}645\,t$;
En d, — $dd' = t''' = 0{,}478\,t$;
En e, — $ee' = t^{IV} = 0{,}316\,t$;
En f, — $ff' = t^V = 0{,}157\,t$.

La ligne des tensions est un polygone dont la convexité est tournée vers le conducteur AB.

D'ailleurs, il est facile de voir que la différence de tension, ou la hauteur de pente entre deux points successifs de dérivation diminue à mesure qu'on se rapproche de l'extrémité B du conducteur. Par suite, l'intensité du courant suit une marche décroissante de A en B. La décroissance du courant devient moins rapide à mesure qu'on se rapproche de l'extrémité B.

A mesure que les dérivations se rapprochent, les côtés du polygone se raccourcissent ; à la limite, quand les points de dérivation ne sont plus séparés que par un espace infiniment court, le polygone devient une courbe régulière.

Le cas de points de dérivation séparés par un intervalle infiniment court correspond à un conducteur exposé à l'action d'une atmosphère humide. Par conséquent, quand la perte d'électricité par l'air n'est plus négligeable :

1° La ligne de distribution des tensions est une courbe dont la convexité est tournée du côté du conducteur.

2° L'intensité du courant diminue à mesure qu'on se rapproche de l'extrémité B du conducteur en communication avec la terre. Cette décroissance du courant devient moins rapide à mesure qu'on se rapproche de l'extrémité B.

3° Les tensions des divers points du conducteur restent toujours proportionnelles à la tension *constante* de la source en communication avec l'extrémité A du conducteur.

En terminant cette étude de la distribution de l'électricité dans un conducteur, quand la perte par l'air n'est pas négligeable, nous devons signaler une relation fort importante. Reprenons le conducteur AB de la figure 93, sur lequel sont établies cinq dérivations équidistantes et équirésistantes, les tensions des points de dérivation, dont nous avons donné les expressions générales (page 382) fournissent les relations suivantes :

$$\frac{AF + cc'}{bb'} = \frac{t + t''}{t'} = \frac{10a^5 + 45a^4 + 62a^3 + 37a^2 + 10a + 1}{a(5a^4 + 20a^3 + 21a^2 + 8a + 1)} = \frac{2a+1}{a}$$

$$\frac{bb' + dd'}{cc'} = \frac{t' + t'''}{t''} = \frac{a(8a^4 + 24a^3 + 22a^2 + 8a + 1)}{a^2(4a^3 + 10a^2 + 6a + 1)} = \frac{2a+1}{a}$$

$$\frac{cc' + ee'}{dd'} = \frac{t'' + t^{\mathrm{iv}}}{t'''} = \frac{a^2(6a^3 + 11a^2 + 6a + 1)}{a^3(3a^2 + 4a + 1)} = \frac{2a+1}{a}$$

$$\frac{dd' + ff'}{ee'} = \frac{t''' + t^{\mathrm{v}}}{t^{\mathrm{iv}}} = \frac{a^3(4a^2 + 4a + 1)}{a^4(2a + 1)} = \frac{2a+1}{a}$$

$$\frac{ee' + 0}{ff'} = \frac{t^{\mathrm{iv}} + 0}{t^{\mathrm{v}}} = \frac{a^4(2a + 1)}{a^5} = \frac{2a+1}{a}$$

Nous avons donc, en définitive,

$$\frac{t + t''}{t'} = \frac{t' + t'''}{t''} = \frac{t'' + t^{\mathrm{iv}}}{t'''} = \frac{t''' + t^{\mathrm{v}}}{t^{\mathrm{iv}}} = \frac{t^{\mathrm{iv}} + 0}{t^{\mathrm{v}}} = \frac{2a+1}{a}$$

Nous avons dit que l'action de l'air humide doit être assimilée à celle d'un système de dérivations d'égale résistance établies en chaque tranche de ce conducteur. Les tensions des divers points d'une chaîne électro-dynamique exposée à l'action de l'air doivent donc satisfaire aux relations précédentes. Fourier a établi dans sa *Théorie de la chaleur*, et M. Despretz a prouvé par l'expérience que ces relations sont précisément celles qui relient les températures des tranches d'une barre métallique placée dans un milieu à *zéro*; chauffée par un bout et dont l'autre bout est maintenu à *zéro*, lorsque l'état permanent est atteint. Il en résulte que la perte d'électricité joue le même rôle que le rayonnement latéral d'un corps chaud, et qu'à l'état permanent, la distribution de l'électricité dans une chaîne électro-dynamique est la même que celle de la chaleur dans une barre exposée par une de ses extrémités à l'action d'une source de chaleur constante.

Nous avons insisté sur ces relations remarquables, parce qu'elles se présentent comme une conséquence directe des lois de l'état permanent, et que ces lois elles-mêmes ne sont que l'expression générale des résultats fournis par l'expérience. Plus on étudie cette question, plus on demeure convaincu que la propagation de l'électricité dans une chaîne électro-dynamique et celle de la chaleur dans une barre métallique, sont soumises aux mêmes lois; on comprend alors combien est juste et féconde l'idée fondamentale sur laquelle Ohm faisait reposer, dès 1827, toute la théorie des courants électriques.

ARTICLE II.

ÉTAT VARIABLE.

Des expériences rapportées dans l'article précédent et des déductions qui en découlent naturellement, il résulte qu'à l'état permanent, les lois de l'intensité du flux électrique et de la distribution des tensions dans un conducteur AB homogène et de même section dans toute son étendue, en communication par son extrémité A avec une source de tension constante AF et par son extrémité B avec la terre, peuvent être résumées ainsi qu'il suit :

Quand la perte par l'air est nulle ou négligeable :

La tension XY d'une tranche quelconque X du conducteur

AB (fig. 94) est directement proportionnelle à la tension constante AF de la source, et à la distance XB de cette tranche au point B. Par conséquent, la tension du conducteur décroît uni-

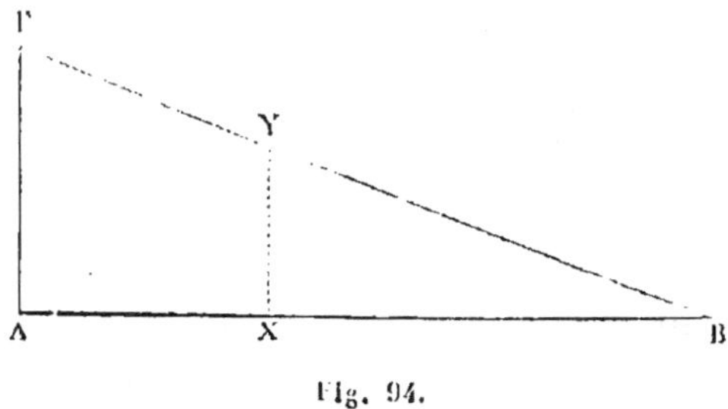

Fig. 94.

formément de A en B, et la droite FB représente la ligne de distribution des tensions.

La hauteur de pente entre deux tranches équidistantes quelconques, prises sur le conducteur AB, est constante quand AF ne varie pas, et reste toujours proportionnelle à AF.

L'intensité du flux d'électricité est la même dans toute l'étendue du conducteur, directement proportionnelle à la tension AF de la source et à la section transversale du conducteur, et inversement proportionnelle à la longueur du conducteur AB.

Quand la perte par l'air n'est pas négligeable :

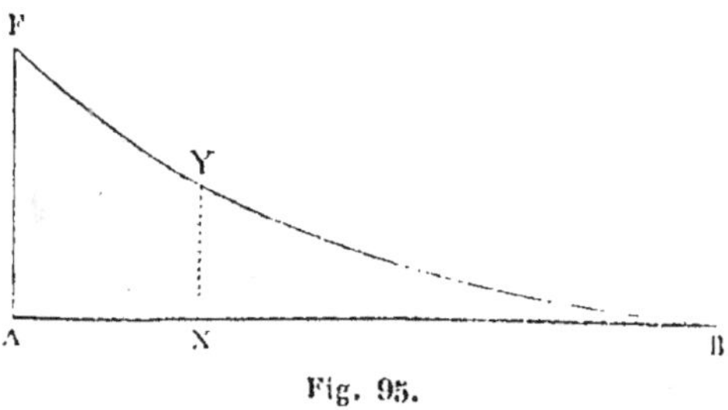

Fig. 95.

La ligne des tensions (fig. 95) est représentée par une courbe dont la convexité est tournée vers le conducteur ; mais la tension XY d'une tranche quelconque X du conducteur reste proportionnelle à la tension AF de la source.

La hauteur de pente entre deux tranches séparées par un intervalle très petit diminue de l'extrémité A à l'extrémité B, et cette décroissance devient moins rapide à mesure qu'on se rapproche du point B.

L'intensité du flux d'électricité varie comme la hauteur de pente, et sa décroissance devient aussi moins rapide à mesure qu'on se rapproche de l'extrémité B du conducteur.

Avant d'aborder les lois de l'état variable, nous devons arrêter un instant notre attention sur un élément fort important de la question signalé pour la première fois par M. Gaugain (1), et dont il a donné une étude expérimentale très complète.

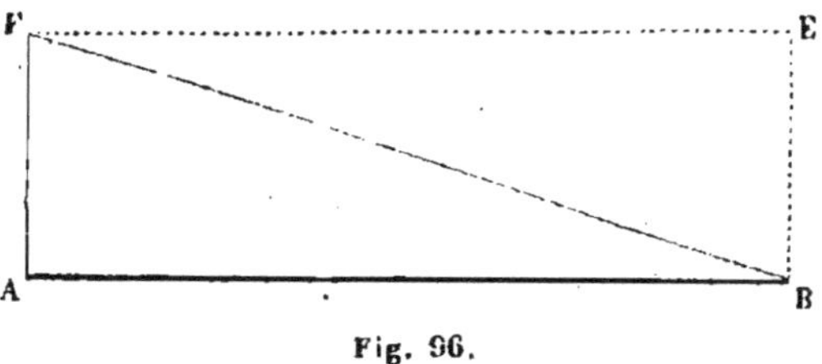

Fig. 96.

Soit AB (fig. 96) un conducteur homogène et de même section dans toute son étendue, en communication par son extrémité A avec une source d'électricité de tension constante AF.

Mettons l'extrémité B en communication avec le sol, et attendons que l'état permanent soit établi. La droite FB représente la ligne des tensions. Tant que dure l'écoulement d'électricité, ce conducteur possède une charge d'électricité libre qu'il conserverait si, à un moment donné, on l'isolait par ses deux extrémités, et qui est proportionnelle à l'aire du triangle FAB. Cette

(1) *Annales de physique et de chimie*, 3ᵉ série, 1860, t. LIX, p. 26 et 58.

charge est ce que M. Gaugain appelle la *charge dynamique* du conducteur.

Laissons l'extrémité A en communication avec la source, et isolons l'extrémité B. Évidemment le conducteur prend une charge uniforme d'électricité statique qui a partout la tension AF de la source, et qui est proportionnelle au rectangle FABE. Cette charge est ce que M. Gaugain appelle la *charge statique* du conducteur.

La théorie conduit à cette conclusion que, pour une même tension de la source, la *charge dynamique* à l'état permanent est la *moitié* de la *charge statique* du conducteur. Dans une suite d'expériences multipliées très concordantes, M. Gaugain a démontré l'exactitude de cette proposition.

M. Gaugain a fait une étude expérimentale des circonstances qui peuvent influer sur la valeur de la charge dynamique; ses recherches l'ont conduit à des résultats très importants.

Supposons que, sans changer l'aire de la section d'un conducteur, nous fassions varier la forme de cette section. Le flux d'électricité, qui ne dépend que de l'aire de la section, reste invariable; mais la charge dynamique varie avec la forme de la section, augmente et diminue avec le périmètre de cette section, c'est-à-dire avec l'étendue superficielle du conducteur.

Prenons pour conducteur un cylindre creux de diamètre extérieur constant, et faisons varier son diamètre intérieur; la section de ce conducteur sera variable, mais sa surface extérieure restera constante. Dans ce cas, l'intensité du flux augmente ou diminue proportionnellement à la section; mais la charge dynamique reste toujours la même, quelle que soit l'épaisseur des parois du cylindre.

La charge dynamique, comme la charge statique, dépend donc exclusivement de la forme et de l'étendue de la surface extérieure du conducteur. Dès lors, pendant le passage du flux d'électricité, comme dans l'état statique, il n'y a de *tension électroscopique* qu'à la surface du conducteur.

Cependant, puisque l'intensité du flux est toujours proportionnelle à l'aire de la section du conducteur, il faut bien que toutes les molécules de cette section participent à la transmission ; mais on est conduit à rejeter l'hypothèse fondamentale de l'égale tension de toutes les molécules d'une tranche du conducteur, sur laquelle Ohm s'est appuyé. M. Gaugain a démontré (1) que, pour faire disparaître de la formule générale de Ohm cette dernière hypothèse désormais inadmissible, et la remplacer par la notion de la charge dynamique, il suffit de faire subir à cette formule des changements peu importants qui n'en altèrent nullement la forme, et portent exclusivement sur le coefficient relatif à la conductibilité du conducteur.

M. Gaugain appelle *coefficient de charge* la quantité d'électricité qui, à l'*état statique*, constitue la charge d'un conducteur de section déterminée, dont la longueur est égale à l'*unité*, isolé dans toute son étendue, et mis en communication par une de ses extrémités avec une source d'électricité de tension égale à l'*unité*. Ce coefficient de charge est évidemment une fonction de la section du conducteur que la théorie de Poisson permettrait de déterminer. Il est plus simple de le considérer, avec M. Gaugain, comme une quantité qui doit, dans chaque cas particulier, être déterminée expérimentalement.

Soient :

C, le coefficient de charge d'un fil ;

e, la tension constante de la source ;

l, la longueur de ce fil.

____

(1) *Théorie mathématique des courants électriques*, par G.-S. Ohm, traduction J. M. Gaugain, 1860, note A, p. 174.

La charge statique de ce fil est évidemment

$$Cel,$$

et sa charge dynamique est, d'après les principes développés plus haut,

$$\frac{Cel}{2}.$$

Étant donné un fil quelconque en communication par une de ses extrémités avec la terre, et par l'autre avec une source d'électricité constante, la charge dynamique de ce fil, quand l'état permanent est établi, est proportionnelle à son coefficient de charge.

Lois de l'état variable.

Les lois de l'état variable peuvent se déduire des formules générales établies par Ohm dans sa *Théorie mathématique des courants électriques*. Fidèle à la marche adoptée dans cette étude, nous continuerons à éviter avec soin les considérations empruntées aux hautes mathématiques, et à prendre pour point de départ les démonstrations expérimentales de M. Gaugain. D'ailleurs, nous supposerons toujours que l'électricité se propage dans un conducteur homogène et de même section dans toute son étendue, en communication par une de ses extrémités avec une source d'électricité de tension constante, et par l'autre avec le sol.

Durée de propagation absolue. — M. Gaugain appelle durée de propagation absolue le temps qui s'écoule entre l'instant de l'établissement des communications et le moment où une section déterminée du conducteur acquiert une *tension absolue donnée*.

Dans le cas où la perte par l'air est nulle ou négligeable,

M. Gaugain a démontré expérimentalement les propositions suivantes :

Proposition I. — Lorsque la tension de la source varie sans
que le conducteur éprouve aucun changement, la tension d'une
section déterminée de ce conducteur, au bout d'un temps
donné, est toujours proportionnelle à la tension de la source.

La durée de propagation absolue, ou le temps nécessaire
pour qu'une section déterminée atteigne une tension absolue
donnée, varie évidemment avec la tension de la source ; mais la
loi de cette variation n'a pas d'expression simple.

Proposition II. — Lorsque les dimensions du conducteur
restent constantes, la durée de propagation absolue est inversement proportionnelle à sa conductibilité spécifique, ou directement proportionnelle à sa résistance spécifique.

Proposition III. — Quand la conductibilité spécifique et la
section sont invariables, la durée de propagation absolue est
directement proportionnelle au carré de la longueur du conducteur.

Ces trois premières propositions se déduisent très facilement
de la formule générale de Ohm relative à l'état variable des
tensions, dans le cas où la perte par l'air est nulle ou négligeable.

Proposition IV. — Quand la nature et la longueur du conducteur restent les mêmes, ainsi que sa surface extérieure, et
que, par suite de cette dernière condition, le coefficient de charge
est aussi invariable, la durée de propagation absolue est inversement proportionnelle à la section du conducteur.

Les conditions énoncées dans cette proposition peuvent être
réalisées avec un cylindre creux, dont on fait varier l'épaisseur
des parois en lui conservant la même surface extérieure.

Proposition V. — La nature, la longueur et l'aire de la section du conducteur restant les mêmes, si l'on modifie la forme
de la section de manière à faire varier le coefficient de charge,

la durée de propagation absolue est directement proportionnelle au coefficient de charge.

Les conditions énoncées dans cette dernière proposition peuvent être facilement réalisées avec un système de fils qui sont
tantôt réunis en faisceau, tantôt disposés parallèlement à une
certaine distance les uns des autres.

Quand la perte par l'air n'est plus négligeable, la première
proposition reste vraie; au bout d'un temps donné, la tension
d'une section déterminée du conducteur est toujours proportionnelle à la tension de la source. La même relation est nettement et clairement exprimée dans la formule générale de Ohm
relative à l'état variable des tensions, dans le cas où l'on tient
compte de la perte par l'air.

Lorsque l'atmosphère est assez humide pour que son influence
ne puisse plus être considérée comme négligeable, les quatre
dernières lois sont altérées, et toutes dans le même sens. M. Gaugain, en effet, a montré que, dans le cas de la perte par l'air,
la durée de propagation absolue suit une marche plus rapide
que celle qui se trouve indiquée par chacune des quatre dernières propositions. L'influence de l'atmosphère humide sur la
durée de propagation absolue n'a pas été démontrée par voie
expérimentale; M. Gaugain l'a déduite, par des raisonnements
d'une grande simplicité, des lois de la durée de propagation absolue, dans le cas où la perte est nulle ou négligeable. Il a rendu
un très grand service en établissant ce point important de la
théorie des courants électriques. Les formules générales par
lesquelles Ohm a représenté les phénomènes de l'état variable,
lorsque la perte par l'air est sensible, sont très compliquées, et
il est fort difficile de voir dans quel sens varie la durée de propagation absolue, quand la déperdition d'électricité est modifiée
par un changement survenu dans l'état hygrométrique de l'atmosphère ambiante.

Durée de propagation relative. — M. Gaugain appelle

durée de propagation relative le temps qui s'écoule entre l'instant de l'établissement des communications et le moment où la tension d'une section déterminée du conducteur est une *fraction donnée* de la tension de la source.

Dans le cas où la perte par l'air est assez faible pour être complétement négligeable, M. Gaugain a déduit des cinq propositions précédentes les lois de la durée de propagation relative.

Il résulte de la proposition Ire, que la durée de propagation relative est indépendante de la tension de la source. Supposons, en effet, qu'au bout d'un temps t, une section déterminée m du conducteur ait atteint une tension e sous l'influence d'une source de tension E. Le conducteur restant le même, portons la tension de la source à nE. Puisqu'il est démontré, d'après la proposition Ire, qu'au bout d'un temps donné, la tension d'une section déterminée du conducteur est toujours proportionnelle à la tension de la source, la section m, au bout du temps t, aura nécessairement acquis une tension ne sous l'influence de la source de tension nE. Par conséquent, la *durée de propagation relative est complétement indépendante de la tension de la source*, ou, en d'autres termes, le *temps nécessaire* pour que la tension d'une section déterminée du conducteur soit une *fraction donnée* de la tension de la source, est *complétement indépendant de la tension de cette source*.

Les propositions II, III, IV, V, étant expérimentalement démontrées pour une tension quelconque, restent évidemment vraies dans le cas où la tension de la section déterminée du conducteur est une fraction donnée de la tension de la source. Ces quatre dernières propositions s'appliquent donc à la durée de propagation relative, comme à la durée de propagation absolue.

Durée de l'état variable. — Tant que dure l'état variable, les tensions des diverses tranches du conducteur augmentent suivant une marche asymptotique. L'*état permanent* est donc une *limite* qui ne peut être atteinte, rigoureusement parlant, qu'au bout d'un temps infini. Il n'est donc pas possible de déterminer avec précision l'instant où cet état permanent est établi; mais, d'une part, nous savons que l'état permanent s'établit en même temps dans toute la longueur du conducteur; d'autre part, M. Gaugain a démontré (1) que, dans l'état permanent, la tension d'une section *déterminée* d'un *même* conducteur est toujours une même fraction de la tension de la source. La *durée de l'état variable* n'est donc qu'un cas particulier de la *durée de propagation relative;* les lois sont les mêmes pour l'une et pour l'autre.

Dans le cas où la perte par l'air est nulle ou négligeable, les lois de la durée de l'état variable sont donc les suivantes :

Première loi. — La durée de l'état variable est indépendante de la tension de la source électrique.

Deuxième loi. — Lorsque les dimensions du conducteur restent constantes, la durée de l'état variable est inversement proportionnelle à sa conductibilité spécifique, ou directement proportionnelle à sa résistance spécifique.

Troisième loi. — Quand la nature et la section du conducteur sont constantes, la durée de l'état variable est directement proportionnelle au carré de sa longueur.

Quatrième loi. — Quand la nature et la longueur du conducteur restent les mêmes, ainsi que sa surface extérieure, et que, par suite de cette dernière condition, le coefficient de charge est constant, la durée de l'état variable est inversement proportio nelle à la section du conducteur.

Cinquième loi. — La nature, la longueur et l'aire de la section du conducteur restant les mêmes, si l'on modifie la forme

(1) *Annales de chimie et de physique*, 3ᵉ série, 1860, t. LIX, p. 44.

de la section de manière à faire varier le coefficient de charge,
la durée de l'état variable est proportionnelle au coefficient de
charge.

Les trois premières lois de l'état variable se déduisent facilement de l'équation générale de Ohm. Les deux dernières lois ne
sont fournies par cette formule que lorsqu'on y a introduit la
notion du coefficient de charge, en lui faisant subir la modification indiquée par M. Gaugain dans la première note de sa
traduction.

Prenons quatre conducteurs M, M', M'', M''', tous en communication avec la terre par une extrémité, et par l'autre avec
une source d'électricité de tension constante ; et soient :

	POUR LE CONDUCTEUR			
	M	M'	M''	M'''
La tension constante de la source =	c	c	c	c
La durée de l'état variable.... =	T	T'	T''	T'''
Le coefficient de charge...... =	C	C'	C'	C'
La longueur du conducteur... =	l	l'	l	l'
La conductibilité spécifique... =	γ	γ'	γ	γ
La section transversale ...... =	ω	ω'	ω	ω

En vertu de la cinquième loi, lorsque la conductibilité spécifique, la longueur et la section sont les mêmes, la durée de
l'état variable est directement proportionnelle au coefficient
de charge du conducteur; nous avons donc, pour les conducteurs M et M'',

$$\frac{T}{T''} = \frac{C}{C'}.$$

Pour les conducteurs M'' et M''', qui ont même coefficient de
charge, même conductibilité spécifique et même section, le

durées de l'état variable satisfont, d'après la troisième loi, à
la relation suivante :

$$\frac{T''}{T'''} = \frac{l^2}{l'^2}.$$

Enfin, pour les conducteurs M' et M''', qui ont même longueur et même coefficient de charge, les durées de l'état variable, d'après la deuxième et la troisième loi, satisfont à la relation
suivante :

$$\frac{T'''}{T'} = \frac{\gamma' \omega'}{\gamma \omega}.$$

Multipliant ces trois équations membre à membre, nous
avons

$$\frac{T}{T'} = \frac{C l^2}{\gamma \omega} \times \frac{\gamma' \omega'}{C' l'^2},$$

d'où

$$T = \frac{C l^2}{\gamma \omega} \times \frac{\gamma' \omega'}{C' l'^2} \, T'$$

$\frac{\gamma' \omega'}{C' l'^2} T'$ est évidemment une quantité *constante* que nous pouvons représenter par t. Nous avons alors

$$T = \frac{C l^2}{\gamma \omega} \cdot t.$$

Il est facile de voir que la *constante* t est la durée de l'état
variable dans un conducteur pour lequel

$$C = 1, \quad l = 1, \quad \gamma = 1, \quad \omega = 1.$$

Mais $\frac{l}{\gamma \omega}$ représente la résistance r du conducteur ; l'expression de la durée de l'état variable peut donc être mise sous la forme suivante :

$$T = Clrl.$$

Les deux équations précédentes ne contiennent pas la tension de la source; elles sont donc nécessairement vraies pour un conducteur quelconque, et quelle que soit la tension *constante* de la source d'électricité. Il devait en être ainsi, puisque nous avons établi, dans la première loi, que la durée de l'état variable est complétement indépendante de la tension de la source.

M. Gaugain a déterminé expérimentalement (1) les rapports des coefficients de charge de fils métalliques de sections déterminées. A cet effet, il a pris un échantillon de chaque conducteur d'un mètre de longueur, il l'a placé sur un support isolant, et l'a chargé en mettant une de ses extrémités en contact avec une source électrique constante. Puis il a séparé le fil de la source, et a mesuré la charge communiquée en la faisant passer à travers un électroscope à décharge.

Cette méthode, appliquée aux fils métalliques employés en télégraphie électrique, a fourni les résultats suivants :

Diamètres des fils en millimètres . .	1	2	3	4	5
Coefficients de charge	100	113	125	133	141

Les coefficients de charge croissent donc beaucoup moins vite que les diamètres des fils cylindriques.

De ces nombres et de l'expression de la durée de l'état variable, on déduit facilement les relations suivantes :

Diamètres des fils.	1	2	3	4	5
Durées de l'état variable.	100	28,2	13,9	8,3	5,6

Ces derniers rapports sont fort importants ; nous avons vu,

(1) *Comptes rendus de l'Académie des sciences*, 1860, t. LI, p. 638.

en effet (page 300 et suivantes) que la rapidité de la correspondance télégraphique dépend de la durée de l'état variable, et les déterminations de M. Gaugain montrent que, sur les lignes aériennes, il suffit d'augmenter le diamètre des fils conducteurs pour diminuer considérablement la durée de l'état variable, et, par suite, rendre la transmission télégraphique beaucoup plus rapide.

Les expressions générales de la durée de l'état variable, se rapportent exclusivement au cas où la perte par l'air est nulle ou assez faible pour être négligeable. Nous avons vu précédemment (page 376) comment la distribution des tensions dans l'état permanent est modifiée lorsque la perte par l'air est assez intense pour qu'il faille en tenir compte. Quant à l'influence de cette perte par l'air sur la durée de l'état variable, il n'est pas possible d'en déterminer le sens par des considérations élémentaires ; il devient nécessaire de recourir aux équations générales du mouvement de l'électricité dans les conducteurs linéaires. Il résulte de la formule de Ohm que la perte par l'air *abrége* la durée de l'état variable, et d'autant plus qu'elle est elle-même plus intense.

Dans tout ce que nous avons dit de l'état variable, nous avons supposé le conducteur homogène et de même section dans toute son étendue; nous avons supposé, en outre, qu'il n'y avait dans le circuit qu'une seule force électromotrice en jeu, et que la tension de la source restait *constante* pendant toute la durée de l'écoulement. Lorsque de ce cas simple on veut passer à la considération d'une pile composée de plusieurs couples, la question se complique beaucoup : d'une part, il y a plusieurs forces électromotrices en jeu dans le circuit, qui lui-même est composé de portions hétérogènes et de sections différentes ; d'autre part, nous avons vu (page 374) qu'au moment où le circuit de la pile est fermé, les tensions polaires éprouvent une chute, en sorte que la tension de la source s'affaiblit pendant la durée de l'état variable, et qu'à l'état permanent, la différence des tensions des extrémités du conducteur est sensiblement inférieure à ce qu'elle était au début du mouvement électrique. Ni les formules de Ohm ni les expériences de M. Gaugain ne permettent de déterminer avec certitude l'influence de ces deux dernières conditions.

En ce qui regarde la durée de propagation absolue, il est permis d'affirmer que la chute de la tension polaire doit nécessairement l'allonger ; car évidemment, quand la tension de la source s'abaisse, il faut plus de temps à une tranche déterminée du conducteur pour atteindre une tension donnée que quand l'état électrique de la source reste constant. Mais il n'en est plus de même pour la durée de propagation relative. Si, par le fait de la chute de la tension polaire, la tension limite d'une tranche déterminée du conducteur s'abaisse, il est impossible de prévoir si le temps nécessaire à la tension de cette tranche pour devenir une fraction donnée de cette tension limite est allongé ou abrégé par la variation de la tension polaire. De nouvelles recherches sont donc nécessaires pour démontrer que les lois de l'état variable, telles qu'elles ont été calculées par Ohm et expérimentalement établies par M. Gaugain, peuvent être étendues d'une manière absolue au cas où l'électricité est fournie par une pile composée de plusieurs couples. Dans l'état actuel de la science, le travail de M. Guillemin sur les grandes lignes télégraphiques, dont nous avons rapporté les principaux résultats (page 288), est, à notre connaissance, le seul qui ait été entrepris dans le but de déterminer les lois de l'état variable, dans le cas où l'on prend pour source électrique une pile composée de plusieurs couples, et pour conducteur un fil de ligne de plusieurs centaines de kilomètres.

NOTE B (pages 65 à 68).

LOIS DE L'INTENSITÉ MAGNÉTIQUE DES ÉLECTRO-AIMANTS.

Soit AB (fig. 97) un barreau de fer doux placé dans une bobine C.

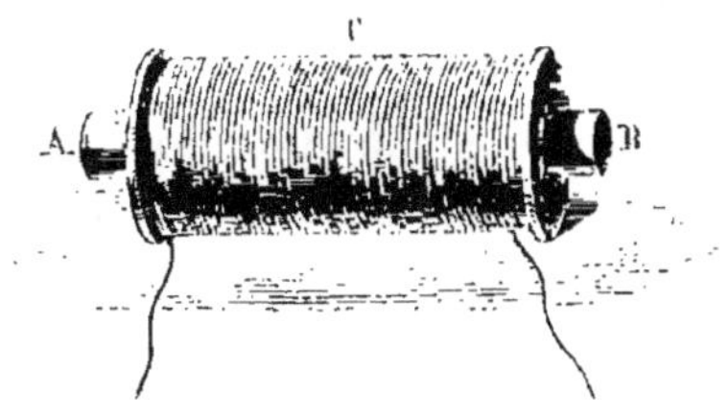

Fig. 97.

Désignons par

I, l'intensité du courant ;

n, le nombre des tours de spire du fil de la bobine ;

m, l'intensité magnétique développée dans le barreau AB.

La force magnétisante p du courant est évidemment

$$p = n\mathrm{I}.$$

MM. Lenz et Jacobi avaient déduit de leurs travaux que l'intensité magnétique développée dans le barreau de fer doux est proportionnelle à l'intensité du courant et au nombre des tours de spire. Cette loi conduit à la formule bien simple

$$m = cn\mathrm{I} = cp,$$

dans laquelle c représente une quantité constante.

M. Müller a démontré que cette formule n'est vraie que pour des courants faibles, et pour des barreaux dont le diamètre n'est pas très petit par rapport à leur longueur. Il résulte de ses nombreuses et importantes recherches qu'entre les quantités p et m, il existe la relation suivante :

$$(1) \qquad p = 220\, d^{\frac{3}{2}} \operatorname{tang} \frac{m}{0{,}00005\, d^2},$$

dans laquelle d est le diamètre du barreau de fer doux AB, et les autres lettres ont la signification indiquée plus haut

La formule de M. Müller démontre qu'il existe, pour chaque barreau, un *maximum* d'aimantation que rien ne peut lui faire dépasser. En effet, si nous donnons à p une valeur *infinie*, m conserve une valeur *finie*, car l'équation (1) devient

$$\operatorname{tang} \frac{m}{0{,}00005\, d^2} = \infty,$$

d'où

$$\frac{m}{0{,}00005\, d^2} = \frac{\pi}{2},$$

$$. \; m = \frac{\pi}{2}\, 0{,}00005\, d^2.$$

Cette valeur de m représente le *maximum* d'aimantation qu'il est possible de communiquer au barreau de diamètre d.

Pour un second barreau de diamètre d' le *maximum* d'aimantation m' serait évidemment

$$m' = \frac{\pi}{2}\, 0{,}00005\, d'^2,$$

d'où

$$\frac{m}{m'} = \frac{d^2}{d'^2}.$$

Étant donnés deux barreaux de fer doux de diamètre d, d', leurs *maxima* d'aimantation sont donc dans le rapport de d^2 à d'^2, c'est-à-dire des carrés de leurs diamètres.

Tant que la valeur de l'expression $\dfrac{p}{220\,d^{\frac{3}{2}}}$ de la ligne trigonométrique tang $\dfrac{m}{0,00005\,d^2}$ est très faible, on peut, sans erreur sensible, remplacer la tangente par son arc dans l'équation (1); ce qui donne

$$(2) \qquad m = cp \sqrt{d.}$$

c est une quantité constante égale à la fraction $\dfrac{0,00005}{220}$.

L'équation (2), applicable seulement aux cas dans lesquels le courant inducteur est faible et le diamètre du barreau de fer doux n'est pas trop petit par rapport à sa longueur, conduit aux conclusions suivantes :

1° Lorsque d est constant, c'est-à-dire quand on agit sur un même barreau, l'intensité magnétique développée m est proportionnelle à la force magnétisante p du courant, ou au produit de son intensité par le nombre des tours de spire du fil de la bobine : c'est la loi de MM. Lenz et Jacobi.

2° Lorsque d varie et que p reste constant, c'est-à-dire quand des barreaux de diamètres différents sont soumis à l'action d'une même force magnétisante ou d'une même bobine traversée par le même courant, les intensités magnétiques développées sont proportionnelles aux racines carrées des diamètres des barreaux de fer doux.

Prenons deux barreaux dont les diamètres soient d, d', et soumettons-les à l'action de deux forces magnétisantes p, p'; nous aurons :

$$(3) \qquad p = 220\,d^{\frac{3}{2}}\ \text{tang}\ \dfrac{m}{0,00005\,d^2},$$

$$(4) \qquad p' = 220\,d'^{\frac{3}{2}}\ \text{tang}\ \dfrac{m'}{0,00005\,d'^2}.$$

Si p et p' ont des valeurs telles que

$$\operatorname{tang} \frac{m}{0,00005\,d^2} = \operatorname{tang} \frac{m'}{0,00005\,d'^2},$$

nous aurons

$$\frac{m}{0,00005\,d^2} = \frac{m'}{0,00005\,d'^2};$$

d'où

$$\frac{m}{m'} = \frac{d^2}{d'^2}.$$

Dans ce cas, les intensités m, m' du magnétisme développé dans les deux barreaux sont dans le même rapport que les carrés de leurs diamètres, ou que leur *maxima* d'aimantation ; en d'autres termes, ces barreaux acquièrent des intensités magnétiques qui sont une même *partie aliquote* de leurs *maxima* d'aimantation. Mais alors les équations (3) et (4) donnent la relation suivante :

$$\frac{p}{p'} = \frac{d^{\frac{3}{2}}}{d'^{\frac{3}{2}}}$$

D'où il résulte que, pour développer dans des barreaux de fer doux de diamètres différents la même *partie aliquote* de leurs *maxima* d'aimantation, il faut les soumettre à l'action de forces magnétisantes qui soient dans le rapport des racines carrées des cubes de leurs diamètres.

M. le professeur Nicklès (1) a publié une très belle série de

(1) *L'Institut* (journal), 8 décembre 1852. — *Comptes rendus de l'Académie des sciences*, 1853, t. XXXVI, p. 490 ; t. XXXVII, p. 955 ; 1854, t. XXXVIII, p. 266 et 397 ; t. XXXIX, p. 635. — *Bulletin de la Société d'encouragement*, mai et juin, 1853. — *Mémoires de la Société de l'Académie de Stanislas*. Nancy, 1856. — *Thèse pour le doctorat ès sciences physiques*. Paris, 1853 — *Les électro-aimants*. Paris, 1860.

recherches sur l'aimantation. Nous ne pouvons pas aborder ici les nombreuses questions dont cet habile physicien a donné la solution ; nous devons nous contenter d'extraire de ses travaux les résultats relatifs aux propriétés des électro-aimants rectilignes et des électro-aimants en fer à cheval.

Pour les électro-aimants rectilignes, toutes les autres conditions restant les mêmes, l'intensité magnétique développée augmente avec l'allongement du barreau de fer doux. M. Nicklès explique cette influence de l'allongement par l'écartement des deux pôles de noms contraires qui diminue les effets de neutralisation réciproque. Cependant cette influence de l'allongement a une limite au delà de laquelle l'intensité magnétique décroît à mesure qu'on donne plus de longueur au barreau. D'ailleurs, la limite de l'allongement efficace est d'autant plus reculée que l'intensité du courant inducteur est plus considérable.

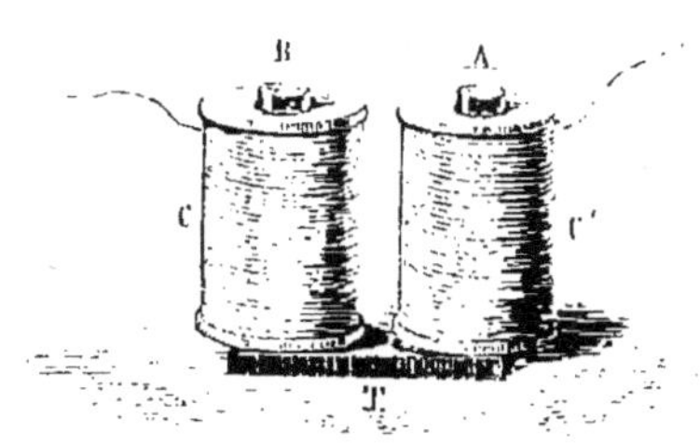

Fig. 98.

Les électro-aimants en fer à cheval (fig. 98) employés dans la télégraphie électrique sont munis de deux bobines, une pour chaque barreau de fer doux. Nous avons ici deux cas à considérer :

1° Les bobines sont indépendantes et de même sens. L'appareil se compose évidemment alors de deux électro-aimants rectilignes, parallèles, dont les pôles sont distribués de la même manière, et reliés par une pièce de fer doux en contact par ses extrémités avec des pôles de même nom. Dans ce cas, l'expérience démontre que l'allongement des barreaux de fer doux a pour effet d'augmenter l'intensité magnétique développée.

2° Pour les électro-aimants en fer à cheval ordinaires dont les bobines sont de sens inverses et qui agissent à la fois par leurs deux pôles, l'allongement des barreaux de fer doux n'exerce aucune influence sur l'intensité magnétique développée ; mais il n'en est pas de même de leur écartement, qui a pour résultat évident d'éloigner les pôles de noms contraires et de diminuer les effets de neutralisation réciproque.

M. Nicklès a démontré, en effet, que, dans ces circonstances, l'intensité magnétique développée augmente avec l'écartement des barreaux de fer doux, jusqu'à une certaine limite, au delà de laquelle l'influence de l'écartement change de signe et diminue la puissance d'attraction de l'électro-aimant.

L'écartement correspondant au *maximum* d'aimantation augmente avec l'intensité du courant. Pour les électro-aimants en fer à cheval de dimension ordinaire, cet écartement peut varier entre *six* et *douze* centimètres.

<hr>

NOTE C (page 68).

DISPOSITIONS A ADOPTER DANS LA CONSTRUCTION DES BOBINES DES ÉLECTRO-AIMANTS.

Sous le double rapport des dimensions des barreaux de fer doux et des intensités des courants inducteurs, les électro-aimants des appareils télégraphiques fonctionnent toujours dans des conditions telles, que la loi de MM. Lenz et Jacobi leur est applicable. Nous devons donc admettre que, dans tous les cas considérés, l'intensité magnétique développée dans le barreau de fer doux est proportionnelle au produit de l'intensité du courant inducteur par le nombre des tours de spire du fil de la bobine. Cela posé, le problème à résoudre est celui-ci :

Quel rapport doit-il exister entre la résistance de la bobine et celle du circuit extérieur, y compris la pile, pour que l'intensité magnétique développée dans le barreau de fer doux par le courant inducteur atteigne son maximum?

Supposons la bobine composée de fil très fin, dont les tours de spire soient indépendants les uns des autres. Sans changer son volume, nous pouvons modifier à volonté la résistance de la bobine en faisant varier le mode d'association des spires *simples* du fil conducteur.

1° Les spires *simples* peuvent être associées bout à bout ou en *résistance*. Dans ce cas, la résistance de la bobine est *maximum*, et égale à la somme des résistances des spires *simples*; sa longueur est égale à la longueur totale du fil.

2° Les spires *simples* peuvent être disposées en *conductibilité*, c'est-à-dire associées par leurs bouts homologues, de manière à faire fonction de conducteurs parallèles, tous traversés simultanément par le courant. Dans ce cas, la spirale se réduit à une seule spire *composée* dont l'aire est égale à la somme des aires des spires *simples*, et dont la longueur est égale à la longueur moyenne d'une spire *simple*; sa résistance est *minimum*.

3° Enfin les spires *simples* peuvent être associées partie en *résistance*, partie en *conductibilité*. La spirale est formée alors par un certain nombre de spires *composées* associées en résistance. En faisant varier le nombre des spires *simples* qui entrent dans chacune des spires *composées*, c'est comme si nous faisions varier la section et la longueur du fil de la bobine, et, par suite, sa résistance, en lui conservant le même volume autour du barreau de fer doux.

Cela posé, supposons que la bobine contienne n spires *sim*-

ples. Formons des spires *composées* contenant chacune x spires *simples* réunies en *conductibilité*, et associons-les en *résistance*.

La bobine renferme ainsi $\dfrac{n}{x}$ spires *composées* associées en résistance, et chaque spire *composée*, étant elle-même formée par l'accolement de x spires *simples*, représente un conducteur dont la section est x fois celle du fil métallique employé ou d'une spire simple.

Soient :

E, la somme des forces électromotrices de la pile ;

R, la résistance du conducteur extérieur à la bobine, y compris la pile ;

r, la résistance moyenne d'une spire *simple*.

Il résulte évidemment du mode d'association adopté, que

$\dfrac{r}{x}$ sera la résistance moyenne d'une spire *composée*;

$\dfrac{nr}{x^2}$, la résistance totale de la bobine.

Dès lors l'intensité du courant sera

$$I = \frac{E}{R + \dfrac{nr}{x^2}},$$

et le produit de l'intensité du courant par le nombre des tours de spire

$$\frac{n}{x} I = \frac{nE}{Rx + \dfrac{nr}{x}}.$$

Si nous désignons par c une quantité constante, et par A l'intensité magnétique développée dans le barreau de fer doux de la bobine, nous aurons, d'après la loi de MM. Lenz et Jacobi,

$$A = c \; \frac{nE}{Rx + \dfrac{nr}{x}}.$$

Pour que A soit un *maximum*, il faut que le dénominateur du second membre de cette équation soit un *minimum*, ce qui conduit à la relation suivante :

$$(1) \qquad \frac{nr}{x^2} = R.$$

Le premier membre de cette équation représente la résistance de la bobine, et le second membre est la résistance du circuit extérieur à la bobine. Il demeure donc démontré que :

Le barreau de fer doux d'un électro-aimant acquiert le *maximum* d'intensité magnétique, quand la résistance de la bobine est égale à la résistance du circuit extérieur à la bobine, y compris la pile elle-même.

L'équation (1) peut être présentée sous une autre forme. Si nous désignons par l, s, ρ, la longueur, la section et la résistance spécifique du fil enroulé, la résistance de la spirale sera

$$\frac{l\rho}{s}.$$

Pour obtenir le *maximum* d'aimantation, il faut donc satisfaire à la condition

$$\frac{l\rho}{s} = R.$$

Et comme, dans la construction des bobines, on se sert de fils de cuivre dont la résistance spécifique ρ est égale à l'unité, la condition du *maximum* d'aimantation est exprimée par la relation suivante :

$$(2) \qquad \frac{l}{s} = R.$$

Si nous tenons compte de cette circonstance, que le diamètre de la bobine doit rester compris dans des limites déterminées, afin que l'action magnétisante d'une spire soit sensiblement indépendante de sa position, il nous est facile de voir que l'équation (2) conduit aux conclusions suivantes :

1° Lorsque la résistance R du circuit extérieur est très grande, le rapport $\dfrac{l}{s}$ doit être très grand ; il faut employer, pour la construction de la bobine, un fil très long et très fin. C'est le cas des électro-aimants qui sont intercalés dans le circuit des lignes télégraphiques.

2° Lorsque la résistance R du circuit extérieur est peu considérable, le fil de la bobine doit être gros et court : c'est le cas des électro-aimants qui fonctionnent sous l'influence d'une pile locale.

NOTE D (pages 244 à 246).

COMMUNICATION SIMULTANÉE DES POSTES D'UN RÉSEAU TÉLÉGRAPHIQUE.

Les lois de Ohm et la théorie des courants dérivés permettent de montrer comment le système de communication simultanée proposé et développé par M. Gaillard peut être établi entre une station centrale et tous les postes qui appartiennent au même réseau télégraphique.

Soient (fig. 99) cinq postes P', P'', P''', P^{IV}, P^{V}, dont les récepteurs sont réunis en B à un fil télégraphique AB qui va se fixer au pôle positif A de la pile d'une station principale P.

Soient en outre :

n, le nombre des couples de la pile ;
R, la résistance d'un couple ;
E, la force électro-motrice d'un couple ;
r, la résistance du fil AB.

Fig. 99.

Désignons par x_1, x_2, x_3, x_4, x_5, les résistances de chacun des embranchements des postes reliés au point B. x_5 comprend la résistance du fil de ligne qui va de B au poste P^v, plus la résistance de la bobine du récepteur de ce poste et du fil de terre ; ainsi des autres.

Cela posé, la résistance X' de la ligne, à partir de B, sera, d'après la théorie des courants dérivés,

$$X' = \frac{x_1 x_2 x_3 x_4 x_5}{x_1 x_2 x_3 x_4 + x_1 x_2 x_4 x_5 + x_1 x_3 x_4 x_5 + x_1 x_2 x_3 x_5 + x_2 x_3 x_4 x_5}.$$

Par conséquent, la résistance totale X du circuit sera

$$X = n\mathrm{R} + r + X',$$

et l'intensité I du courant principal sur le fil AB sera

$$\mathrm{I} = \frac{n\mathrm{E}}{\mathrm{X}} ;$$

d'où, remplaçant X par sa valeur,

$$\mathrm{I} = \frac{n\mathrm{E}}{n\mathrm{R} + r + X'},$$

En B, le courant principal I se divise en *cinq* courants, un pour chaque poste. La somme des intensités de ces cinq courants est égale à l'intensité du courant principal I ; de plus, les intensités de ces cinq courants sont inversement proportionnelles aux résistances de leurs circuits. Ces lois bien connues des courants dérivés conduisent aux cinq équations suivantes, dans lesquelles i_1, i_2, i_3, i_4, i_5, représentent les intensités des courants qui traversent les récepteurs des postes P', P'', P''', P^{IV}, P^V :

$$i_1 + i_2 + i_3 + i_4 + i_5 = I,$$

$$\frac{i_1}{i_2} = \frac{x_2}{x_1},$$

$$\frac{i_1}{i_3} = \frac{x_3}{x_1},$$

$$\frac{i_1}{i_4} = \frac{x_4}{x_1},$$

$$\frac{i_1}{i_5} = \frac{x_5}{x_1}.$$

D'où l'on tire facilement

$$i_1 = I \frac{x_2 x_3 x_4 x_5}{x_1 x_2 x_3 x_4 + x_1 x_2 x_3 x_5 + x_1 x_2 x_4 x_5 + x_1 x_2 x_4 x_5 + x_2 x_3 x_4 x_5},$$

$$i_2 = I \frac{x_1 x_3 x_4 x_5}{x_1 x_2 x_3 x_4 + x_1 x_2 x_3 x_5 + x_1 x_2 x_4 x_5 + x_1 x_3 x_4 x_5 + x_2 x_3 x_4 x_5},$$

$$i_3 = I \frac{x_1 x_2 x_4 x_5}{x_1 x_2 x_3 x_4 + x_1 x_2 x_3 x_5 + x_1 x_2 x_4 x_5 + x_1 x_3 x_4 x_5 + x_2 x_3 x_4 x_5},$$

$$i_4 = I \frac{x_1 x_2 x_3 x_5}{x_1 x_2 x_3 x_4 + x_1 x_2 x_3 x_5 + x_1 x_2 x_4 x_5 + x_1 x_3 x_4 x_5 + x_2 x_3 x_4 x_5},$$

$$i_5 = I \frac{x_1 x_2 x_3 x_4}{x_1 x_2 x_3 x_4 + x_1 x_2 x_3 x_5 + x_1 x_2 x_4 x_5 + x_1 x_3 x_4 x_5 + x_2 x_3 x_4 x_5}.$$

A l'aide de ces équations, étant donnés la résistance et la force électromotrice d'un couple, le nombre des couples de la pile et les résistances des diverses parties du circuit, il serait facile de déterminer l'intensité I du courant principal, et les intensités i_1, i_2, i_3, i_4, i_5 des courants partiels aboutissant aux divers postes du réseau.

Mais, dans le système de communication simultanée, le problème est autre. On veut connaître le nombre n de couples qu'il faut employer pour que les courants soient égaux dans tous les postes, et aient une intensité suffisante pour faire marcher les récepteurs.

Puisque, en B, le courant principal I doit se diviser en cinq courants d'égale intensité, les résistances x_1, x_2, x_3, x_4, x_5, doivent nécessairement être égales. Si P^v est le poste le plus éloigné du point B, il faudra nécessairement ajouter à chacun des récepteurs des autres postes des bobines additionnelles pour rendre la résistance de chaque circuit partiel égale à x_5. Cette opération est toujours facile à exécuter, car la distance de chaque poste au point B est connue, et les bobines de tous les récepteurs sont équirésistantes.

L'introduction de cette condition dans les équations précédentes les simplifie singulièrement, et donne

$$X' = \frac{x_5}{5},$$

et

$$X = nR + r + \frac{x_5}{5}.$$

En substituant ces valeurs de X' et de X, on obtient

$$(1) \qquad I = \frac{nE}{nR + r + \frac{x_5}{5}}$$

$$i_1 = i_2 = i_3 = i_4 = i_5 = \frac{I}{5};$$

d'où

$$i_1 = i_2 = i_3 = i_4 = i_5 = \frac{nE}{5\left(nR + r + \dfrac{x_5}{5}\right)},$$

et enfin

$$(2) \quad i_1 = i_2 = i_3 = i_4 = i_5 = \frac{nE}{5(nR + r) + x_5}.$$

Or l'expérience démontre qu'une pile de Daniell de 40 couples suffit, en temps ordinaire, pour faire marcher régulièrement, à 500 kilomètres de distance, un récepteur Morse dont la bobine a 200 kilomètres de résistance. L'intensité I' d'un semblable courant est

$$I' = \frac{40E}{40R + 700}.$$

Mais la résistance R d'un couple de Daniell est 1 kilomètre ; par conséquent, l'expression de l'intensité nécessaire pour faire marcher régulièrement un télégraphe Morse est, en fonction de la force électromotrice E du couple de Daniell,

$$(3) \quad I' = \frac{E}{18,5}.$$

En prenant cette valeur de I' pour l'intensité commune des courants qui doivent aboutir aux postes P', P'', P''', P^{IV}, P^{V}, les équations (2) et (3) donnent

$$\frac{nE}{5(nR + r) + x_5} = \frac{E}{18,5},$$

d'où

$$n\,(18,5 - 5R) = 5r + x_5,$$

et, en remplaçant R par sa valeur, 1 kilomètre,

$$(4) \quad n = \frac{5r + x_5}{13,5}.$$

Supposons que AB ait 100 kilomètres de longueur, et que la distance de B au poste P^v soit de 150 kilomètres. Puisque le récepteur du poste P^v a une résistance de 200 kilomètres, nous avons

$$r \;=\; 100,$$
$$x_6 \;=\; 350.$$

La substitution de ces deux nombres dans l'équation (4) donne, en nombres ronds :

$$n \;=\; 64.$$

Il résulte de là que si, au moyen de bobines additionnelles, on a ramené les résistances x_1, x_2, x_3, x_4, x_5, à être toutes égales à x_6 ou à 350 kilomètres, il suffit de placer au poste P une pile de 64 couples de Daniell pour que les cinq postes reçoivent à la fois des courants égaux entre eux et capables de faire marcher les récepteurs.

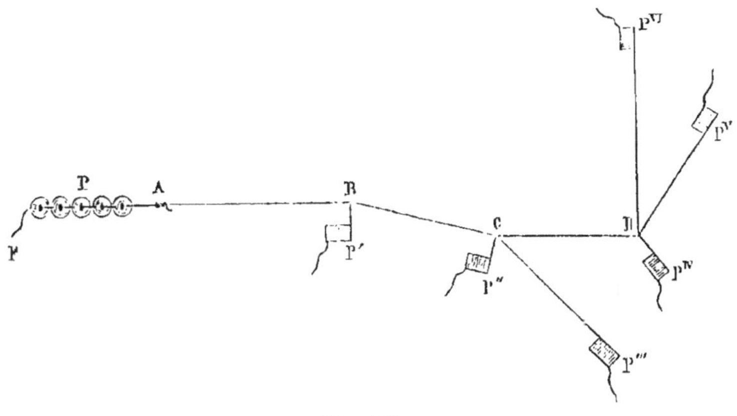

Fig. 100.

Considérons (fig. 100) un réseau plus compliqué, et adoptons les mêmes notations que précédemment.

Soient :

> n, le nombre de couples de la pile ;
>
> R, la résistance d'un couple ;
>
> E, la force électromotrice d'un couple ;
>
> r, r', r'', les résistances des portions du fil de ligne AB BC, CD ;
>
> x_1, x_2, x_3, x_4, x_5, x_6, les résistances des circuits partiels P', P'', P''', P^{IV}, P^{V}, P^{VI}, à partir des points où ils communiquent avec la ligne principale ABCD jusqu'au sol ;

X, la résistance totale du circuit ;

X''', X'', X', les résistances à partir des points de dérivation D, C et B ;

I, l'intensité du courant principal de A en B ;

I', I'', les intensités des courants partiels qui traversent les fils BC, CD ;

i_1, i_2, i_3, i_4, i_5, i_6, les courants dérivés fournis aux circuits partiels P', P'', P''', P^{IV}, P^{V}, P^{VI}.

Nous avons, d'après les lois des courants dérivés :

$$X''' = \frac{x_4 x_5 x_6}{x_4 x_5 + x_4 x_6 + x_5 x_6},$$

$$X'' = \frac{x_2 x_3 (r'' + X''')}{x_2 x_3 + x_2 (r'' + X''') + x_3 (r'' + X''')},$$

$$X' = \frac{x_1 (r' + X'')}{x_1 + (r' + X'')}.$$

La résistance totale X du circuit est

$$X = nR + r + X',$$

et l'intensité I du courant principal sur le fil AB est

$$I = \frac{nE}{nR + r + X'}.$$

En B, le courant principal I fournit un courant dérivé i_1 au poste P′, et un courant partiel I′ au fil BC. Nous savons que la somme $(i_1 + I')$ des intensités de ces courants est égale à l'intensité I du courant principal, et que les intensités i_1, I′, sont en raison inverse des résistances correspondantes x_1 et $(r' + X'')$ de leurs circuits. Nous avons donc :

$$i^1 = I\ \frac{(r' + X'')}{x_1 + (r' + X'')},$$

$$I' = I\ \frac{x_1}{x_1 + (r' + X'')}.$$

De même, en C, le courant partiel I′ se divise en deux courants dérivés et un courant partiel, dont les intensités i_2, i_3, I″ sont :

$$i_2 = I'\ \frac{x_3\,(r'' + X''')}{x_2 x_3 + x_2\,(r'' + X''') + x_3\,(r'' + X''')},$$

$$i_3 = I'\ \frac{x_2\,(r'' + X''')}{x_2 x_3 + x_2\,(r'' + X''') + x_3\,(r'' + X''')},$$

$$I'' = I'\ \frac{x_2 x_3}{x_2 x_3 + x_2\,(r'' + X''') + x_3\,(r'' + X''')}.$$

Enfin, au point D, le courant partiel I″ se divise en trois courants dont les intensités i_4, i_5, i_6, sont, d'après les principes précédents :

$$i_4 = i''\ \frac{x_5 x_6}{x_4 x_5 + x_4 x_6 + x_5 x_6},$$

$$i_5 = I''\ \frac{x_4 x_6}{x_4 x_5 + x_4 x_6 + x_5 x_6},$$

$$i_6 = I''\ \frac{x_4 x_5}{x_4 x_5 + x_4 x_6 + x_5 x_6}.$$

Ces équations générales donnent le moyen de résoudre toutes les questions relatives à la communication simultanée : elles ont l'avantage de montrer comment les intensités des courants dérivés dépendent des résistances des circuits de dérivation et des diverses fractions de la ligne.

Mais le problème que nous nous proposons de résoudre introduit dans la question des conditions particulières qui permettent de simplifier beaucoup les calculs. En effet :

Les récepteurs des postes P', P'', P''', P^{IV}, P^V, P^{VI}, doivent être traversés par des courants d'égale intensité; de plus, la somme des intensités de ces six courants est nécessairement égale à l'intensité I du courant principal fourni par la pile au fil AB. Nous avons donc

$$i_1 = i_2 = i_3 = i_4 = i_5 = i_6 = \frac{I}{6}.$$

Mais I'' est égal à la somme des trois courants i_4, i_5, i_6, et I' est égal à la somme des cinq courants i_2, i_3, i_4, i_5, i_6 ; donc

$$I'' = 3\,\frac{I}{6},$$

et

$$I' = 5\,\frac{I}{6}.$$

Pour que les trois courants i_4, i_5, i_6, soient de même intensité, les trois circuits correspondants x_4, x_5, x_6, doivent nécessairement être équirésistants. Il devient donc indispensable d'ajouter aux récepteurs des postes P^{IV}, P^V, des bobines additionnelles qui rendent les résistances x_4, x_5, égales à la résistance x_6 correspondante au poste P^{VI} le plus éloigné du point D. Cette condition donne :

$$x_4 = x_5 = x_6,$$

$$X''' = \frac{x_6}{3}.$$

Puisque les deux courants dérivés i_2, i_3, sont égaux, les résistances x_2, x_3 de leurs circuits doivent être égales. De plus, chacun de ces deux courants dérivés doit être le *tiers* de I''. Par conséquent, chacune des résistances x_2, x_3, doit être égale à *trois* fois la résistance $(r'' + X''')$ qu'éprouve le courant partiel I''. Ces conditions donnent

$$x_2 = x_3 = 3\left(r'' + \frac{x_6}{3}\right).$$

Cette équation permet de déterminer les valeurs des résistances additionnelles qu'il faut introduire dans les circuits des postes P'', P''', pour que chacun d'eux reçoive un courant d'intensité $\frac{1}{6}$.

Les valeurs de x_2, x_3, donnent

$$X'' = \frac{3\left(r'' + \frac{x_6}{3}\right)}{5}$$

Enfin le courant dérivé i_1 est le *cinquième* du courant partiel I'; par conséquent, la résistance x_1 doit être égale à *cinq* fois la résistance $(r' + X'')$ qu'éprouve le courant partiel I'. Cette condition donne

$$x_1 = 5\left(r' + \frac{3\left(r'' + \frac{x_6}{3}\right)}{5}\right)$$

Cette équation sert à déterminer la valeur de la résistance de la bobine additionnelle, qu'il est nécessaire d'introduire dans le circuit du poste P' pour qu'il reçoive un courant dont l'intensité soit $\frac{1}{6}$.

Cette valeur de x_1 donne

$$X' = \frac{5}{6}\left(r' + \frac{3\left(r'' + \dfrac{x_6}{3}\right)}{5}\right)$$

d'où l'on tire facilement, en remplaçant X' par sa valeur dans l'expression de X :

$$(1) \qquad I = \frac{6nE}{6\,(nR + r) + 5r' + 3r'' + x_6},$$

$$(2)\ i_1 = i_2 = i_3 = i_4 = i_5 = i_6 = \frac{nE}{6\,(nR + r) + 5r' + 3r'' + x_6}.$$

En donnant aux intensités de ces six courants dérivés la valeur commune $\dfrac{E}{18,5}$ nécessaire et suffisante pour faire marcher régulièrement un récepteur de télégraphe Morse, nous avons

$$\frac{nE}{6\,(nR + r) + 5r' + 3r'' + x_6} = \frac{E}{18,5}\ ;$$

d'où, en remplaçant R par sa valeur 1 kilomètre, nous tirons :

$$(3) \qquad n = \frac{6r + 5r' + 3r'' + x_6}{12,5}\ .$$

Cette dernière équation fournit le nombre n de couples qu'il faut employer pour que le poste principal P puisse simultanément envoyer à chacun des six postes du réseau un courant d'intensité $\dfrac{E}{18,5}$ capable de faire marcher régulièrement son récepteur.

Appliquons ce système de communication au réseau télégraphique du Nord. Dans ce cas, il faut supposer que, dans la figure 100, la station centrale est Paris. —Amiens, placé en B, représente le poste P'; son récepteur s'embranche en dérivation sur le fil de ligne. — Arras, placé en C, représente le poste P''; de C partent deux fils de dérivation, l'un pour le récepteur d'Arras, l'autre pour Valenciennes, qui représente P'''. — Lille, placé en D, représente le poste P^{IV}; en D, la ligne fournit un premier fil de dérivation au récepteur de Lille, un second fil de dérivation pour Dunkerque, qui représente le poste P^V, et se continue directement jusqu'à Calais, qui représente le poste P^{VI}. De cette manière, nous aurons :

$$r \quad = \text{distance de Paris à Amiens} = 157 \text{ kilomètres.}$$
$$r' = \text{distance d'Amiens à Arras} = 68$$
$$r'' = \text{distance d'Arras à Lille} = 58$$

De plus, la distance de Lille à Calais étant de 103 kilomètres, et la bobine du récepteur de Calais représentant une résistance de 200 kilomètres,

$$x_6 = 303 \text{ kilomètres.}$$

La substitution de ces valeurs dans l'équation (3) donne, en nombres ronds :

$$n = 140.$$

Ainsi, avec une pile de 140 couples Daniell placée à Paris, il serait possible de correspondre simultanément et d'une manière certaine avec les six postes du réseau télégraphique du Nord.

FIN DES NOTES.

TABLE DES PRINCIPALES FIGURES

CONTENUES DANS CE VOLUME.

LIBRAIRIE VICTOR MASSON

PLACE DE L'ÉCOLE DE MÉDECINE, A PARIS.

TRAITÉ

DE CHIMIE

GÉNÉRALE, ANALYTIQUE

INDUSTRIELLE ET AGRICOLE

PAR

G. PELOUZE

Membre de l'Institut,
Président de la Commission des Monnaies.

E. FREMY

Membre de l'Institut,
Professeur à l'École Polytechnique et au Muséum

TROISIÈME ÉDITION

ENTIÈREMENT REFONDUE, AVEC FIGURES DANS LE TEXTE.

AVERTISSEMENT DES AUTEURS

Les changements que nous avons introduits dans la troisième édition de notre Traité de chimie sont d'une telle importance, que cet ouvrage peut être considéré comme entièrement nouveau.

La chimie était étudiée, dans les éditions précédentes,

surtout au point de vue général. Nous donnions, il est vrai, les principes de l'analyse chimique et nous faisions connaître les principales applications de la chimie à l'industrie ; mais le cadre de notre ouvrage ne nous avait pas permis de traiter ces questions d'une manière complète.

Dans notre nouvelle édition, au contraire, nous nous sommes non-seulement proposé de présenter aux savants tous les faits de chimie générale qu'il est utile de connaître dans les recherches du laboratoire, mais encore nous avons exposé toutes les méthodes analytiques qui ont été sanctionnées par l'expérience et qui permettent de faire des déterminations exactes. Le chimiste trouvera donc, dans notre Traité, tous les renseignements qui peuvent faciliter ses recherches.

Nous avons voulu que notre livre pût rendre les mêmes services aux industriels et aux agriculteurs, aussi avons-nous donné aux applications de la chimie un grand développement.

Par les détails avec lesquels les opérations industrielles sont décrites, par la précision des renseignements fournis sur la disposition des appareils, notre ouvrage sera, nous l'espérons, d'une utilité réelle aux personnes qui s'occupent d'industrie ; il les guidera dans leurs opérations et leur fera connaître des appareils nouveaux à l'aide desquels ils perfectionneront leur fabrication.

Cette description exacte des procédés industriels exigeait le secours de figures nombreuses, soigneusement exécutées et faciles à consulter. Nous avons été secondés dans cette partie de notre tâche et par notre éditeur qu'aucun sacrifice n'a retenu, et par notre habile artiste, M. L. Wormser, qui a bien voulu exécuter pour nous des figures aussi remarquables par leur précision que par leur élégance, et qui, placées dans le texte, animent nos descriptions et en facilitent l'intelligence.

On voit donc que nous avons donné à cette troisième édition un caractère nouveau et que nous avons réuni en un seul ouvrage les matières qui composent un traité de chimie générale, un traité d'analyse et un traité de chimie industrielle et agricole.

Nous sommes heureux de pouvoir remercier ici publiquement un jeune chimiste, M. L. Grivel, qui, dans le travail considérable que nous avons entrepris, nous a toujours donné un concours aussi actif qu'intelligent.

CONDITIONS DE LA PUBLICATION.

La troisième édition du TRAITÉ DE CHIMIE par MM. PELOUZE et E. FRÉMY comprendra six volumes. Les tomes I à III seront consacrés à la *Chimie inorganique*, et les tomes IV à VI à la *Chimie organique*.

Les deux parties seront publiées simultanément.

En vente, le tome Ier, contenant les MÉTAL-LOÏDES; 1 vol. de 1080 pages avec 478 figures dans le texte. Prix : 15 fr.

Le tome IV (1er volume de la *Chimie organique*) sera publié le 1er novembre 1860.

Les autres volumes paraîtront successivement de quatre en quatre mois.

Corbeil, typogr. et stéréot. de Crété.